中等职业学校计算机系列教材

zhongdeng zhiye xuexiao jisuanji xilie jiaocai

计算机应用基础

（Windows XP + Office 2007）

U0719581

高长铎 张玉堂 编著

人民邮电出版社

北 京

图书在版编目（CIP）数据

计算机应用基础：Windows XP+Office 2007 / 高长铎，
张玉堂编著. —北京：人民邮电出版社，2008.5（2019.7重印）
（中等职业学校计算机系列教材）
ISBN 978-7-115-17121-4

Ⅰ. 计… Ⅱ. ①高…②张… Ⅲ. 窗口软件，Windows
XP—专业学校—教材②办公室—自动化—应用软件，
Office 2007—专业学校—教材 Ⅳ. TP316.7 TP317.1

中国版本图书馆 CIP 数据核字（2008）第 012133 号

内 容 提 要

本书主要介绍计算机基础知识、中文 Windows XP、Word 2007、Excel 2007、PowerPoint 2007 和 Internet 应用基础等内容。在每章的最后均设有练习题，学生通过练习能够巩固并检验每章所学知识。

本书适合作为中等职业学校"计算机应用基础"课程的教材，也可作为计算机初学者的自学参考书。

中等职业学校计算机系列教材

计算机应用基础（Windows XP+Office 2007）

◆ 编　著　高长铎　张玉堂
　　责任编辑　郭　晶

◆ 人民邮电出版社出版发行　　北京市丰台区成寿寺路 11 号
　　邮编　100164　电子邮件　315@ptpress.com.cn
　　网址　http://www.ptpress.com.cn
　　北京市艺辉印刷有限公司印刷

◆ 开本：787×1092　1/16
　　印张：14.75　　　　　　　　2008年5月第1版
　　字数：354 千字　　　　　　2019年7月北京第15次印刷

ISBN 978-7-115-17121-4/TP

定价：25.00 元

读者服务热线：(010)81055256 印装质量热线：(010)81055316
反盗版热线：(010)81055315

中等职业学校计算机系列教材编委会

序

中等职业教育是我国职业教育的重要组成部分。中等职业教育的培养目标定位于"具有综合职业能力,在生产、服务、技术和管理第一线工作的高素质的劳动者和初中级专门人才"。

中等职业教育课程改革是为了适应市场经济发展的需要;是为了适应实行一纲多本,满足不同学制、不同专业和不同办学条件的需要。

为了适应中等职业教育课程改革的发展,我们组织编写了本套教材。在编写过程中,我们参照了教育部职业教育与成人教育司制订的《中等职业学校计算机及应用专业教学指导方案》及劳动和社会保障部职业技能鉴定中心制订的《全国计算机高新技术考试技能培训和鉴定标准》,仔细研究了已出版的中职教材,去粗取精,全面兼顾了中职学生就业和考级的需要。

2004 年本套教材一经出版,在社会上引起了巨大反响,被众多学校的老师所选用。2005年针对本套教材,人民邮电出版社成功举办了全国多媒体电子教学课件大赛,期间得到了全国各地教育行政部门和职教科研机构的支持与帮助;全国各中职学校的老师踊跃参与,参赛作品从内容到形式充分体现了目前中等职业教育课程改革的发展趋势。评选出的优秀课件,我们将作为教学服务资料免费提供给老师。

随着计算机技术的发展以及软件版本的不断更新,我们针对老师反馈的普遍问题和学校的课程设置变化,陆续对这套教材进行修订与补充。修订后的教材更加注重中职学校的授课情况及学生的认知特点,在内容上加大与实际应用相结合实例的编写比例,更加突出基础知识、基本技能,软件版本均采用最新中文版。同时,修订的教材继续保持原教材的编写风格。

❖ 软件操作类。此类教材都与一个(或几个)实用软件或具体的操作技术相对应,如 Photoshop、Flash、3ds Max 等,实践性很强。对于这类教材我们采用"任务驱动、案例教学"的方式编写,目的是提高学生的学习兴趣,使学生在积极主动地解决问题的过程中掌握所学知识。

❖ 理论教学类。此类教材需要讲授的理论知识较多,有比较完整的体系结构,操作性稍弱。对于这类教材,我们采用"传统教材+典型案例"的方式编写,力求在理论知识"够用为度"的基础上,使学生学到更实用的知识和技能。

为了方便教学,我们免费为选用本套教材的老师提供教学辅助光盘,光盘包括下列内容。

❖ 部分理论教学类课程的 PowerPoint 多媒体课件。

❖ 教师备课用的素材,包括本书目录的电子文档,按章提供的"学习目标"、"功能简介"、"案例小结"、"本章小结"等的电子文档。

❖ 提供教材上所有的习题答案、所有实例制作过程中用到的素材(包括程序源代码)、所有实例的制作结果以及两套模拟测试题及答案,供老师考试使用。

在教材使用中老师们有什么意见、建议或需索取教学辅助光盘均可直接与我们联系,联系电话是 010-67184065,电子邮件地址是 wangping@ptpress.com.cn。

中等职业学校计算机系列教材编委会

2007年9月

前　言

　　"计算机应用基础"是中等职业学校的公共基础课，对于中职学生来说，计算机是从事各项工作的重要工具，应注意培养学生计算机的实际应用能力。

　　本书根据教育部职业教育与成人教育司组织制订的《中等职业学校计算机及应用专业教学指导方案》的要求编写，最大的特点是直接面向中职教学，充分考虑了中等职业学校教师和学生的实际需求，叙述简洁明了，案例经典实用，使教师教起来方便，学生学起来实用。

　　本书主要介绍计算机的基础知识和常用软件的使用方法，全书共6章。

- ❖ 第1章：计算机基础知识，介绍计算机相关的基本概念。
- ❖ 第2章：中文 Windows XP 操作系统，介绍中文 Windows XP 的基本概念和基本操作。
- ❖ 第3章：文字处理软件 Word 2007，介绍 Word 2007 的基本概念和使用方法。
- ❖ 第4章：电子表格软件 Excel 2007，介绍 Excel 2007 的基本概念和使用方法。
- ❖ 第5章：幻灯片软件 PowerPoint 2007，介绍 PowerPoint 2007 的基本概念和使用方法。
- ❖ 第6章：Internet 应用基础，介绍 Internet 的基本概念以及 Internet Explorer、Outlook Express 的使用方法。

　　教师一般可用68课时来讲解本教材内容，然后配合《计算机应用基础上机指导与练习》一书，辅以34课时的上机时间，即可较好地完成教学任务。总的授课时间约为102课时。

　　本书是专门为中等职业学校编写的，适合作为"计算机应用基础"课程的教材，也可作为计算机爱好者的自学参考书。

　　参加本书编写工作的还有沈精虎、黄业清、宋一兵、谭雪松、向先波、冯辉、郭英文、计晓明、尹志超、董彩霞、滕玲、郝庆文等。由于作者水平有限，书中难免存在疏漏之处，敬请读者批评指正。

编者

2008年2月

目　录

3

第1章　计算机基础知识

电子计算机是一种能够按照预先编制的程序对各种数据和信息进行快速自动加工和处理的电子设备。电子计算机是 20 世纪人类最伟大的发明之一，它的广泛应用改变了人类社会的面貌。

学习目标

掌握计算机的发展过程与应用范围。
理解计算机中信息的表示方法。
理解计算机系统的组成。
理解微型计算机系统的概念。
理解计算机病毒的概念与防治方法。

1.1　计算机的发展与应用

由于目前所使用的计算机都是电子计算机，因此，本书所提及的计算机皆指电子计算机。自从第一台电子计算机诞生以来，计算机得到了迅猛的发展，人们研制出了各种类型的计算机。这些不同类型的计算机有许多共同的特点，有着广泛的应用。

1.1.1　计算机的发展

第一台电子计算机诞生后，随着科技的发展，计算机以惊人的速度不断更新换代。微型计算机诞生后，基于同样的原因，微型计算机的发展也是日新月异。

1. 电子计算机的发展

第一台电子计算机 ENIAC 于 1945 年底研制成功，在 1946 年 2 月 15 日举行了揭幕典礼。所以通常认为，世界上第一台电子计算机诞生于 1946 年。ENIAC 每秒可完成 5 000 次加减法运算，虽然其运算速度远不及现在的计算机，但它宣布了电子计算机时代的到来。

自从 ENIAC 诞生以后，人们不断将最新的科学技术成果应用在计算机上，同时科学技术的发展也对计算机提出了更高的要求，再加上各计算机公司之间的激烈竞争，所以在短短的 60 多年中，计算机有了突飞猛进的发展，其体积越来越小，功能越来越强，价格越来越低，应用越来越广。通常人们按电子计算机所采用的器件将其划分为四代。

第一代计算机（1945—1958 年）：这一时期计算机的元器件大都采用电子管，因此称为电子管计算机。第一代计算机的运算速度在每秒数千次到几万次之间，主要用来进行科学计算。第一代计算机不仅造价高、体积大、耗能多，而且故障率高。

第二代计算机（1959—1964 年）：这一时期计算机的元器件大都采用晶体管，因此称为晶体管计算机。第二代计算机的运算速度在每秒数万次到几百万次之间，其应用扩展到数据处理、事务处理等领域。第二代计算机体积减小、功耗降低、运算速度加快，可靠性提高。

第三代计算机（1965—1970 年）：这一时期计算机的元器件大都采用中小规模集成电路。第三代计算机的运算速度在每秒数百万次到几千万次之间，应用扩展到文字处理、企业管理、自动控制等领域。第三代计算机的体积和功耗都得到进一步减小，可靠性和速度也得到了进一步提高，产品实现了系列化和标准化。

第四代计算机（1971 年至今）：这一时期计算机的元器件大都采用大规模集成电路或超大规模集成电路。第四代计算机的运算速度超过每秒数千万次，应用已经涉及国民经济的各个领域。特别是随着微型计算机以及计算机网络的出现，计算机进入了办公室和家庭。第四代计算机的各种性能都得到了大幅度的提高，计算机领域空前活跃。

2. 微型计算机的发展

在第四代计算机发展过程中，人们采用超大规模集成电路技术，把计算机的中央处理器（CPU）制作在一块集成电路芯片内，这就是微处理器。由微处理器、存储器、输入输出接口等部件构成的计算机称为微型计算机。

微处理器一次能处理二进制数的位数称为微处理器的字长，如 8 位微处理器是指该微处理器的字长是 8 位，字长是微处理器最重要的性能指标之一。微处理器发展极为迅速，每几年就换代一次。依据微处理器的发展进程，微型计算机的发展大致可分为 5 代。

第一代微型计算机（1971—1973 年）：采用的微处理器是 4 位微处理器，微处理器的集成度达到每片包含几千个晶体管。第一代微型计算机只算作一个研究成果，并没有成为产品广泛应用。

第二代微型计算机（1973—1977 年）：采用的微处理器是 8 位微处理器，微处理器的集成度达到每片包含几万个晶体管。这一代微型计算机最具代表性的产品是 Apple 公司的 Apple II，被誉为微型计算机发展的第一个里程碑。

第三代微型计算机（1977—1983 年）：采用的微处理器是 16 位微处理器，微处理器的集成度达到每片包含几万个晶体管。这一代微型计算机最具代表性的产品是 IBM PC，性能优良、功能强大、开放式、标准化，被誉为微型计算机发展的第二个里程碑。

第四代微型计算机（1983 年—2003）：采用的微处理器是 32 位微处理器，微处理器的集成度可以从每片包含几十万个晶体管到每片包含几千万个晶体管。

第五代微型计算机（2003 年至今）：采用的微处理器是 64 位微处理器。2003 年 AMD 公司推出了 64 位的 Athlon64 CPU，标志着 64 位微处理器时代的到来。与 32 位 CPU 相比，64 位 CPU 在性能上又上了一个台阶。目前，64 位 CPU 的微型计算机是主流微型计算机。

3. 计算机的发展趋势

随着超大规模集成电路技术的不断发展以及计算机应用领域的不断扩展，计算机的发展表现出了巨型化、微型化、多媒体化、网络化和智能化 5 种趋势。

巨型化：巨型化是指发展高速度、大存储容量和强功能的超级巨型计算机。超级巨型计算机主要用于高速、复杂的科学计算领域，如天文、气象、原子和核反应等尖端科学。目前最快的超级巨型计算机运算速度已超过每秒 1 000 万亿次。

微型化：微型化是进一步提高集成度，利用高性能的超大规模集成电路研制质量更加可靠、性能更加优良、价格更加低廉、整机更加小巧的微型计算机、便携计算机、掌上型计算机等。

多媒体化：多媒体化是指让计算机能够处理诸如图形、图像、音频、视频等信息的功能，使人们通过计算机能够以接近自然的交互方式收发所需要的各种媒体信息。多媒体化使得计算机进一步走向人们的工作和生活。

网络化：网络化是把各自独立的计算机用通信线路连接起来，形成各计算机用户之间可以相互通信并能使用公共资源的网络系统。网络化能够充分利用计算机的宝贵资源并扩大计算机的使用范围，为用户提供方便、及时、可靠、广泛、灵活的信息服务。

智能化：智能化是指让计算机具有模拟人的感觉和思维过程的能力。智能计算机具有解决问题和逻辑推理的功能、知识处理和知识库管理的功能等。

1.1.2　计算机的分类

以往人们把计算机分为巨型机、大型机、中型机、小型机和微型机 5 类。随着计算机的快速发展，以往的分类已不能反映计算机发展的现状，因此美国电气和电子工程师协会（IEEE）于 1989 年 11 月对计算机重新分类，把计算机分为巨型机、小巨型机、大型主机、小型机、工作站和个人计算机 6 类。

巨型机：巨型机也称为超级计算机，运算速度快（每秒几万亿次以上），价格昂贵。巨型机多用于核武器的设计、空间技术、石油勘探、天气预报等领域。巨型机已成为一个国家经济实力和科技水平的重要标志。我国 2004 年 6 月研制成功的"曙光 4000A"，其运算速度已达到每秒十万亿次。

小巨型机：小巨型机也称桌上超级计算机，运算速度低于巨型机，价格约为巨型机的 1/10，主要用于计算量大、速度要求高的科研机构。

大型主机：大型主机即通常所说的大、中型机，其特点是处理能力强、通用性好，运算速度低于小巨型机，主要用于银行、大公司和大科研部门。

小型机：小型机的性能低于大型主机，但其结构简单、可靠性高、价格相对便宜、使用维护费用低，广泛用于中小型公司和企业。

工作站：工作站是介于小型机和个人计算机之间的高档微型计算机，主要用于特殊的专业领域，例如图像处理、计算机辅助设计等。

个人计算机：个人计算机即我们平常所说的微型计算机。个人计算机软件丰富、价格便宜、功能齐全，主要用于办公、联网终端、家庭等。

1.1.3　计算机的特点

现代计算机以电子器件为基本部件，内部数据采用二进制编码表示，工作原理采用"存储程序"原理，具有自动性、快速性、通用性、可靠性等特点。

自动性：计算机是由程序控制其操作的，程序的运行是自动的、连续的，除了输入输出操作外，无须人工干预。所以，只要根据应用需要，事先将编制好的程序输入计算机，计算机就能自动执行它，完成预定的处理任务。

快速性：计算机采用电子器件为基本部件，这些电子器件通常工作在极高的速度下，并且随着电子技术的发展，其运算速度还会越来越快。目前最快的巨型机运算速度已超过每秒 1 000 万亿次。

通用性：计算机不仅用来进行科学计算，更主要的作用是信息处理，因此有非常强的通用性。计算机的应用范围从科学研究、生产制造、企业管理、商业经营到家庭娱乐，已经渗透到社会的各个方面。随着计算机的快速发展，其应用范围会越来越广。

可靠性：计算机是由电子器件构成的，运行过程中不会出现磨损，因此具有非常高的可靠性，长时间运行不会出现故障。随着电子技术的发展以及计算机结构的改进，计算机的可靠性会越来越高。

1.1.4　计算机的应用

计算机自出现以来，被广泛应用于各个领域，遍及社会的各个方面，并且仍然呈上升和扩展趋势。目前计算机的应用可概括为以下几个方面。

科学计算：利用计算机可以解决科学技术和工程设计中大量繁杂并且用人力难以完成的计算问题。早期的计算机主要用于科学计算。目前，科学计算仍然是计算机应用的一个重要领域，如卫星轨道的计算、气象资料分析、地质数据处理、大型结构受力分析等。

信息管理：信息管理是指利用计算机来收集、加工和管理各种形式的数据资料，信息管理是目前计算机应用最广泛的一个领域。例如，财务部门用计算机来进行票据处理、账目处理和结算；人事部门用计算机来建立和管理人事档案等。与数值计算有所不同，数据处理着眼于对大量的数据进行综合和分析处理，一般不涉及复杂的数学问题，只是要求处理的数据量极大而且经常要求在短时间内处理完毕。

实时控制：实时控制也叫做过程控制，就是用计算机对其控制的设备自动采集各种参数，监测并及时控制相应的工作状态，例如，数控机床、自动化生产线等均涉及实时控制问题。实时控制应用于生产可节省劳动力、减轻劳动强度、提高劳动生产率、节约原材料、提高产品质量，从而产生显著的经济效益。

办公自动化：办公自动化是指利用现代通信技术、自动化设备和计算机系统来实现事务处理、信息管理和决策支持的一种现代办公方式。办公自动化大大提高了办公的效率和质量，同时也对办公方式产生了重要影响。

生产自动化：生产自动化是指利用计算机完成产品生产的各个环节，包括计算机辅助设计（CAD）、计算机辅助制造（CAM）等。利用计算机实现生产自动化，可缩短产品设计周期、提高产品质量和劳动生产率。

人工智能：人工智能是利用计算机模拟人类的某些智能行为，使计算机具有"学习"、"联想"和"推理"等功能。人工智能主要应用在机器人、专家系统、模式识别、自然语言理解、机器翻译、定理证明等方面。

网络通信：网络通信是指利用计算机网络实现信息的传递、交换和传播。随着因特网的快速发展，人们很容易实现地区间、国际间的通信与各种数据的查询、传输与处理，从而改变了人们原有的时空概念。

1.2 计算机中信息的表示

信息在计算机中都用二进制数编码，实际应用中，除了十进制和二进制，人们还用到其他进制，不同进制的数可以相互转换。字符和汉字是计算机中常用的信息，它们都有各自的编码标准。

1.2.1 数制及其转换

1. 常用数制

数制是人类创造的数的表示方法，它是用一组数码符号和一套统一的规则来表示数。我们最常用的数制是进位计数制，最典型是十进制。

进位计数制有 4 个要素：数码、基数、数位、位权。采用的计数符号称为数码（如十进制的 0~9），全部数码的个数称为基数（如十进制的基数是 10），数码在一个数中的位置称为数位（如数 123 有 3 个数位），不同数位有各自的位权（如十进制数个位的位权是 10^0，十位的位权是 10^1）。

在计算机中，信息的表示与处理都采用二进制数，这是因为二进制数只有"0"和"1"这两个数码，用电路的开关、电压的高低、脉冲的有无等状态非常容易表示，而且二进制数的运算法则简单，容易用电路实现。

由于二进制数的书写、阅读和记忆都不方便，因此人们又采用八进制和十六进制，既便于书写、阅读和记忆，又可方便地与二进制转换。在表示非十进制数时，通常用小括号将其括起来，数制以下标形式注在括号外，如（1011）$_2$、（135）$_8$和（2C7）$_{16}$。

（1）十进制

十进制数有 10 个数码（0~9），基数是 10，计数时逢 10 进 1，从小数点往左，其位权分别是 10^0、10^1、10^2…从小数点往右，其位权分别是 10^{-1}、10^{-2}…如：

$1234.5 = 1×10^3 + 2×10^2 + 3×10^1 + 4×10^0 + 5×10^{-1} = 1000+200+30+4+0.5$

（2）二进制

二进制数有两个数码（0，1），基数是 2，计数时逢 2 进 1，从小数点往左，其位权分别是 2^0、2^1、2^2…从小数点往右，其位权分别是 2^{-1}、2^{-2}…如：

$（1101.11）_2= 1×2^3 + 1×2^2 + 0×2^1 + 1×2^0 + 1×2^{-1} + 1×2^{-2} = 13.75$

（3）八进制数

八进制数有 8 个数码（0~7），基数是 8，计数时逢 8 进 1，从小数点往左，其位权分别是 8^0、8^1、8^2…从小数点往右，其位权分别是 8^{-1}、8^{-2}…如：

$（1234.5）_8= 1×8^3 + 2×8^2 +3×8^1 + 4×8^0 + 5×8^{-1} = 668.625$

（4）十六进制数

十六进制数有 16 个数码（0~9，A~F），其中 A~F 的值分别为 10~15，基数是 16，计数时逢 16 进 1，从小数点往左，其位权分别是 16^0、16^1、16^2…从小数点往右，其位权分别是 16^{-1}、16^{-2}…如：

$（1A2.C）_{16}= 1×16^2 + 10×16^1 + 2×16^0 + 12×16^{-1} = 418.75$

2. 数制间的相互转换

（1）二、八、十六进制转换为十进制

转换方法是：把要转换的数按位权展开，然后进行相加计算。

【例1-1】把 $(10101.101)_2$、$(2345.6)_8$ 和 $(2EF.8)_{16}$ 转换成十进制数。

$$(10101.101)_2 = 1\times2^4 + 0\times2^3 + 1\times2^2 + 1\times2^1 + 0\times2^0 + 1\times2^{-1} + 0\times2^{-2} + 1\times2^{-3}$$
$$= 21.625$$
$$(2345.6)_8 = 2\times8^3 + 3\times8^2 + 4\times8^1 + 5\times8^0 + 6\times8^{-1}$$
$$= 1253.75$$
$$(2EF.8)_{16} = 2\times16^2 + 14\times16^1 + 15\times16^0 + 8\times16^{-1}$$
$$= 751.5$$

（2）十进制转换为二、八、十六进制

转换分两步：整数部分用2（或8、16）一次次地去除，直到商为0为止，将每次得到的余数由下至上顺次写出；小数部分用2（或8、16）一次次地去乘，直到小数部分为0或达到有效的位数为止，将每次得到的整数由上至下顺次写出。

【例1-2】把13.6875转换为二进制数。

整数部分（13）：

$13\div2=6 \cdots\cdots 1$
$6\div2=3 \cdots\cdots 0$
$3\div2=1 \cdots\cdots 1$
$1\div2=0 \cdots\cdots 1$
$13=(1101)_2$
$13.6875=(1101.1011)_2$

小数部分（0.6875）：

$0.6875\times2=\underline{1}.375$
$0.375\times2=\underline{0}.75$
$0.75\times2=\underline{1}.5$
$0.5\times2=\underline{1}.0$
$0.6875=(0.1011)_2$

【例1-3】把654.3转换为八进制数，小数部分精确到4位。

整数部分（654）：

$654\div8=81 \cdots\cdots 6$
$81\div8=10 \cdots\cdots 1$
$10\div8=1 \cdots\cdots 2$
$1\div8=0 \cdots\cdots 1$
$654=(1216)_8$
$654.3\approx(1216.2314)_8$

小数部分（0.3）：

$0.3\times8=\underline{2}.4$
$0.4\times8=\underline{3}.2$
$0.2\times8=\underline{1}.6$
$0.6\times8=\underline{4}.8$
$0.3\approx(0.2314)_8$

【例1-4】把6699.7转换为十六进制数，小数部分精确到4位。

整数部分（6699）：

$6699\div16=418 \cdots\cdots 11（B）$
$418\div16=26 \cdots\cdots 2$
$26\div16=1 \cdots\cdots 10（A）$
$1\div16=0 \cdots\cdots 1$
$6699=(1A2B)_{16}$
$6699.7\approx(1A2B.B333)_{16}$

小数部分（0.7）：

$0.7\times16=\underline{11}.2（B）$
$0.2\times16=\underline{3}.2$
$0.2\times16=\underline{3}.2$
$0.2\times16=\underline{3}.2$
$0.7\approx(0.B333)_{16}$

（3）二进制转换为八、十六进制

因为 $2^3=8$、$2^4=16$，所以3位二进制数相当于1位八进制数，4位二进制数相当于1位十六进制数。二进制转换为八、十六进制时，以小数点为中心分别向两边按3位或4位分组，最后一组不足3位或4位时，用0补足，然后，把每3位或4位二进制数转换为八进制数或十六进制数。

【例 1-5】把(1010101010.1010101)$_2$转换为八进制数和十六进制数。

$$\underline{001}\ \underline{010}\ \underline{101}\ \underline{010}\ .\ \underline{101}\ \underline{010}\ \underline{100}$$
$$\quad 1\quad\ 2\quad\ 5\quad\ 2\quad .\quad 5\quad\ 2\quad\ 4$$

即(1010101010.1010101)$_2$ = (1252.524)$_8$

$$\underline{0010}\ \underline{1010}\ \underline{1010}\ .\ \underline{1010}\ \underline{1010}$$
$$\quad\ 2\qquad A\qquad A\quad .\quad A\qquad A$$

即(1010101010.1010101)$_2$ = (2AA.AA)$_{16}$

（4）八、十六进制转换为二进制

这个过程是上述（3）的逆过程，1 位八进制数相当于 3 位二进制数，1 位十六进制数相当于 4 位二进制数。

【例 1-6】把(1357.246)$_8$和(147.9BD)$_{16}$转换为二进制数。

$$\quad 1\qquad 3\qquad 5\qquad 7\quad .\quad 2\qquad 4\qquad 6$$
$$001\quad 011\quad 101\quad 111\quad .\quad 010\quad 100\quad 110$$

即(1357.246)$_8$ = (1011101111.01010011)$_2$

$$\quad 1\qquad\ 4\qquad\ 7\qquad\ .\quad\ 9\qquad\ B\qquad\ D$$
$$0001\quad 0100\quad 0111\quad .\quad 1001\quad 1011\quad 1101$$

即(147.9BD)$_{16}$ = (101000111.100110111101)$_2$

1.2.2 信息单位

由于计算机中所有信息都是以二进制表示的，所以计算机中的信息单位都基于二进制。常用的信息单位有位和字节。

❖ 位，也称比特，记为 bit，是最小的信息单位，表示 1 个二进制数位。例如（10101101）$_2$占有 8 位。

❖ 字节，记为 Byte 或 B，是计算机中信息的基本单位，表示 8 个二进制数位。例如（10101101）$_2$占有 1 个字节。

在计算机领域中，为了便于二进制数的表示和处理，还有 4 个与物理学稍有不同的量：K、M、G、T。

$1K = 1024 = 2^{10}$

$1M = 1024K = 2^{20}$

$1G = 1024M = 2^{30}$

$1T = 1024G = 2^{40}$

1K 字节记为 1KB，1M 字节记为 1MB，1G 字节记为 1GB，1T 字节记为 1TB。

【例 1-7】1962934272 bit 等于多少 MB？

$$
\begin{aligned}
1962934272\ \text{bit} &= (1962934272 \div 8)\text{B} &&= 245366784\text{B} \\
&= (245366784 \div 2^{10})\text{KB} &&= 239616\text{KB} \\
&= (239616 \div 2^{10})\text{MB} \\
&= 234\text{MB}
\end{aligned}
$$

【例 1-8】80GB 是多少个字节？

$$
\begin{aligned}
80\text{GB} &= 80 \times 1024\text{MB} &&= 81920\text{MB} \\
&= 81920 \times 1024\text{KB} &&= 83886080\text{KB} \\
&= 83886080 \times 1024\text{B} \\
&= 85899345920\text{B}
\end{aligned}
$$

1.2.3　字符编码

　　计算机不仅能进行数值型数据的处理，而且还能进行非数值型数据的处理。最常见的非数值型数据是字符数据。字符数据（也称文本）在计算机中也是用二进制数表示的，每个字符对应一个定长的二进制数，称为二进制编码。

　　字符的编码在不同的计算机上应是一致的，这样便于交换与交流。目前计算机中普遍采用的是 ASCII（American Standard Code for Information Interchange），中文含义是"美国标准信息交换码"。ASCII 由美国国家标准局制定，后被国际标准化组织（ISO）采纳，作为一种国际通用信息交换的标准代码。

　　ASCII 由 7 位二进制数组成，能表示 128 个字符数据，包括计算机处理信息常用的英文字母、数字符号、算术运算符号、标点符号等。ASCII 码表如表 1-1 所示。

表 1-1　　　　　　　　　　　　　　　　ASCII 码表

低位 ＼ 高位	000	001	010	011	100	101	110	111
0000	NUL	DLE	空格	0	@	P	`	p
0001	SOH	DC1	!	1	A	Q	a	q
0010	STX	DC2	"	2	B	R	b	r
0011	ETX	DC3	#	3	C	S	c	s
0100	EOT	DC4	$	4	D	T	d	t
0101	ENQ	NAK	%	5	E	U	e	u
0110	ACK	SYN	&	6	F	V	f	v
0111	DEL	ETB	'	7	G	W	g	w
1000	BS	CAN	(	8	H	X	h	x
1001	HT	EM	)	9	I	Y	i	y
1010	LF	SUB	*	:	J	Z	j	z
1011	VT	ESC	+	;	K	[	k	{
1100	FF	FS	,	<	L	\	l	|
1101	CR	GS	-	=	M	]	m	}
1110	SO	RS	.	>	N	^	n	~
1111	SI	US	/	?	O	_	o	DEL

　　在表 1-1 中，高位为 000 和 001 的两列中的符号，以及最后一个符号是控制符号，是不可显示的符号，在数据传输过程中起控制作用。

　　ASCII 是 7 位编码，但计算机大都以字节为单位进行信息处理。为了方便计算机处理，人们一般将 ASCII 的最高位前增加一位 0，组成一个字节，便于存储和处理。

1.2.4　汉字编码

汉字也是一种字符数据，在计算机中同样也用二进制数表示，称为汉字的机内码。用二进制数表示汉字时需要依据编码标准进行编制。常用汉字编码标准有 GB 2312—80、BIG-5、GBK。汉字机内码通常占两个字节，第一个字节的最高位是 1，这样不会与存储 ASCII 的字节混淆。

计算机显示或打印汉字时，把每个汉字看成一个图形，这个图形用点阵信息来描述，所有汉字的点阵信息按照机内码的顺序存储起来，叫汉字库。汉字库根据不同字体通常有多套。显示或打印汉字时，根据机内码找到相应的点阵信息，再作为图形显示或打印。

1.　GB 2312—80

GB 2312—80（GB 是"国标"二字的汉语拼音缩写），由国家标准总局发布，于 1981 年 5 月 1 日实施。GB 2312—80 习惯上称国标码、GB 码，是一个简化汉字的编码。

GB 2312—80 包括了图形符号（序号、汉字制表符、日文和俄文字母等 682 个）、常用汉字（6 763 个，其中一级汉字 3 755 个，二级汉字 3 008 个）。GB 2312—80 将这些字符分成 94 个区，每个区包含 94 个字符。其中 1~15 区是图形符号，16~55 区是一级汉字（按拼音顺序排列），56~87 区是二级汉字（按部首顺序排列），88~94 区没有使用，可以自定义汉字。

根据国标码，每个汉字与一个区号和位号对应，反过来，给定一个区号和位号，就可确定一个汉字或汉字符号。例如，"青"在 39 区 64 位，"岛"在 21 区 26 位。

GB 2312—80 不仅是一个编码标准，而且还是一种汉字输入方法——区位码法。现在的汉字系统中都提供了此输入法。用区位码输入汉字时，首先要记住汉字的区号与位号，记忆量非常大。除了输入特殊字符外，几乎没有人用它大量输入汉字。

2.　BIG-5

BIG-5 码是通行于我国台湾省、香港特别行政区等地区的一个中文繁体字编码方案，俗称"大五码"。它并不是一个法定的编码方案，但它广泛地被应用于计算机业，尤其是因特网中，从而成为一种事实上的行业标准。

BIG-5 码是一个双字节编码方案，其第一字节的值在十六进制的 A0 ~ FE 之间，第二字节在 40 ~ 7E 和 A1 ~ FE 之间。因此，其第一字节的最高位总是 1，第二字节的最高位可能是 1，也可能是 0。

BIG-5 码收录了 13 461 个符号和汉字，包括符号 408 个、汉字 13 053 个。汉字分常用字和次常用字两部分，各部分的汉字按笔画／部首排列，其中常用字 5 401 个，次常用字 7 652 个。

3.　GBK

GBK 是又一个汉字编码标准，全称是"汉字内码扩展规范"，1995 年 12 月 15 日发布和实施。GB 即"国标"，K 是"扩展"的汉语的拼音第一个字母。

GBK 是对 GB 2312—80 的扩充，并且与 GB 2312—80 兼容，即 GB 2312—80 中的任何一个汉字，其编码与在 GBK 中的编码完全相同。GBK 共收入 21 886 个汉字和图形符号，其中汉字（包括部首和构件）21 003 个，图形符号 883 个。微软公司自 Windows 95 简体中文版开始采用 GBK 编码。

1.3 计算机系统

计算机系统是包括计算机在内的能够完成一定功能的完整系统，由硬件系统和软件系统两部分组成，如图 1-1 所示。计算机硬件系统和软件系统任何一方都不能脱离另一方独自发挥作用。有了硬件，软件才得以运行，有了软件，硬件才知道去做什么。

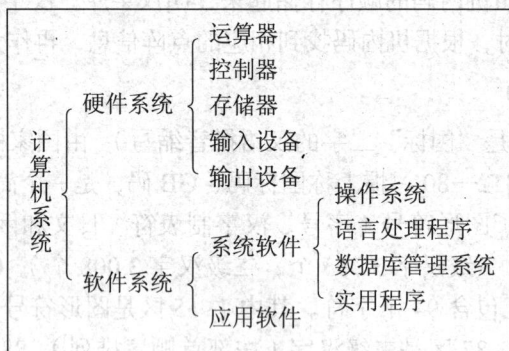

图1-1 计算机系统的组成

1.3.1 计算机硬件系统

计算机硬件是指组成一台计算机的各种物理装置，它是计算机工作的物质基础。计算机硬件包括运算器、控制器、存储器、输入设备和输出设备 5 部分，其结构如图 1-2 所示。

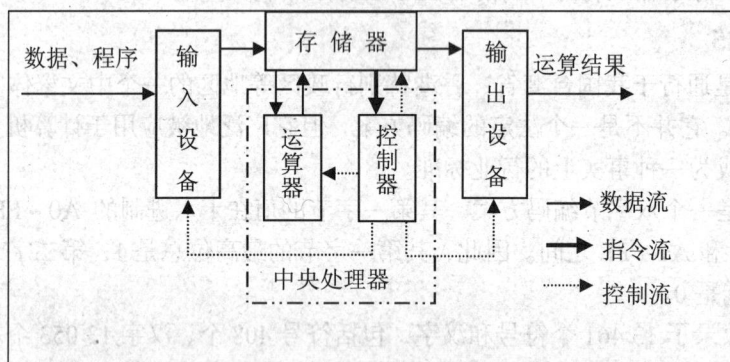

图1-2 计算机硬件结构

1. 运算器

运算器又称算术逻辑单元，是对信息进行加工、运算的部件。运算器的主要功能是对二进制编码进行算术运算和逻辑运算。

2. 控制器

控制器是整个计算机的控制指挥中心，它的功能是从存储器中取出指令，确定指令的类型，并对指令进行译码，然后执行该指令。运算器和控制器又统称为中央处理器（CPU），是计算机系统的核心硬件。用超大规模集成电路制成的 CPU 芯片称为微处理器。

3. 存储器

存储器是用来存放数据和程序的部件。存储器分为内存储器（简称内存）和外存储器（简称外存）两大类。

现在的内存几乎都是半导体存储器，可分为随机存储器（RAM）和只读存储器（ROM）两大类。RAM 既可以读出数据，也可以写入数据，断电后数据将消失。ROM 中的数据在制作时就存储在里面了，只能读出不能写入，断电后数据不会消失。

外存指的是内存以外的存储器，磁盘、磁带、光盘是常用的外存。外存的存储容量比内存大，存取速度比内存慢。CPU 不能直接读写外存，要通过内存对外存进行读写。

4. 输入设备

输入设备的任务是接收操作者提供给计算机的原始信息，如文字、图形、图像、声音等，并将其转换为计算机能识别和接收的信息方式，如电信号、二进制编码等，然后顺序地把它们送入存储器。最常用的输入设备是键盘和鼠标。

5. 输出设备

输出设备的主要作用是把计算机对数据、指令处理后的结果等内部信息，转变为人们习惯接受的（如字符、曲线、图像、表格、声音等）或者能被其他机器所接收的信息形式输出，最常用的输出设备是显示器。

1.3.2 计算机软件系统

计算机软件是指在硬件设备上运行的各种程序及其相关的资料。程序是用于指挥计算机执行各种动作以便完成指定任务的指令序列。

计算机软件系统由系统软件和应用软件两大部分组成。系统软件是为管理、监控和维护计算机资源所设计的软件，包括操作系统、数据库管理系统、语言处理程序、实用程序等。应用软件是为解决各种实际问题而专门研制的软件，例如文字处理软件、会计账务处理软件、工资管理软件、人事档案管理软件、仓库管理软件等。

1. 操作系统

操作系统是为了提高计算机的利用率、方便用户使用计算机以及加快计算机响应时间而研制的一种软件。操作系统是最重要的系统软件，用户通过操作系统使用计算机，其他软件则在操作系统提供的平台上运行。离开了操作系统，计算机便无法工作。DOS、Windows 95/98/XP 等都是操作系统。

2. 计算机语言处理程序

计算机解决问题的过程是运行程序的过程，程序是人们用计算机语言编写的。计算机语言分为机器语言、汇编语言、高级语言 3 类。

机器语言就是计算机指令代码的集合，它是最低层一级的计算机语言。用机器语言编写的程序可以被计算机硬件直接识别并执行。汇编语言是采用能帮助记忆的英文缩写符号代替机器语言的操作码和操作地址所形成的计算机语言，又叫符号语言。

机器语言和汇编语言都是面向机器的语言，它们依赖于具体型号的计算机，称为低级语言。高级语言是用简单英语和数学公式来描述计算过程的计算机语言，高级语言容易理解，编写程序简单，而且编写的程序可在不同类型的计算机上运行。常用的高级语言如下。

❖ FORTRAN（第一个高级语言，适合科学计算）。
❖ BASIC（交互式的编程语言，适合初学者学习）。
❖ Pascal（结构化的编程语言，适合专业教学）。
❖ C（灵活高效的编程语言，适合系统软件开发）。
❖ C++（面向对象程序设计语言）。
❖ Java（跨平台分布式面向对象程序设计语言）。

计算机语言处理程序有汇编程序、编译程序和解释程序。用汇编语言编写的程序（称为源程序）计算机不能直接识别和运行，必须将源程序翻译成机器语言程序（称为目标程序），计算机才能识别并执行，负责翻译的程序称为汇编程序。用高级语言编写的程序（也称源程序）计算机也不能直接识别和运行，要借助于编译程序或解释程序。编译程序是将源程序全部翻译成机器语言程序（也称目标程序），计算机通过运行目标程序来完成程序的功能。解释程序是逐条翻译源程序的语句，翻译完一句执行一句。程序解释后执行的速度要比编译后运行慢，但调试与修改特别方便。

3. 数据库管理系统

数据库管理系统是操纵和管理数据库的软件。数据库是在计算机存储设备上存放的相关的数据集合，这些数据是按一定的结构组织起来的，可服务于多个程序。数据库按结构可分为网状数据库、层次数据库和关系数据库。关系数据库由于具有良好的数学性质及严格性，因而成为数据库系统的主流。

4. 实用程序

实用程序是为其他系统软件和应用软件及用户提供某些通用支持的程序。典型的实用程序有诊断程序、调试程序、编辑程序等。

1.3.3 计算机的工作原理

尽管计算机发展了四代，但其工作原理基本没变，采用的仍是"存储程序"原理。这个原理是由美籍匈牙利数学家冯·诺依曼（J. Von Neumann）提出的，其核心内容如下。

❖ 计算机硬件包括控制器、运算器、存储器、输入设备和输出设备5部分。
❖ 计算机的指令和数据都用二进制数表示。
❖ 程序存放在存储器中，计算机自动执行程序中的指令。

由以上原理可知，计算机要完成一项任务，首先要编写该任务的程序，然后将程序装入计算机的存储器，最后运行该程序。计算机运行程序的过程就是执行程序中指令的过程，执行指令有以下3个步骤。

❖ 取指令：CPU根据其内部的程序计数器的内容，从存储器中取出对应的指令，同时改变程序计数器值，使其为下一条指令的地址。
❖ 分析指令：CPU分析所取出的指令，确定要进行的操作。
❖ 执行指令：CPU根据指令的分析结果，向有关的部件发出相应的控制信号，相关的部件进行工作，完成指令规定的操作。

1.4 微型计算机

微型计算机是计算机发展到第四代的产物，其基本原理与一般计算机没有本质区别。由于微型计算机有体积小、价格便宜、灵活方便等特点，因此是目前普及最广、使用最多的计算机。微型计算机的硬件分为主机和外部设备两大部分，如图 1-3 所示。

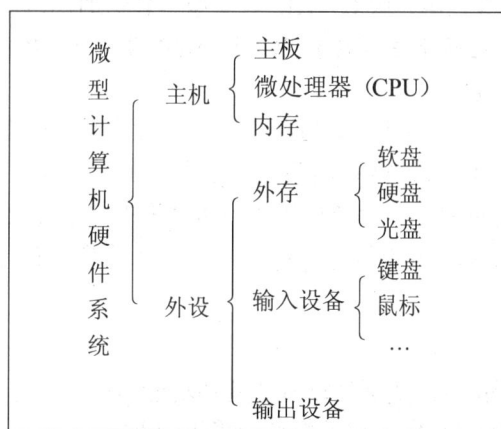

图1-3 微型计算机硬件系统的组成

1.4.1 主机

主机是计算机最主要的组成部分，包括主板、微处理器和内存。

1. 主板

主板也称系统主板或母板，它是一块电路板，用来控制和驱动整个微型计算机，是微处理器与其他部件连接的桥梁。系统主板主要包括 CPU 插座、内存插槽、总线扩展槽、外设接口插座、串行和并行端口等几部分。图 1-4 所示为华硕公司的 P4B266 系统主板。

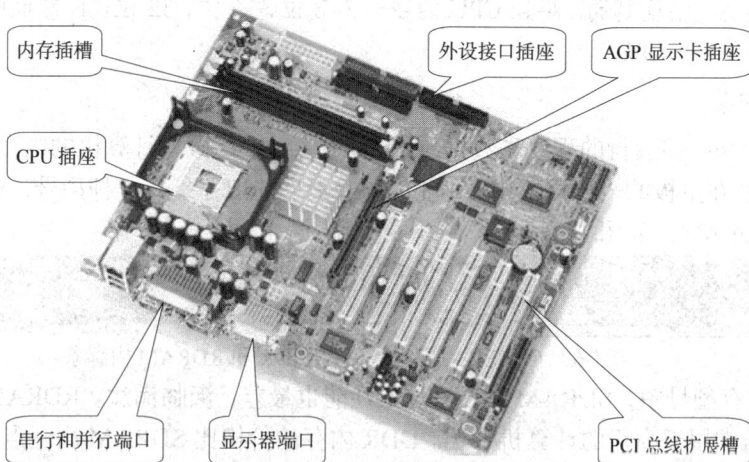

图1-4 华硕公司的 P4B266 系统主板

❖ CPU 插座：CPU 插座用来连接和固定 CPU。早期的 CPU 通过管脚与主板连接，主板上设计了相应的插座。Pentium II 和 Pentium III 通过插卡与主板连接，因此主板上设计了相应的插槽。Pentium 4 又恢复了插座形式。

❖ 内存插槽：内存插槽用来连接和固定内存条。内存插槽通常有多个，可以根据需要插入不同数目的内存条。早期的计算机内存插槽有 30 线、72 线两种，现在主板上大多采用 168 线的插槽，这种插槽只能插 168 线的内存条。

❖ 总线扩展槽：总线扩展槽用来插接外部设备，如显示卡、声卡。总线扩展槽有 ISA、EISA、VESA、PCI、AGP 等类型。它们的总线宽度越来越宽，传输速度越来越快。目前主板上主要留有 PCI 和 AGP 两种类型的扩展槽，ISA 扩展槽已经逐渐退出历史舞台。

❖ 外设接口插座：外设接口插座主要是连接软盘、硬盘和光盘驱动器的电缆插座，有 IDE、EIDE、SCSI 等类型。目前主板上主要采用 IDE 类型。

❖ 串行和并行端口：串行端口和并行端口用来与串行设备（如调制解调器、扫描仪等）和并行设备（打印机等）通信。主板上通常留有两个串行端口和一个并行端口。

2. CPU

CPU 是微型计算机的心脏。微型计算机的处理功能是由 CPU 来完成的，CPU 的性能直接影响了微型计算机的性能。图 1-5 所示为 Intel 公司的酷睿 2CPU。CPU 有以下几个主要指标。

❖ 核数：核数是指 CPU 内部运算内核的数目。2005 年 4 月 Intel 公司推出第一款双核 CPU Pentium D。目前双核 CPU 已成为主流，4 核 CPU 已面世。

图1-5 Intel 公司的酷睿 2CPU

❖ 主频：主频是指 CPU 时钟的频率。主频越高，单位时间内 CPU 完成的操作越多。主频的单位是 MHz。早期 CPU 的主频是 4.77MHz，现在一些高端 CPU 的主频已超过 3GHz。

❖ 字长：字长是 CPU 一次能处理二进制数的位数。字长越大，CPU 的运算范围越大、精度越高。早期 CPU 的字长为 8 位、16 位、32 位，目前市面上的 CPU 主要是 64 位 CPU。

3. 内存

内存用来存储运行的程序和数据，CPU 可直接访问。微型计算机的内存制作成条状（称内存条），插在主板的内存插槽中。目前市场上常见的内存条有 3 种型号，分别是 SDRAM、DDR 和 RDRAM，如图 1-6 所示。

图1-6 （自左至右）SDRAM、DDR 和 RDRAM 内存条

3 种内存型号中，SDRAM 最便宜，但性能也最差，濒临淘汰。RDRAM 性能最高，也最昂贵，通常用于高级的计算机系统。DDR 内存的价格比 SDRAM 高一点，但性能却高出不少，并且大有发展前途，是目前装机的首选。内存有以下两个主要指标。

❖ 存储容量：存储容量反映了内存存储空间的大小。常见的内存条每条的容量有64MB、128MB、256MB、512MB等多种规格。一台微型计算机可根据需要同时插多个内存条。目前市面上微型计算机内存条的容量一般为 256 MB 或 512MB，有的甚至为 1GB 或 2GB。

❖ 存取速度：存取速度是指从存储单元中存（或取）一次数据所用的时间，以 ns（纳秒）为单位。数值越小，存取速度越快。目前内存存（或取）一次数据所用的时间大都小于 10ns，也就是说，可以在 100MHz 以上的频率下工作。

1.4.2 外存储器

外存主要包括软盘、硬盘、光盘、U盘和移动硬盘。随着U盘和可移动硬盘的广泛使用，软盘已很少使用，这里不再介绍软盘。

1. 硬盘

硬盘是微型计算机非常重要的外存储器，它由一个盘片组（可包括多个盘片）和硬盘驱动器组成，被固定在一个密封的盒内。硬盘的精密度高、存储容量大、存取速度快。除特殊需要外，一般的微型计算机都配有硬盘，有些还配有多个硬盘。系统和用户的程序、数据等信息通常保存在硬盘上。图1-7所示为一块硬盘。硬盘有以下4个主要指标。

❖ 接口：硬盘接口是指硬盘与主板的接口。主板上的外设接口插座有 IDE、EIDE、SCSI 等类型，硬盘接口也有这些类型。目前常用的硬盘接口大多为 EIDE。硬盘的接口不同，支持的硬盘容量不一样，传输速率也不一样。

❖ 容量：硬盘容量是指硬盘能存储信息量的多少。早期计算机硬盘的容量只有几兆字节，现在的硬盘容量为几十吉字节。硬盘容量越大，存储的信息越多。

❖ 转速：硬盘转速是指硬盘内主轴的转动速度，单位是 r/min（转/秒）。目前常见的硬盘转速有 5400r/min、7200r/min 等几种。转速越快，硬盘与内存之间的传输速率越高。

❖ 缓存：硬盘自带的缓存越大，硬盘与内存之间的数据传输速率越高。通常缓存有 512KB、1MB、2MB、4MB、8MB 等几种。

图1-7 硬盘

2. 光盘与光驱

光盘利用塑料基片的凹凸来记录信息。光盘主要有只读光盘（CD-ROM）、一次写入光盘（CD-R）、可擦写光盘（CD-RW）和 DVD 光盘等几类。只读光盘使用最广泛，其存储容量约为640MB，只能读出信息而不能写入信息，其中的信息是在制造时写入的。

光盘中的信息是通过光驱来读取的。最初光驱的数据传输速率是 150kbit/s，现在光驱的数据传输速率一般都是这个速率的整数倍，称为倍速。如 40 倍速光驱甚至 52 倍速光驱等。光驱有 3 类：普通光驱、DVD 光驱和光盘刻录机。

❖ 普通光驱：普通光驱能读取 CD-ROM、CD-R、CD-RW 光盘，但不能读取 DVD 光盘，也不能往 CD-R 和 CD-RW 光盘中写入数据，图 1-8 所示为一台普通光驱。

❖ DVD 光驱：DVD 光驱能读取 CD-ROM、CD-R、CD-RW 光盘和 DVD 光盘，但不能往 CD-R 和 CD-RW 光盘中写入数据。图 1-9 所示为一台 DVD 光驱。

❖ 光盘刻录机：光盘刻录机分普通刻录机和 DVD 刻录机两种。普通刻录机既能读取 CD-ROM、CD-R、CD-RW 光盘，还能往 CD-R 或 CD-RW 光盘中刻写数据，但不能读取 DVD。DVD 刻录机除具有普通刻录机的功能外，还能读取并刻录 DVD。图 1-10 所示为一台普通光盘刻录机。

图1-8 普通光驱　　　图1-9 DVD 光驱　　　图1-10 光盘刻录机

3. U 盘

U 盘也称为闪存盘，是一种利用低成本的半导体集成电路制造成的大容量固态存储器，其中的信息是在一瞬间被存储的，之后即使除去电源，所存储的信息也不会消失，使用过程中既可读出信息也可随时写入新的信息。图 1-11 所示为一个 U 盘。

由于 U 盘具有存储容量大（目前常用的 U 盘大多在 64MB 到几个 GB）、体积小、存取速度快、保存数据期长且安全可靠和携带方便等特点，因此被人们视为理想的电脑外存，是软盘的理想替代产品。

图1-11 U 盘

U 盘除了在 Windows 98 上需要安装相应的驱动程序外，在 Windows 2000、Windows Me、Windows XP 中只需将其插接在电脑的 USB 口上即可使用，非常方便。

4. 移动硬盘

移动硬盘是把一个小尺寸硬盘和 USB 接口卡封装在一个硬盘盒内构成的，与普通硬盘的容量和存取速度相当，但它重量轻、便于携带、不需要外接电源。

与 U 盘类似，除了在 Windows 98 上需要安装相应的驱动程序外，在 Windows 2000、Windows Me、Windows XP 中只需通过 USB 电缆接到主机的 USB 接口就可使用。图 1-12 所示为一个移动硬盘。

图1-12 移动硬盘

尽管移动硬盘有一定的防震功能，但使用时要避免剧烈震动，以免损伤移动硬盘。

1.4.3 输入设备

最常用的输入设备是键盘和鼠标，它们已成为计算机的标准配置。扫描仪、摄像头、话筒也是常见的输入设备，数码相机、带拍照功能的手机也可作为输入设备。

1. 键盘

键盘是最常用的输入设备，用户通过按下键盘上的键输入命令或数据，还可以通过键盘控制计算机的运行，如热启动、命令中断、命令暂停等。

早期的键盘大都是 89 个键，现在使用的键盘大都是 101 个键。近年来，为了方便 Windows 系统的操作，在原有 101 键盘上增加了 3 个 Windows 功能键。

2. 鼠标

随着 Windows 操作系统的广泛应用，鼠标已成为计算机必不可少的输入设备。通过单击或拖动鼠标，用户可以很方便地对计算机进行操作。鼠标按工作原理分为机械式、光电式和光学式 3 大类。

❖ 机械式鼠标：机械式鼠标的底部有一个滚球，当鼠标移动时，滚球随之滚动，产生移动信号给操作系统。机械式鼠标价格便宜，使用时无须其他辅助设备，只需在光滑平整的桌面上即可进行操作。

❖ 光电式鼠标：光电式鼠标的底部有两个发光二极管，当鼠标移动时，发出的光被下面的平板反射，产生移动信号给操作系统。光电式鼠标的定位精确度高，但必须在反光板上操作。

❖ 光学式鼠标：光学式鼠标的底部有两个发光二极管，当鼠标移动时，利用图像识别技术，计算出移动信号并传送给操作系统。光学式鼠标的定位精确度高，不需任何形式的鼠标垫板或反光板。

3. 扫描仪

扫描仪是一种将纸张上的图片和文字转换为数字信息的输入设备。扫描仪有手持式扫描仪和平板式扫描仪两种。图 1-13 所示为一个平板式扫描仪。

扫描仪能把照片扫描并存储到计算机中，在图像处理应用中尤为重要。此外，扫描仪还能把纸张上的文本信息扫描并存储到计算机中，通过文字识别软件可方便迅速地转换成文本文字，大大提高了输入效率。

图1-13 平板式扫描仪

4. 摄像头

摄像头是一种数字视频的输入设备，利用光电技术采集影像，通过内部的电路把影像转换成数字信息。随着 Internet 的广泛普及，摄像头已成为计算机常用的输入设备，图 1-14 所示为一个摄像头。

传感器是摄像头最重要的部件，它的性能直接决定了摄像头的性能。视频捕获速度是摄像头的一个重要指标，对于一般用户，20 帧/秒的视频捕获速度能基本上满足需要。

图1-14 摄像头

1.4.4 输出设备

最常用的输出设备是显示器和打印机。显示器要有一块插在主机板上的显示适配卡（简称显示卡）与之配套使用，打印机通常连接到主机板的并行通信口上。此外音箱也是计算机的常用输出设备。

1. 显示器

显示器用来显示字符或图形信息，是微型计算机必不可少的输出设备。显示器连接到显示卡上。早期的计算机使用单色显示器，现在多为彩色显示器。目前市场上常见的显示器有两种：CRT（阴极射线管）显示器（见图 1-15）和 LCD（液晶）显示器（见图 1-16）。

图1-15 CRT（阴极射线管）显示器　　　　　　　图1-16 LCD（液晶）显示器

CRT 显示器体积大，比较笨重，且工作时有辐射，但价格相对低廉，色彩还原效果好。LCD 显示器轻巧，没有辐射污染，但价格高，色彩还原效果不如前者。由于 LCD 显示器对人体健康的危害较小，已经成为越来越多的家用计算机用户的首选。

CRT 显示器有以下 5 个主要指标。

❖ 尺寸：显示器的尺寸即显示器屏幕的大小，常见有 14 英寸、15 英寸、17 英寸、19 英寸等。尺寸越大，支持的分辨率往往也越高，显示效果也越好。

❖ 分辨率：显示器的分辨率是指显示器屏幕能显示的像素数目。目前低档显示器的分辨率为 800×600 像素，中、高档的分辨率为 1024×768 像素、1280×1024 像素、1600×1200 像素或更高。分辨率越高，显示的图像越细腻。

❖ 点距：显示器的点距是指显示器上相邻两个像素之间的距离。目前显示器常见的点距有 0.28mm 和 0.26mm 两种。点距越小，显示器的分辨率越高。在图形、图像处理等应用中，一般要求使用点距较小的显示器。

❖ 扫描方式：CRT 显示器的扫描方式分为逐行扫描和隔行扫描两种。逐行扫描是指在显示一屏内容时，逐行扫描屏幕上的每一个像素。隔行扫描是指在显示一屏内容时，只扫描偶数行或奇数行。逐行扫描的显示器显示的图像稳定、清晰度高、效果好。

❖ 刷新频率：CRT 显示器的刷新频率是指 1 秒钟刷新屏幕的次数。目前显示器常见的刷新频率有 60Hz、75Hz、85Hz、100Hz 等几种。刷新频率越高，刷新一次所用的时间越短，显示的图像越稳定。

2. 显示卡

显示卡是主机与显示器之间的接口电路。显示卡直接插在系统主板的总线扩展槽上，它的主要功能是将要显示的字符或图形的内码转换成图形点阵，并与同步信息形成视频信号输出给显示器。有的主板集成了视频接口电路，不需外插显示卡。

显示卡有 MDA 卡、CGA 卡、EGA 卡、VGA 卡、SVGA 卡和 AGP 卡等多种型号。目前微型计算机上常用的显示卡基本上是 AGP 卡，如图 1-17 所示。显示卡有以下 3 个主要指标。

图1-17　AGP 显示卡

❖ 色彩数：色彩数是指显示卡能支持的最多的颜色数，显示卡的色彩数一般有 256、64K、16M、4G 等几种。

❖ 图形分辨率：图形分辨率是指显示卡能支持的最大的水平像素数和垂直像素数。AGP 卡的图形分辨率至少是 640×480 像素，还有 800×600 像素、1024×768 像素、1280×1024 像素、1600×1200 像素等多种规格。

❖ 显示内存容量：显示内存容量是指在显示卡上配置的显示内存的大小，一般有 4MB、8MB、16MB、32MB、64MB 等不同规格。显示内存容量影响显示卡的色彩数和图形分辨率。

3. 打印机

打印机将信息输出到打印纸上，以便长期保存。打印机主要有针式打印机、喷墨打印机和激光打印机 3 类。

❖ 针式打印机：针式打印机在打印时，打印头上的钢针撞击色带，将字印在打印纸上。针式打印机常见的有 9 针和 24 针打印机，所谓××针打印机就是打印头上有××根钢针。图 1-18 所示为一台针式打印机。

❖ 喷墨打印机：喷墨打印机在工作时，打印机的喷头喷出墨汁，将字印在打印纸上。由于喷墨打印机是非击打式的，所以工作时噪音较小。图 1-19 所示为一台喷墨打印机。

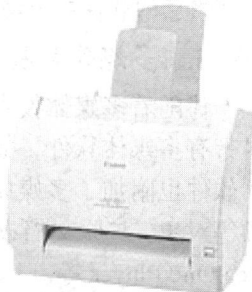

❖ 激光打印机：激光打印机是采用激光和电子放电技术，通过静电潜像，再用碳粉使潜像变成粉像，加热后碳粉固定，最后印出内容。激光打印机打印噪声低、效果好、速度快，但打印成本较高。图 1-20 所示为一台激光打印机。

图1-18　针式打印机

图1-19　喷墨打印机

图1-20　激光打印机

1.4.5 多媒体计算机

多媒体技术是一门新兴的信息处理技术，是信息处理技术的一次新的飞跃。多媒体计算机不再是供少数人使用的专门设备，现已被广泛普及和使用。

1. 多媒体的基本概念

媒体是指承载信息的载体，早期的计算机主要用来进行数值运算，运算结果用文本方式显示和打印，文本和数值是早期计算机所处理的信息的载体。随着信息处理技术的发展，计算机能够处理图形、图像、音频、视频等信息，它们成为计算机所处理信息的新载体。所谓多媒体就是这些媒体的综合。多媒体计算机就是具有多媒体功能的计算机。

多媒体技术具有三大特性：载体的多样性、使用的交互性、系统的集成性。

❖ 载体的多样性：载体的多样性指计算机不仅能处理文本和数值信息，而且还能处理图形、图像、音频、视频等信息。

❖ 使用的交互性：使用的交互性指用户不再是被动地接收信息，而是能够更有效地控制和使用各种信息。

❖ 系统的集成性：系统的集成性指将多种媒体信息以及处理这些媒体的设备有机地结合在一起，成为一个完整的系统。

2. 多媒体计算机的基本组成

目前的计算机已经具备部分多媒体功能，一套完整的多媒体计算机除了包括普通计算机的基本配置外，还应包括声卡和视频卡。

❖ 声卡：声卡是一块对音频信号进行数/模和模/数转换的电路板，插在计算机主板的插槽中。平常我们所听到的声音是模拟信号，计算机不能对模拟信号进行直接处理，声卡的一个功能就是采集音频的模拟信号，并将其转换为数字信号，以便计算机存储和处理。计算机内部的音频数字信号不能直接在音箱等设备上播放，声卡的另一个功能就是把这些音频数字信号转换为音频模拟信号，以便在音箱等设备上播放。声卡有多个输入／输出插口，可以接音箱、话筒等设备。

❖ 视频卡：视频卡是一块处理视频图像的电路板，也插在计算机主板的插槽中。视频卡有多种类型：能解压视频数字信息，播放 VCD 电影的设备——解压卡；能直接接收电视节目的设备——电视接收卡；能把摄像头、录像机、影碟机获得的视频信号进行数字化的设备——视频捕捉卡；能把 VGA 信号输出到电视机、录像机上的设备——视频输出卡。为保证以上设备能够正常工作，往往需要相应的软件或驱动程序，安装这些设备后，还应该安装相应的软件或驱动程序。

3. 多媒体系统的软件

伴随着多媒体技术的发展，多媒体系统的软件也不断更新和完善。Windows 系统本身带有多媒体软件，如录音机、CD 播放器、媒体播放器等程序。此外，Windows 的应用软件也附加了多媒体功能，如 Word、Excel、PowerPoint 中都能插入图片、音频、视频等对象，与原文档成为一体。另外，一些专门的多媒体软件也不断出现，如超级解霸、RealOne Player 等。

1.5 计算机病毒与防治

计算机病毒是人为编写的恶意程序，通过某种途径（如软盘、U 盘、移动硬盘、电子邮件或网页等）侵入到计算机系统中，除非手工清除或用杀病毒软件清除，病毒将长期潜伏在计算机中，并且会传染给其他系统或文件，一旦满足某种条件病毒便发作，发作时轻则影响系统的运行，重则破坏系统以及用户的数据。用户只要了解计算机病毒的特点，有效地防范计算机病毒的侵入和传播，及时地清除潜入的计算机病毒，就能大大减少计算机病毒造成的危害。

1.5.1 计算机病毒的概念

计算机病毒是一种程序，病毒程序设计者采用高超的编程技巧，使用户不轻易发现。计算机病毒有以下特征。

❖ 程序性：计算机病毒是人为编写的一种程序，不会自然产生，通常不会自然消亡。编写计算机病毒的目的有许多，大都出于恶意。

❖ 隐蔽性：计算机病毒通常以用户不易察觉的方式隐藏自己，除非专业人员或有经验的计算机用户，普通用户很难发现。

❖ 潜伏性：一旦计算机病毒传染到系统中，计算机病毒就会长期潜伏，伺机传染和发作。在潜伏期间，用户很难察觉病毒的存在。

❖ 传染性：计算机病毒能够自我复制，它会不失时机地传染给其他系统或文件，并且在传染时用户很难察觉。

❖ 危害性：计算机病毒在潜伏期间，占用一定的系统资源，有时会影响系统正常运行。恶性病毒在发作时会使系统瘫痪，破坏所有的硬盘数据。

目前计算机病毒共有几十万种，流行的有几十种，并且新病毒会不时出现。根据病毒的传染方式，计算机病毒大致可分成以下 6 类。

❖ 引导型病毒：该类型的病毒感染计算机的系统引导区（主引导区或系统引导区），启动系统时被激活。

❖ 文件型病毒：该类型的病毒感染可执行文件（也称为外壳病毒），运行带毒文件时被激活。

❖ 自动运行型病毒：该类型的病毒由一个文件型病毒和一个 autorun.inf 文件组成，利用打开光盘、U 盘和移动硬盘打开时，会根据 autorun.inf 文件的配置自动运行程序的特点，来激活和传染病毒。

❖ 宏病毒：该类型的病毒以 VBA 代码的形式存放，感染 Word 或 Excel 文档，在打开带毒的文档时被激活。

❖ 脚本病毒：该类型的病毒感染 VBS、HTML 和脚本文件，用 VB Script 语言编写，通过网页、电子邮件以及文件在 Internet 和本地传播。

❖ 蠕虫病毒：该类型的病毒自动搜寻本地网络上的系统或 Internet 上的邮件地址，发送病毒程序或病毒邮件。

1.5.2 计算机病毒的防治

计算机病毒的危害极大，一旦传播、发作起来，会直接影响工作并造成重大损失，因此一定要加强预防，及时清除，把危害降到最低。尽管计算机病毒伪装得很巧妙，但系统感染病毒后仍会有某些征兆，根据这些征兆可及时发现并清除病毒。

计算机病毒常有以下征兆。

- ❖ 系统启动或运行速度无故明显变慢。
- ❖ 系统无故死机或出现错误信息。
- ❖ 系统的某些程序无故不能正常运行。
- ❖ 系统中无故出现一些新文件。
- ❖ 磁盘读写无故很慢。
- ❖ 硬盘无故长时间读写。
- ❖ 某些文件无故自动增大。
- ❖ 文档无故打不开或内容无故被更改。
- ❖ 屏幕上出现与操作无关的画面或提示信息。
- ❖ 喇叭无故奏乐或鸣叫。
- ❖ 网络无故大量发送或接收信息。

对付计算机病毒应以预防为主，常见的预防措施如下。

- ❖ 不运行来路不明的程序。
- ❖ 不打开来路不明的文档文件。
- ❖ 不打开来路不明的邮件附件。
- ❖ 不从公用的计算机上复制文件。
- ❖ 不打开不知底细的网站。
- ❖ 在其他计算机上读软盘时，应打开写保护。
- ❖ 及时备份重要的程序或文件。
- ❖ 使用外来的程序或文件时，应先查毒再使用。
- ❖ 使用 U 盘或移动硬盘时，检查是否有来路不明的文件。
- ❖ 打开 Windows 的自动更新功能，及时修复 Windows 的漏洞。
- ❖ 安装杀毒软件，经常更新病毒库，并启用病毒监控功能。
- ❖ 留意系统是否异常，经常用杀病毒软件检查系统。

杀病毒软件可以检测、清除和监控计算机病毒，有如下常见的杀病毒软件。

- ❖ KV 系列杀毒软件，北京江民新科技有限公司产品。
- ❖ 瑞星杀毒软件，北京瑞星科技股份有限公司产品。
- ❖ 金山毒霸，金山软件有限公司产品。
- ❖ 诺顿（Norton）杀毒软件，美国赛门铁克（Symantec）公司产品。
- ❖ 卡巴斯基（Kaspersky）杀毒软件，俄罗斯的卡巴斯基实验室产品。
- ❖ 麦咖啡（McAfee）杀毒软件，美国 McAfee 公司产品。
- ❖ Trend 杀毒软件，美国趋势科技公司产品。

需要指出的是，任何杀病毒软件都不是万能的，因此不能过分依赖杀病毒软件。避免病毒造成危害，应采用预防为主、查杀结合的方法。

小结

电子计算机是 20 世纪最伟大的发明之一，发展速度之快，在其他任何领域都从未有过。依据计算机所采用的器件，计算机划分为 4 代，到了第 4 代，出现了微型计算机。微型计算机的发展更是日新月异。依据微型计算机 CPU 的字长，微型计算机划分为 5 代。IEEE 把计算机分为巨型机、小巨型机、大型主机、小型机、工作站和个人计算机 6 类。计算机愈是飞速发展，其自动性、快速性、通用性、可靠性等特点愈加突出。计算机的应用和计算机的发展是相互促进的，计算机的应用领域归纳起来有科学计算、信息管理、实时控制、办公自动化、生产自动化、人工智能和网络通信，可以说计算机无处不在。

计算机中所有的信息都是以二进制编码的形式表示和存储的，由此涉及十进制、二进制、八进制和十六进制这几种数制以及它们之间的转换。信息单位与二进制有关，1 个二进制位为 1bit，8 个二进制位为 1Byte。计算机中的 K、M、G、T 这 4 个量也与二进制有关，分别等于 2^{10}、2^{20}、2^{30}、2^{40}。最常用的字符编码是 ASCII，它是 7 位的二进制编码，但在存储和处理时都凑成一个字节。汉字需要用 2 个字节来编码，汉字编码有 GB 2312—80、BIG-5、GBK 三个标准，GBK 兼容 GB 2312—80，BIG-5 则特立独行。

计算机系统包括计算机硬件系统和计算机软件系统，二者相互依存。计算机硬件系统包括 5 大部件：运算器、控制器、存储器、输入设备和输出设备，其中运算器、控制器最为重要，统称为中央处理器（CPU）。计算机软件系统包括系统软件和应用软件，最重要的系统软件是操作系统。计算机的工作原理是"存储程序原理"，是伟大的数学家冯·诺依曼提出的，计算机发展了一代又一代，但其工作原理却没变。

微型计算机由主机和外设两部分组成。主机包括主板、微处理器和内存储器。外设包括外存储器、输入设备和输出设备。微型计算机的主要部件都插在主板插座、插槽或接口上。微处理器的性能直接影响微型计算机的性能。内存储器容量的大小也影响微型计算机的性能。常用的外存储器有硬盘、光盘、U 盘和移动硬盘，通常情况下，硬盘必不可少。键盘和鼠标是微型计算机最主要的输入设备。显示器和打印机是微型计算机最主要的输出设备。多媒体计算机是具有多媒体功能的微型计算机，需要相应的硬件和软件的支持。

计算机病毒是人为编写的恶意程序，有隐蔽性、潜伏性、传染性和危害性等特征，可以说是无孔不入，防不胜防。要防止病毒造成危害，最有效的方法莫过于实施预防病毒的各项措施，还应知道病毒有哪些征兆，以便及时发现，利用杀病毒软件将其清除。

习题

一、判断题

1. 微型计算机是第四代计算机的产物。　　　　　　　　　　　　　　（　　）
2. 信息单位"位"指的是一个十进制位。　　　　　　　　　　　　　　（　　）
3. ASCII 是 8 位编码，因而一个 ASCII 可用一个字节表示。　　　　（　　）
4. 运算器不仅能进行算术运算，而且还能进行逻辑运算。　　　　　（　　）

5. 计算机不能直接运行用高级语言编写的程序。 （　）
6. 最重要的系统软件是操作系统。 （　）
7. "存储程序"原理是由数学家冯·诺依曼提出的。 （　）
8. 计算机病毒是计算机使用久了以后自动生成的。 （　）

二、选择题
1. 微型计算机的分代是根据（　　）划分的。
   A. 体积　　　　B. 速度　　　　C. 微处理器　　　D. 内存
2. 用计算机管理图书馆的借书和还书，这种计算机应用属于（　　）。
   A. 科学计算　　B. 信息管理　　C. 实时控制　　　D. 人工智能
3. 以下十进制数（　　）能用二进制数精确表示。
   A. 1.15　　　　B. 1.25　　　　C. 1.35　　　　　D. 1.45
4. 在计算机中，1KB 等于（　　）。
   A. 1024B　　　B. 1204B　　　C. 1402B　　　　D. 1240B
5. CPU 对 ROM（　　）。
   A. 可读可写　　B. 只可读　　　C. 只可写　　　　D. 不可读不可写
6. 以下不属于计算机输入设备的是（　　）。
   A. 鼠标　　　　B. 键盘　　　　C. 扫描仪　　　　D. U 盘
7. 以下不属于计算机输出设备的是（　　）。
   A. 显示器　　　B. 打印机　　　C. 扫描仪　　　　D. 绘图仪
8. 计算机病毒能够自我复制，这是计算机病毒的（　　）。
   A. 传染性　　　B. 潜伏性　　　C. 隐蔽性　　　　D. 危害性

三、填空题
1. 十进制数 12.625 转化成二、八、十六进制数分别是_____、_____和_____。
2. 八进制数 1234.567 转化成十、二、十六进制数分别是_____、_____和_____。
3. 数字 0 的 ASCII 是_____，把该二进制数化成十进制等于_____，字母 a 的 ASCII 是_____，把该二进制数化成十进制等于_____。
4. 计算机系统由_____和_____组成。
5. 计算机语言有_____语言、_____语言和_____语言 3 类。
6. 中央处理器的英文缩写是_____，由_____和_____组成。
7. 鼠标器按工作原理可分为_____鼠标、_____鼠标和_____鼠标 3 类。
8. 常见的打印机有_____打印机、_____打印机和_____打印机 3 类。

四、问答题
1. 计算机的发展有哪几种趋势？IEEE 把计算机分为哪几类？
2. 计算机有哪些特点？有哪些应用领域？
3. 汉字编码标准有哪些？各有什么特点？
4. 计算机硬件系统包括哪几部分？计算机系统软件包括哪些软件？
5. CPU、内存、硬盘、显示器、显示卡有哪些重要指标？
6. 什么是多媒体技术？多媒体技术有哪些特性？
7. 什么是计算机病毒？有哪些特点？分哪几类？
8. 计算机病毒有哪些征兆？有哪些预防措施？

第2章 中文 Windows XP 操作系统

Windows XP 是 Microsoft 公司为个人计算机开发的操作系统,其功能强大,界面华丽,使用方便,是目前广泛使用的操作系统。

学习目标

掌握 Windows XP 安装、启动与退出的方法。

理解 Windows XP 的基本概念。

掌握 Windows XP 的基本操作。

掌握Windows XP的键盘指法与汉字输入法。

掌握 Windows XP 文件管理的方法。

掌握 Windows XP 附件程序的使用。

掌握 Windows XP 系统设置的方法。

2.1 Windows XP 的安装、启动与退出

Windows XP 是 Microsoft 公司于 2001 年 10 月推出的操作系统,Windows XP 中文版于同年 11 月推出。目前常用的 Windows XP 版本是 Windows XP SP2,是原来 Windows XP 打了补丁包 Service Pack 2 后的版本,比原来的 Windows XP 更加稳定可靠。本书所介绍的是 Windows XP SP2 版本。

与 Windows 95/98/Me 相比,Windows XP 有以下特点:采用 Windows NT/2000 的技术核心,运行非常稳定可靠;用户界面焕然一新,用户使用起来非常得心应手;捆绑了数字媒体、即时信息传递以及电子照片处理等多个实用程序,为用户提供了极大便利;兼容 Windows 95/98/Me,使用户平稳过渡到新系统。

2.1.1 Windows XP 的安装

Windows XP 对计算机的硬件有一定的要求,安装 Windows XP 有一系列步骤。

1. 硬件要求

Windows XP 对计算机硬件有以下要求。

❖ 最低 Intel 奔腾(或兼容) 233 MHz 或更快的 CPU,推荐 Intel 奔腾 II(或兼容)300 MHz 或更快的 CPU。

❖ 至少 64MB 内存，推荐 128MB 内存。

❖ 硬盘容量至少 2GB，剩余空间至少 650MB，推荐剩余空间至少 2GB。

❖ VGA-兼容或更高分辨率的显示适配器和显示器，推荐 SVGA 显示适配器和即插即用显示器。

❖ 键盘和微软鼠标或兼容的定位设备。

❖ CD-ROM 或 DVD-ROM 驱动器 (从 CD 安装时需要)，推荐 12 倍速或更快的 CD-ROM 或 DVD-ROM 驱动器。

❖ 网络适配器(网络安装时需要)。

目前市面上计算机的配置都大大超过以上要求，即使前几年购买的计算机，也足以满足以上要求。计算机的硬件配置越高，Windows XP 的安装和运行速度越快，越能发挥 Windows XP 的优势。

2. 安装步骤

Windows XP 有两种安装模式：全新安装和升级安装。全新安装是指在某个硬盘分区上安装 Windows XP，不保留该分区上原有 Windows 的相关设置。升级安装是指在原有 Windows 所在的硬盘分区上安装 Windows XP，并保留原有 Windows 的相关设置。如果全新安装选择的硬盘分区不是已有 Windows 所在的硬盘分区，那么计算机上将有两个 Windows 系统，开机时可选择某一 Windows 系统启动。

Windows XP 的安装有以下主要步骤。

(1) 运行安装程序。

(2) 接受许可协议。

(3) 选择磁盘分区、选择文件系统及格式化磁盘分区。

(4) 检测设备。

(5) 设置区域和键盘布局。

(6) 输入姓名以及单位名称。

(7) 输入安装密码。

(8) 输入计算机名称和登录密码。

(9) 设置日期和时间。

(10) 选择网络类型。

(11) 安装网络组件。

(12) 安装系统组件。

(13) 设置网络标识。

2.1.2 Windows XP 的启动

打开计算机电源，计算机完成硬件检查后，便启动操作系统。如果计算机中只安装了 Windows XP，会自动启动 Windows XP。如果还安装了其他操作系统（如 Windows 98、Windows 2000 等)，屏幕上会列出所安装的操作系统,用键盘上的移动光标键选择"Windows XP"，然后按回车键，即可启动 Windows XP。

Windows XP 成功启动后，会出现如图 2-1 所示的"欢迎"画面，在画面上列出了系统所设定的所有的用户账户以及对应的图标。刚安装的 Windows XP，只有 Administrator 一个账户。在"欢迎"画面中，还可以单击左下角的 ⓘ 按钮，关闭 Windows XP。

图2-1 "欢迎"画面

要以某个用户账户的身份进入 Windows XP，只需在"欢迎"画面中，单击相应的账户名或对应的图标，如果该用户账户没有设置密码，系统自动以该用户的身份进入系统，否则会出现图 2-2 所示的密码输入框（以 Administrator 账户为例），让用户输入密码。如果用户正确输入密码，并按回车键或单击 ➡ 按钮，便以该用户的身份进入系统。否则，系统会给出如图 2-3 所示的错误提示。

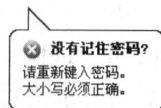

图2-2 密码输入框

图2-3 密码错误提示

需要特别注意的是，Windwos XP 在判别密码时，区分字母的大小写，所以，在输入密码时，一定要注意观察键盘是否处于大写锁定状态，输入密码前，设定键盘的大写锁定状态为自己所需要的状态。

当以某一个用户的身份成功进入系统后，所看到的画面称为 Windows XP 的桌面。Windows XP 初始的桌面要比 Windows 95/98 的简洁得多，桌面上只有【回收站】这一个图标。当系统安装了某些软件后，Windows XP 桌面上可能会增加相应的图标。用户在桌面上建立对象（如文件或文件夹）后，桌面上会增加相应的图标。因此，不同计算机上的 Windows XP 启动后，它们的桌面也有所不同。

2.1.3 Windows XP 的退出

使用完 Windows XP 后，应该先退出 Windows XP，然后再关闭计算机电源。退出 Windows XP 之前，用户最好退出所有的应用程序。

退出 Windows XP 的操作是：单击 开始 按钮，在出现的【开始】菜单中选择【关闭计算机】命令，这时，系统弹出如图 2-4 所示的【关闭计算机】对话框。

在【关闭计算机】对话框中，可进行以下操作。

27

❖ 单击 按钮，关闭计算机。这时，系统会关闭所有的应用程序，退出 Windows XP。成功退出后，计算机会自动关闭电源。早期的计算机成功退出后，会出现安全关机提示，需要用户手动关闭电源。

❖ 单击 按钮，重新启动计算机。这时，系统会关闭所有的应用程序，退出 Windows XP。成功退出后，立即重新启动计算机。

图2-4 【关闭计算机】对话框

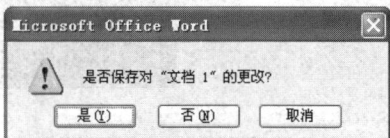

❖ 单击 按钮，使计算机处于待机状态。这时，系统使计算机处于低功耗状态，按任意键、移动鼠标或单击鼠标的一个键，会唤醒计算机，并能保持立即使用。计算机在待机状态时，内存中的信息未存入硬盘中。如此时电源中断，内存中的信息会丢失。

❖ 单击 取消 按钮，取消关闭计算机操作，返回原来状态。

在退出或重新启动 Windows XP 时，如果有修改过的文件（如"文档 1"）还没保存，系统会弹出如图 2-5 所示的对话框，询问用户是否保存文件。如果有多个文件没保存，系统会提示多次。保存文件的方法详见后续章节。

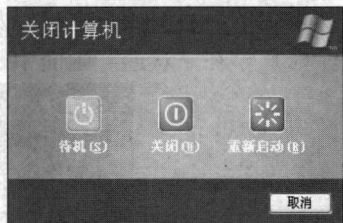

图2-5 提示保存文件

在图 2-5 所示的对话框中，可进行以下操作。

❖ 单击 是(Y) 按钮，保存文件，继续 Windows XP 的退出工作。

❖ 单击 否(N) 按钮，不保存文件，继续 Windows XP 的退出工作。

❖ 单击 取消 按钮，停止 Windows XP 的退出工作。

不能在 Windows XP 仍在运行时关闭电源，否则可能会丢失一些未保存的数据，并且下一次启动时系统要花很长的时间检查硬盘。

2.2 Windows XP 的基本概念

使用 Windows XP，需要正确理解 Windows XP 的基本概念，比较关键的概念有：桌面、任务栏、开始菜单与语言栏、窗口与对话框、剪贴板和帮助系统。

2.2.1 桌面、任务栏、开始菜单与语言栏

1. 桌面

Windows XP 启动后，用户成功进入系统所看到的画面称为 Windows XP 的桌面，桌面上可放置不同类型的对象，如程序、快捷方式、文件、文件夹等。桌面上的对象用一个小图像来表示，这称为图标，图标的下面对应该对象的名称。不同类型的对象，对应的图标也不同。

2. 任务栏

Windows XP 任务栏默认的位置在桌面的底端，如图 2-6 所示。

图2-6 任务栏

Windows XP 任务栏由以下 4 部分组成。

（1）【开始】菜单按钮

【开始】菜单按钮 位于任务栏的最左边，单击该按钮弹出【开始】菜单，可从中选择所需要的命令。几乎所有 Windows XP 的应用程序都可以从【开始】菜单启动。

（2）快速启动区

快速启动区通常位于【开始】菜单按钮的右边，单击某个图标，会马上启动对应的程序，这要比从【开始】菜单启动程序方便得多。以下是默认情况下快速启动区中的图标。

❖ : Windows Media Player 图标，用来查找和播放计算机上的数字媒体文件、播放 CD、VCD 和 DVD，以及 Internet 上的数字媒体。

❖ : Internet Explorer 图标，用来查找和浏览 Internet 上的网页。

❖ : 显示桌面图标，将所有打开的窗口最小化，只显示桌面。

❖ : Microsoft Outlook 图标，用来发送和接收电子邮件。

（3）任务按钮区

任务按钮区通常位于快速启动区的右边，显示当前的任务。当用户启动一个程序或者打开一个窗口后，系统增加一个任务，在任务按钮区会增加一个任务按钮。单击一个任务按钮，可切换该任务的活动和非活动状态。

（4）通知区

通知区位于任务栏的最右边，包含一个数字时钟，也可以包含快速访问程序的快捷方式（如图 2-6 中的 ），还可能出现其他图标（如 ）用来提供有关活动状态的信息。

3. 开始菜单

单击任务栏上的 按钮，弹出如图 2-7 所示的【开始】菜单。【开始】菜单主要由以下几部分组成。

❖ 用户账户区。用户账户区位于【开始】菜单的顶部，显示进入 Windows XP 账户的图标和名称。单击该图标，弹出【用户账户】对话框，用户可以从中选择一个新的图标。

❖ 常用菜单区。常用菜单区位于【开始】菜单的左边，包含了用户最常用的命令以及【所有程序】菜单项。常用菜单区中的命令随用户的使用情况不断调整，使用频繁的命令会出现在常用菜单区，不常使用的命令会被挤出常用菜单区。【所有程序】菜单项中包含了系统安装的应用程序。

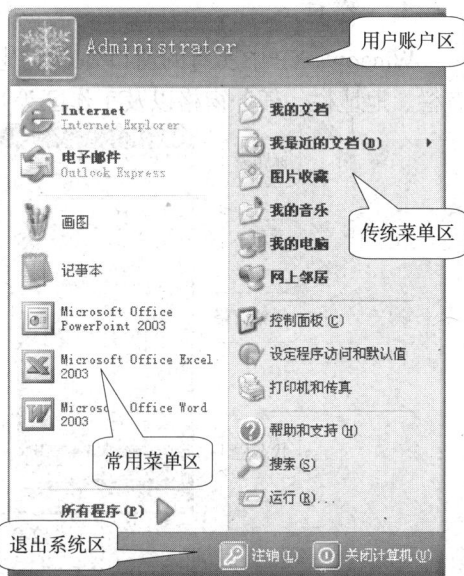

图2-7 【开始】菜单

29

❖　传统菜单区。传统菜单区位于【开始】菜单的右边，除了保留 Windows 95/98 中的菜单外，还增加了一些新命令，如【我的音乐】、【我的电脑】、【网上邻居】等。

❖　退出系统区。退出系统区位于【开始】菜单的底部，包括注销按钮 🔑 和关闭计算机按钮 ⏻。单击 🔑 按钮，结束所有运行的程序，重新启动 Windows XP，并可以用原来的用户名或新用户名登录系统。单击 ⏻ 按钮，结束所有运行的程序，关闭或重新启动计算机。

【开始】菜单中的菜单选项有以下 3 类。

❖　右边带有 "…" 的选项（如【运行(R)…】）：选择该项后，将弹出一个对话框。

❖　右边带有 ▸ 的选项（如【所有程序（P） ▸】）：选择该项后，将弹出一个子菜单，供用户进行下一级选择。

❖　右边无其他符号的选项（如【我的电脑】）：选择该项后，将执行相应的程序。

4. 语言栏

语言栏是一个浮动的工具条，总在桌面的最顶层，显示当前所使用的语言和输入法（见图 2-8）。语言栏的使用方法将在 "2.4.3　输入法选择与状态切换" 小节中详细介绍。

可以移动语言栏的位置，也可以设置语言栏的选项，操作方法如下。

图2-8　语言栏

❖　拖动语言栏的停靠把手 ▓，可将其移动到屏幕的任何位置。

❖　单击语言栏的最小化按钮 ▬，可将其放置到任务栏上。

❖　单击语言栏的选项按钮 ▾，打开一个菜单，通过该菜单设置语言栏上的按钮。

2.2.2　窗口与对话框

Windows XP 是一个图形用户界面操作系统，窗口和对话框是系统中两个最重要的图形用户界面。在 Windows XP 中进行操作时，根据不同的操作，系统会出现窗口或对话框。

1. 窗口

Windows XP 中所有的窗口外观上基本都是一致的，包括标题栏、菜单栏、工具栏、状态栏、地址栏、任务窗格以及工作区等几部分。图 2-9 所示为【我的文档】窗口。

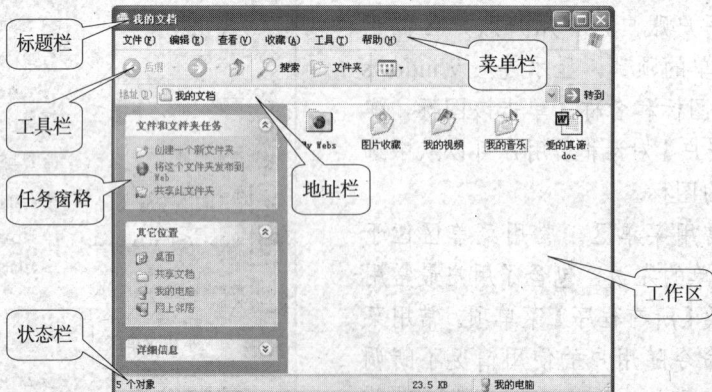

图2-9　【我的文档】窗口

❖　标题栏：标题栏位于窗口顶部，自左至右分别是控制菜单图标、窗口名称和窗口控制按钮。控制菜单图标及窗口名称与打开的窗口或启动的程序相关。在图 2-9 中，控制菜单图标是 ▦，窗口名称是【我的文档】。单击控制菜单图标会弹出一个菜单，菜单中的命令用于控制窗口。窗口控制按钮是 [■][□][X]，自左至右分别为最小化按钮、最大化按钮和关闭按钮。

❖ 菜单栏：菜单栏位于标题栏的下面，由多个菜单组成。每个菜单中都包含若干菜单项，菜单项可以是一个操作命令，也可以包含一个子菜单。用鼠标单击菜单名或按 [Alt] 键+快捷键（菜单名中带下划线的字母键）将打开相应的菜单。如按 [Alt] + [F] 组合键，将打开【文件(F)】菜单。

❖ 工具栏：工具栏位于菜单栏的下面，提供了一些常用的命令按钮，如后退按钮[←后退]、向上按钮[↑]、文件夹按钮[文件夹]、查看按钮[田▼]等。单击一个按钮将完成相应的功能，有时会弹出一个菜单，让用户选择所需要的命令。

❖ 地址栏：地址栏位于工具栏下面，指示打开对象所在的地址，也可在此栏中填写一个地址，按回车键后，在工作区中显示该地址中的对象。

❖ 工作区：窗口的内部区域称为工作区或工作空间。工作区的内容可以是对象图标，也可以是文档内容，随窗口类型的不同而不同。当窗口无法全部显示所有内容时，工作区的右侧或底部会显示滚动条。

❖ 状态栏：状态栏位于窗口的底部，显示窗口的状态信息。图 2-9 所示窗口的工作区中共有 5 个对象，所以在状态栏中显示"5 个对象"字样。

❖ 任务窗格：任务窗格是为窗口提供常用命令或信息的方框，位于窗口的左边（Office 2007 应用程序的任务窗格位于窗口的右边）。任务窗格中的命令或信息分成若干组，在图 2-9 中共有 3 组：【文件和文件夹任务】、【其他位置】和【详细信息】。每一组标题的右边都有一个[⌃]按钮或[⌄]按钮，用来折叠或展开该组中的命令或信息。单击命令组中的一个命令，系统执行相应的命令。在工作区中选择不同的对象时，任务窗格中的命令或信息会根据对象的变化而变化，如在图 2-9 所示的工作区中，单击"爱的真谛.doc"文件，【文件和文件夹任务】组变成如图 2-10 所示。

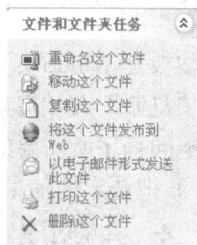

图2-10 【文件和文件夹任务】组

2. 对话框

对话框是一种特殊的窗口，当 Windows XP 执行某一操作需要用户提供信息时弹出。在对话框中，用户可以输入信息或做某种选择。

Windows XP 提供了大量的对话框，每一个都是针对特定的任务而设计的，它们之间的差别很大。图 2-11 所示的【页面设置】对话框是一个较复杂的对话框。

对话框中有许多种构件，不同的构件有不同的功能和用途，下面以图 2-11 所示的【页面设置】对话框为例，介绍对话框中常用的构件。

❖ 选项卡：对话框中的内容很多时，通常按类别分为几个选项卡，每个选项卡包含需

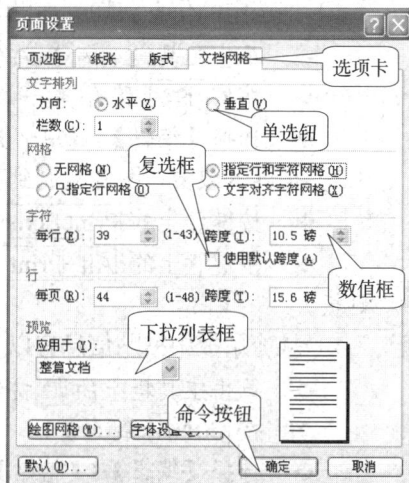

图2-11 【页面设置】对话框

要用户输入或选择的信息。选项卡都有一个名称，标注在选项卡的标签上，如【页边距】、【纸型】等，单击任一个选项卡的标签，会显示相应的选项卡。

❖ 命令按钮：命令按钮是一个凸出的矩形块，上面标注有名称。【页面设置】对话框中有 3 个命令按钮： 默认(D)... 、 确定 和 取消 。单击某一个命令按钮，就执行相应的命令。命令按钮后面含有省略号（...），如 默认(D)... 按钮，表明单击该按钮后，将弹出另一个对话框。

❖ 下拉列表框：下拉列表框是一个下凹的矩形框，右侧有一个 ▼ 按钮。单击 ▼ 按钮，弹出一个列表，称为下拉列表（见图 2-12），可从列表中选择所需要的选项。

图2-12 下拉列表

❖ 数值框：数值框是一个下凹的矩形框，右侧有一个微调按钮 ⬍ 。数值框中的数值是当前值。单击微调递增按钮 ⬆ ，数值按固定步长递增。单击微调递减按钮 ⬇ ，数值按固定步长递减。也可以在数值框中直接输入数值。

❖ 复选框：复选框是一个下凹的小正方形框，没被选择时，内部为空白（ □ ），被选择时，内部有一个对号（ ☑ ）。单击复选框可选择或取消选择该项。

❖ 单选钮：单选钮是一个下凹的小圆圈，没被选择时，内部为空白（ ○ ），被选择时，内部有一个黑点（ ◉ ）。单选钮通常分组，每组不少于两个，在选择时，每组的单选钮只能有一个被选中。

2.2.3 剪贴板

剪贴板是 Windows XP 提供的一个实用工具，用户可以将选定的文字、文件、文件夹、图像等"复制"或"剪切"到剪贴板的临时存储区中，然后可以将该信息"粘贴"到同一程序或不同程序所需要的位置上。剪贴板有以下常见操作。

（1）把选定的信息复制到剪贴板有以下方法。

❖ 单击工具栏上的 🔳 按钮。

❖ 按 Ctrl+C 组合键。

❖ 选择【编辑】/【复制】命令。

（2）把选定的信息剪切到剪贴板有以下方法。

❖ 单击工具栏上的 ✂ 按钮。

❖ 按 Ctrl+X 组合键。

❖ 选择【编辑】/【剪切】命令。

（3）把屏幕或窗口图像复制到剪贴板有以下方法。

❖ 按键盘上的 Print Screen 键，把整个屏幕的图像复制到剪贴板。

❖ 按键盘上的 Alt+Print Screen 组合键，把当前活动窗口的图像复制到剪贴板。

（4）从剪贴板中粘贴信息有以下方法。

❖ 单击工具栏上的 🔳 按钮。

❖ 按 Ctrl+V 组合键。

❖ 选择【编辑】/【粘贴】命令。

（5）查看剪贴板中信息的方法如下。

单击 开始 按钮，从打开的菜单中选择【运行】命令，在弹出的对话框中键入"clipbrd"，再单击 确定 按钮，出现如图 2-13 所示的【剪贴簿查看器】窗口。

有关剪贴板的操作，以下情况需要注意。

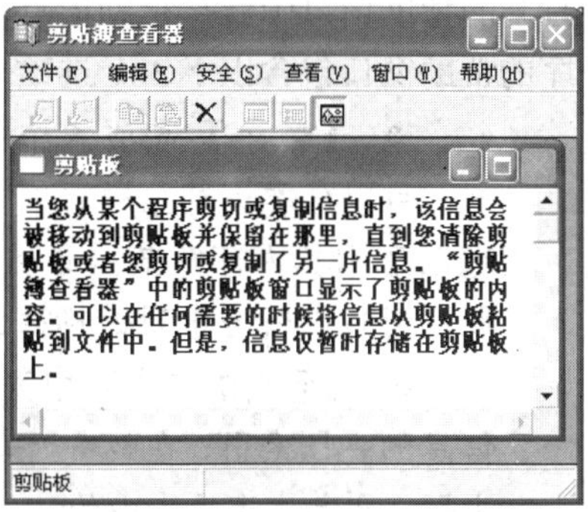

❖ 把信息复制到剪贴板前，应选定相应的信息，否则系统不做任何工作。选定信息的方法详见后续章节。

❖ 剪贴板只保留最近一次复制或剪切的信息，把信息复制或剪切到剪贴板后，剪贴板上原有的信息被冲掉。

❖ 信息被剪切到剪贴板上后，若所选定的信息是文本，文本被删除，若所选定的信息是文件或文件夹，文件或文件夹在粘贴成功后被删除。

图2-13 【剪贴簿查看器】窗口

❖ 剪贴板中的信息粘贴到应用程序后，剪贴板中的内容依旧保持不变，所以可以进行多次粘贴。

❖ 在应用程序（如 Word 2007、Excel 2007、PowerPoint 2007）窗口中粘贴文本或图像，文本或图像粘贴到插入点光标处，因此，根据需要应先移动插入点光标。有关插入点光标的概念详见后续章节。

❖ 在【我的电脑】或【资源管理器】窗口中粘贴文件或文件夹，文件或文件夹粘贴到该窗口中。

2.2.4 帮助系统

Windows XP 以及 Windows XP 中的应用程序提供了功能强大的帮助系统，用户可以非常方便地获得所需的帮助信息。以下几种是最常见的获得帮助信息的方法。

1. 从【开始】菜单获得帮助

在【开始】菜单中，选择【开始】/【帮助和支持】命令，会弹出如图 2-14 所示的【帮助和支持中心】窗口。该窗口中列出了若干帮助主题和帮助任务，单击某一个帮助主题或帮助任务，窗口会跳转到相应的子帮助主题或子帮助任务，如此继续，直到出现所需要的帮助信息。此外，用户还可以在【搜索】文本框中输入相应的关键词，再单击 → 按钮，可搜索出与关键词相匹配的帮助信息。

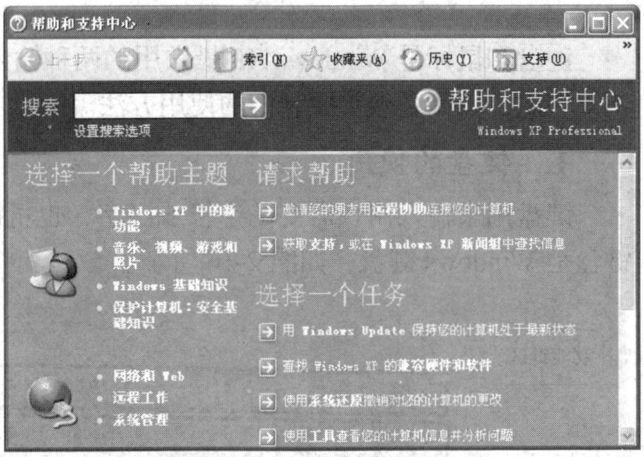

图2-14 【帮助和支持中心】窗口

2. 从对话框的帮助按钮获得帮助信息

在对话框的标题栏中，通常都有一个 ? 按钮，单击该按钮，鼠标指针变成 ? 状，再单击对话框中的某个项目，就可得到该项目的帮助信息。

3. 从应用程序的【帮助】菜单中获得帮助信息

Windows XP 的应用程序中一般都有【帮助】菜单，选择【帮助】菜单中的命令，可在打开的帮助窗口中获得帮助信息。图 2-15 所示为记事本的帮助窗口。Windows XP 应用程序的帮助窗口包含以下 3 个选项卡。

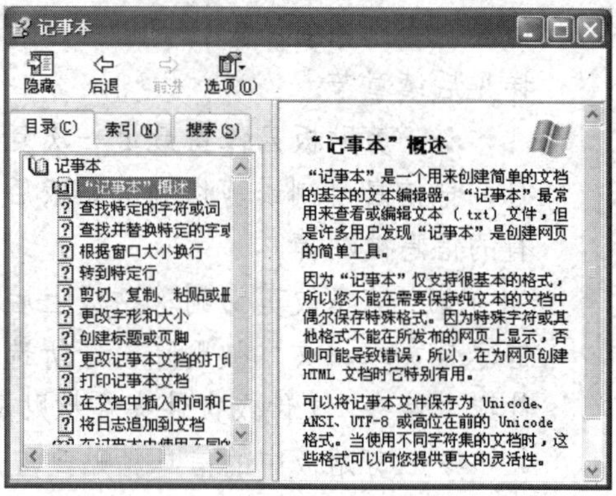

❖ 【目录】选项卡中的内容像一本书，可以分类浏览主题。单击其中的一项，可以显示其内部章节。单击图标为 ? 的标题，窗口中就会出现该标题的帮助信息。

❖ 【索引】选项卡中列出了所有帮助信息的主题索引，在索引列表框中单击某个主题，再单击选项卡中的 显示(D) 按钮，窗口右边就会出现该标题的帮助信息。

❖ 【搜索】选项卡中有一个文本框，用户可以在该文本框中输入要搜索的关键

图2-15　记事本的帮助窗口

字，然后单击 列出主题(L) 按钮，下面的列表框中将显示与关键字相关的主题，单击某个主题后再单击 显示(D) 按钮，窗口右边就会出现该标题的帮助信息。

2.3　Windows XP 的基本操作

在使用 Windows XP 时，有一些操作经常会用到，包括键盘与鼠标的使用、程序的运行、窗口操作、汉字输入等。

2.3.1　键盘与鼠标的使用

键盘和鼠标是 Windows XP 最常用的两种输入设备，使用 Windows XP 几乎每一刻都离不开它们，因此必须掌握它们的使用方法。

1. 键盘的使用

键盘用来输入用户需要的字符或汉字，也可以控制程序的运行。目前计算机上常用的键盘是 Windows 键盘，如图 2-16 所示。

图2-16　Windows 键盘

Windows 键盘可划分为 6 个区域：功能键区、特殊键区、指示灯区、打字键盘区、编辑键盘区和数字键盘区。

（1）功能键区。功能键区有 13 个键，各个键有不同的特定功能，这些功能随软件的不同而不同。以下两个键的功能在大部分软件中大致相同。

❖ Esc 键：通常用来取消操作。

❖ F1 键：通常用来请求帮助。

（2）特殊键区。特殊键区有 3 个键，用来完成特殊的功能。

❖ Print Screen 键：用来把屏幕图像保存到剪贴板。

❖ Scroll Lock 键：用来锁定屏幕卷动，在 Windows XP 中很少用到。

❖ Pause 键：用来暂停运行的程序，在 Windows XP 中很少用到。

（3）指示灯区。指示灯区有 3 个指示灯，用来表示键盘当前的输入状态。

❖ Num Lock 灯：用来指示数字键盘是否锁定到数字输入状态。

❖ Caps Lock 灯：用来指示打字键盘是否锁定到大写输入状态。

❖ Scroll 灯：用来指示目前屏幕是否处于锁定卷动状态。

（4）打字键盘区。打字键盘区是键盘最重要的区域，平常的文字输入和命令控制大都使用打字键盘。打字键盘区中，各键的功能如下。

❖ 字母键：用来输入字母，虽然键盘上标示的都是大写字母，但输入字母的大小写由【Caps Lock】灯是否亮来决定。按住 Shift 键再按字母键时，输入字母的大小写与【Caps Lock】灯所指示的相反。

❖ 数字符号键：数字符号键都是双挡键（如 ? 键），即该键的上挡是一个字符，下挡是另一个字符。单独按一个双挡键输入的是下挡字符，按住 Shift 键再按一个双挡键，输入的是上挡字符。

❖ Caps Lock 键：用来开关【Caps Lock】灯，如果灯亮，输入的是大写字母，否则输入的是小写字母。

❖ Enter 键：称为回车键，通常用来换行或把输入的命令提交给系统。

❖ Backspace 键：称为退格键，通常用来删除光标左面的一个字符。

❖ Tab 键：称为制表键，通常用来将光标移动到下一个制表位上。

❖ Shift 键：通常与其他键配合使用。

❖ Ctrl 键：通常与其他键配合使用。

❖ Alt 键：通常与其他键配合使用。

❖ ⊞键：称为开始键，通常用来打开【开始】菜单。

❖ ☰键：称为菜单键，通常用来打开当前对象的快捷菜单。

为了叙述方便，当 Shift 键、Ctrl 键和 Alt 键与其他键配合使用时（如按住 Ctrl 键再按 C 键），这一操作在本书中称为按 Ctrl+C 组合键，其余的组合键依此类推。

（5）编辑键盘区。编辑键盘区的键在文本编辑时作用很大，共有 10 个键，第 1 组 6 个键完成编辑功能，第 2 组 4 个键控制光标移动，它们的功能如下。

❖ Insert 键：进行插入和改写状态的切换。

❖ Delete 键：删除光标右侧的一个字符。

❖ Home 键：将光标移动到当前行（即光标所在的行）的行首。

❖ End 键：将光标移动到当前行的行尾。

- Page Up 键：翻到前一页。
- Page Down 键：翻到后一页。
- ↑ 键：将光标上移一行。
- ↓ 键：将光标下移一行。
- ← 键：将光标左移一个字符的位置。
- → 键：将光标右移一个字符的位置。

（6）数字键盘区。数字键盘区将数字键、编辑键和运算符集中到一起。Num Lock 键和 Enter 键的功能需要特别说明。

- Num Lock 键：用来开关 Num Lock 灯，如果灯亮，数字键盘区的键作为数字键，否则作为编辑键。
- Enter 键：功能与打字键盘区上的 Enter 键相同。

2. 鼠标的使用

鼠标用来在屏幕上定位以及对屏幕对象进行操作。鼠标一般有左右两个键，也有 3 个键的鼠标，还有带滚轮的鼠标。在 Windows XP 中，三键鼠标中间的键通常用不到。图 2-17 所示为二键鼠标和三键鼠标。

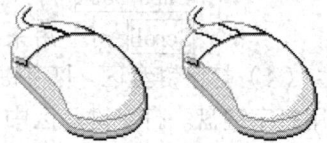

图2-17　二键鼠标和三键鼠标

在 Windows XP 中，屏幕上的鼠标指针表示鼠标所处的位置。系统的状态不同，鼠标指针的形状也会不同。在不同的位置和不同的系统状态下，对鼠标的操作也不同。

（1）鼠标指针。当鼠标在光滑的平面上移动时，屏幕上的鼠标指针就会随之移动。通常情况下，鼠标指针的形状是一个左指向的箭头。在某些特殊状态下，鼠标指针的形状会发生变化。表 2-1 列出了在 Windows XP 中鼠标指针的形状和对应的系统状态。

表 2-1　　　　　　　　　　鼠标指针与对应的系统状态

指针形状	系统状态	指针形状	系统状态	指针形状	系统状态
↖	标准选择	↕	垂直调整	I	选定文本
↖?	帮助选择	↔	水平调整	+	精确定位
↖⧗	后台运行	↘	正对角线调整	✎	手写
⧗	忙	↗	负对角线调整	↑	其他选择
↰	链接选择	✛	移动	⊘	不可用

（2）鼠标操作。Windows XP 中，鼠标有以下 6 种基本操作。

- 移动：在不按鼠标键的情况下移动鼠标，将鼠标指针指到某一项上。
- 单击：快速按下和释放鼠标左键。单击可用来选择屏幕上的对象。除非特别说明，以后所出现的单击都是指用鼠标左键。
- 双击：快速连续单击鼠标左键两次。双击可用来打开对象。除非特别说明，以后所出现的双击都是指用鼠标左键。
- 拖放：按住鼠标左键不放，并移动到一个新位置，然后松开鼠标左键。

拖放操作可用来选择、移动、复制对象。除非特别说明，以后所出现的拖放都是指用鼠标左键。

❖ 右击：快速按下和释放鼠标右键。这个操作通常弹出一个快捷菜单。

❖ 右拖放：按住鼠标右键不放，并移动到一个新位置，然后松开鼠标右键。右拖放操作通常弹出一个快捷菜单，用户可以根据需要从快捷菜单中选择相应的命令。

2.3.2 程序的运行

在 Windows XP 中要完成某项任务，需要运行相应的应用程序。Windows XP 可以同时运行多个程序，用户可在这些程序之间切换。程序运行完后，应退出程序。

1. 运行程序

在 Windows XP 中，通过快速启动区、【开始】菜单、程序文件、文档文件、快捷方式、【运行】命令都可以运行程序。

（1）通过快速启动区：在任务栏【开始】按钮的右边有一个快速启动区（见图 2-18），其中包含了若干个程序图标，单击某一个图标即可启动相应的程序，这是启动程序最便捷的方法。

图2-18 快速启动区

（2）通过【开始】菜单：单击 开始 按钮，弹出【开始】菜单，如果要运行的程序名出现在菜单区中，那么选择相应的菜单选项即可，否则需要从其他程序组中选择。在【所有程序】程序组中包含了系统所有的应用程序和用户安装的应用程序。

（3）通过程序文件：在 Windows XP 中，每个文件都有一个类型，这个类型是由文件的扩展名决定的（参见"2.5.1 文件系统的基本概念"一节）。文件扩展名为".exe"或".com"的文件是程序文件，打开程序文件就能启动该程序。如果知道程序的文件名以及程序的存放位置，那么找到该程序文件后，打开该程序文件，就可启动该程序。用以下方法可打开程序文件。

❖ 双击程序文件名或图标。

❖ 单击程序文件名或图标，然后按回车键。

❖ 右击程序文件名或图标，在弹出的快捷菜单中选择【打开】命令。

（4）通过文档文件：用某种应用程序建立的文件称为该应用程序的文档文件，这些类型的文档文件 Windows XP 都进行了注册，即为每种文档类型分配一个文件图标和打开该文档文件的应用程序，表 2-2 所示为常见的文档类型。打开文档文件会启动与之相关的应用程序，在应用程序中装载该文档文件。打开文档文件的方法与打开程序文件的方法相同，这里不再重复。

表 2-2　　　　　　　　　文档类型

图标	类型	启动的应用程序	图标	类型	启动的应用程序
	文本文档	Notepad		Excel 2007 文档	Excel 2007
	图画文档	MSPaint		PowerPoint 2007 文档	PowerPoint 2007
	Word 2007 文档	Word 2007		网页文档	Internet Explorer

（5）通过快捷方式：快捷方式是某对象的一个链接，保存该对象的地址，文件（程序文件或文档文件）、文件夹都可建立快捷方式。快捷方式的图标与相应对象的图标相似，只是在右下角比相应对象的图标多了一个 ◰ 标志。打开一个快捷方式，就是打开该快捷方式对应的对象。如果是程序文件的快捷方式，则启动该程序。如果是文档文件的快捷方式，则启动相应的程序，同时加载文档。打开快捷方式的方法与打开程序文件的方法相同，这里不再重复。

（6）通过【运行】命令：选择【开始】/【运行】命令，弹出如图 2-19 所示的【运行】对话框。在【运行】对话框中，可进行以下操作。

❖ 在【打开】下拉列表框中，输入或选择程序名。

❖ 单击 浏览(B)… 按钮，打开一个对话框，从该对话框中浏览文件夹，查找所需要的程序文件。

❖ 单击 确定 按钮，运行在【打开】下拉列表框中指定的程序。

图2-19 【运行】对话框

❖ 单击 取消 按钮，取消运行操作。

2. 切换程序

Windows XP 运行一个程序后，通常产生一个程序窗口，同时在任务栏上产生一个相应的按钮，即程序、窗口、任务栏按钮基本上是一一对应的。由于 Windows XP 可同时运行多个程序，因此，桌面上会产生多个窗口，任务栏上会有多个按钮。

Windows XP 任何时候只有一个程序是当前活动程序，只有一个窗口是当前活动窗口。当前活动窗口的标题栏底色为深蓝色，非活动窗口标题栏的底色为浅蓝色。当前活动任务按钮的底色为深蓝色，非活动任务按钮的底色为浅蓝色。用户只能控制当前活动窗口中的程序。要想控制其他程序，必须将其切换为当前活动程序，切换程序有以下方法。

（1）单击窗口切换程序：单击程序窗口的任何地方，该窗口切换为当前活动窗口，该程序切换为当前活动程序。这种方法的前提是程序窗口没被其他程序窗口完全覆盖。

（2）通过任务栏切换程序：如果程序窗口被其他程序窗口完全覆盖，不能通过单击窗口来切换。这时可以单击任务栏上程序对应的按钮，将该程序切换为当前活动程序。该程序对应的窗口位于桌面的顶层，程序窗口变成当前活动窗口。

（3）通过 Alt + Tab 组合键切换程序：按住 Alt 键不放，再按 Tab 键，桌面中央会出现一个运行程序图标列表（见图 2-20），显示所有运行程序的图标，其中有一个带蓝色方框的图标，运行程序图标列表底部显示该应用程序的名称。

图2-20 运行程序图标列表

继续按住 Alt 键不放，再按 Tab 键，蓝色方框向右移动一个图标（蓝色方框在最右边时，移动到最左边的图标上），松开 Alt 键后，带蓝色方框的图标所对应的程序即切换为当前活动程序。

3. 退出程序

使用完应用程序后，需要退出该程序，以便释放它所占用的系统资源。只要关闭应用程序的窗口即可退出程序，关闭窗口的方法详见"2.3.3 窗口的操作"小节。

2.3.3　窗口的操作

Windows XP 的窗口操作包括打开窗口、移动窗口、改变窗口大小、最大化/复原窗口、最小化/复原窗口、滚动窗口内容、切换窗口、排列窗口、关闭窗口等。

1. 打开窗口

Windows XP 中，启动一个程序或打开一个对象（文件、文件夹、快捷方式等）都会打开一个窗口。启动程序的方法以及打开对象的方法在 2.3.2 小节中已介绍过，这里不再重复。

2. 最大化/复原窗口

窗口最大化就是窗口放大为充满整个屏幕，窗口最大化有以下方法。

- ❖　双击窗口标题栏。
- ❖　单击窗口上的【最大化】按钮 ▢。
- ❖　在窗口控制菜单中选择【最大化】命令。

窗口最大化后，窗口的边框便消失，同时【最大化】按钮变成【恢复】按钮 ▣，此时，窗口既不能移动也不能改变大小。如果想使最大化窗口恢复到原来大小，可以用以下方法。

- ❖　双击窗口标题栏。
- ❖　单击窗口上的【恢复】按钮 ▣。
- ❖　在窗口控制菜单中选择【恢复】命令。

3. 最小化/复原窗口

窗口最小化就是把窗口缩为任务栏上的按钮，不在屏幕上显示。窗口最小化有以下方法。

- ❖　单击窗口上的【最小化】按钮 ▬。
- ❖　在窗口控制菜单中选择【最小化】命令。

如果想使最小化窗口恢复到原来大小，可以用以下方法。

- ❖　单击任务栏上窗口对应的按钮。
- ❖　右击任务栏上窗口对应的按钮，在弹出的窗口控制菜单中选择【恢复】命令。

4. 移动窗口

窗口只有在没最大化时才可移动，移动窗口有以下方法。

- ❖　用鼠标拖动窗口的标题栏，会出现一个方框随鼠标指针移动，方框的位置就是窗口要移动到的位置，松开鼠标后，窗口就移动到新位置上。
- ❖　单击窗口控制菜单图标，或右击窗口标题栏，或按 Alt +空格组合键，或右击任务栏上窗口对应的按钮，都会弹出【窗口控制】菜单，从中选择【移动】命令，再按 ↑ 、 ↓ 、 ← 、 → 键，出现一个方框随之移动，方框的位置就是窗口要移动到的位置，按回车键后，窗口移动到新位置上。

5. 改变窗口大小

窗口只有在没最大化时才可改变大小，改变窗口大小有以下方法。

- ❖　将鼠标指针移动到窗口的两侧边框上，鼠标指针变成 ↔ 形状，这时左右拖动鼠标可以改变窗口的宽度。
- ❖　将鼠标指针移动到窗口的上下边框上，鼠标指针变成 ↕ 形状，这时上下拖动鼠标可以改变窗口的高度。

❖ 将鼠标指针移动到窗口的 4 个边角上，鼠标指针变成↖或↗形状，这时沿对角线方向拖动鼠标可以改变窗口的高度和宽度。

❖ 在窗口控制菜单中选择【大小】命令后，再按↑、↓、←、→键，出现一个方框随着按键变化，方框的大小就是变化后窗口的大小，按回车键后，改变窗口的大小。

6. 滚动窗口内容

当窗口容纳不下所要显示的内容时，窗口的右边和下边会各自出现一个滚动条。对滚动条可进行以下操作。

❖ 拖动滚动条中间的滚动块，窗口内容水平（或垂直）滚动。
❖ 单击滚动条两端的按钮，窗口内容水平滚动一小步或垂直滚动一行。
❖ 单击滚动块两边的空白处，窗口内容水平滚动一大步或垂直滚动一页。

7. 排列窗口

桌面上有多个窗口时，系统可以将它们自动排列。右击任务栏的空白处，弹出如图 2-21 所示的快捷菜单，从中可做以下选择。

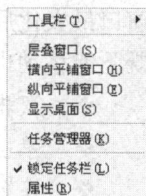

❖ 选择【层叠窗口】命令，窗口将按顺序依次排放在桌面上。每个窗口的标题栏和左边缘都露出来。

❖ 选择【横向平铺窗口】命令，窗口按水平方向逐个铺开。

图2-21 任务栏快捷菜单

❖ 选择【纵向平铺窗口】命令，窗口按垂直方向逐个铺开。

图 2-22 所示为层叠、横向平铺和纵向平铺窗口的排列示意图。

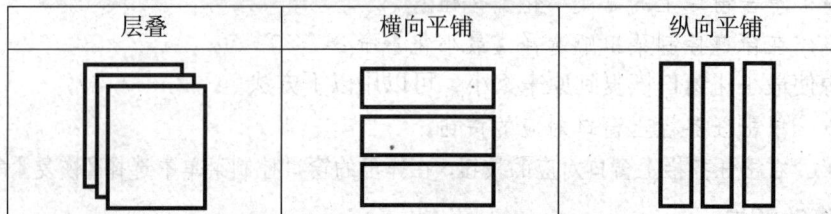

图2-22 层叠、横向平铺和纵向平铺窗口示意图

如果想取消窗口的排列方式，在任务栏的空白处右击鼠标，从弹出的快捷菜单中选择【撤销层叠】或【撤销平铺】命令即可。

8. 关闭窗口

关闭窗口有以下几种常用方法。

❖ 单击程序窗口右上角的【关闭】按钮☒。
❖ 选择【文件】/【退出】命令。
❖ 按 Alt+F4 组合键。
❖ 双击窗口控制菜单图标。
❖ 单击窗口控制菜单图标，或右击窗口标题栏，或按 Alt+空格组合键，或右击任务栏上窗口对应的按钮，在弹出的快捷菜单中选择【关闭】命令。

如果关闭的是一个应用程序窗口，并且关闭前该程序修改过的文件还没有保存，系统会弹出类似图 2-5 所示的对话框，询问用户是否保存文件，用户可根据需要决定是否保存文件。

2.4　Windows XP 的键盘指法与汉字输入

使用计算机时，经常需要输入字符或汉字，这离不开键盘。为了以最快的速度输入字符或汉字，首先需要掌握键盘指法和打字方法，其次需要掌握汉字输入的方法。

2.4.1　键盘指法

为了以最快的速度敲击键盘上的每个键位，将双手的 10 个手指进行合理的分工，每个手指负责一部分键位，这便是键盘指法。

1. 基准键位

基准键位是打字时手指所处的基准位置，击打其他任何键，手指都是从这里出发，而且打完后又须立即退回到基准键上。在打字键区的正中央有 8 个键位，即左边的 Ａ、Ｓ、Ｄ、Ｆ 键和右边的 Ｊ、Ｋ、Ｌ、︔ 键，其中，Ｆ、Ｊ 两个键上都有一个凸起的小棱杠，以便于盲打时手指能通过触觉定位，这 8 个键被称作基准键。

开始打字时，左手的小指、无名指、中指和食指应分别虚放在 Ａ、Ｓ、Ｄ、Ｆ 键上，右手的食指、中指、无名指和小指分别虚放在 Ｊ、Ｋ、Ｌ、︔ 键上，两个大拇指则虚放在空格键上，如图 2-23 所示。

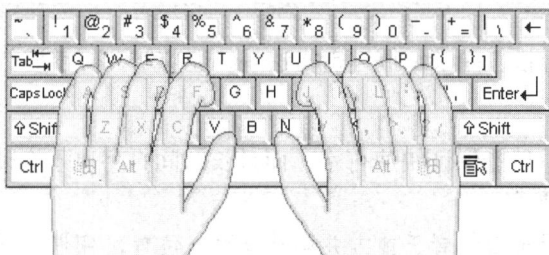

图2-23　手指的基准键位

2. 手指的分工

在 8 个基准键位基础上，对每个手指进行了分工，使其负责某些键位，如图 2-24 所示。

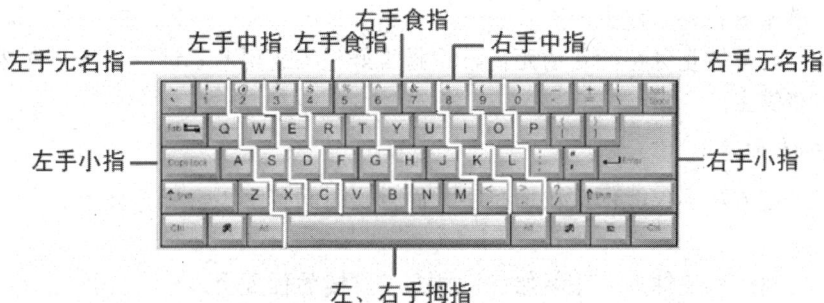

图2-24　其他键的手指分工

（1）左手分工：
- ❖ 小指负责的键：Ｉ、Ｑ、Ａ、Ｚ 和它们左边的所有键。
- ❖ 无名指负责的键：Ｚ、Ｗ、Ｓ、Ｘ。

❖ 中指负责的键：3、E、D、C。
❖ 食指负责的键：4、R、F、V、5、T、G、B。

（2）右手分工：

❖ 小指负责的键：0、P、;、/和它们右边的所有的键。
❖ 无名指负责的键：9、O、L、.。
❖ 中指负责的键：8、I、K、,。
❖ 食指负责的键：7、U、J、M、6、Y、H、N。

（3）大拇指：大拇指专门负责击打空格键。当左手击完字符键需击空格键时，用右手大拇指，反之，则用左手大拇指。

3. 数字键盘的手指分工

数字键盘的数字键位比较集中，适合大量数字的输入。使用数字键盘录入数字时，主要由右手的 5 个手指负责，它们的具体分工如下。

❖ 小指负责的键：-、+、Enter。
❖ 无名指负责的键：*、9、6、3、.。
❖ 中指负责的键：/、8、5、2。
❖ 食指负责的键：7、4、1。
❖ 拇指负责的键：0

2.4.2 打字方法

要想打字既快又轻松，除了掌握键盘指法外，还应掌握打字姿势和击键方法。

1. 打字姿势

正确的打字姿势不仅能保证快速打字，而且长时间打字也不会使身体受到损伤。正确的打字姿势有以下要领。

❖ 显示器置于操作者正前方并调整至适当位置，眼睛与屏幕平行距离维持在 50cm 左右。
❖ 全身放松，坐姿端正，腰背挺直，身体可微向前倾，两脚平放于地上。
❖ 手臂自然下垂，肘靠近身躯，手腕保持平直，与键面呈平行状态，两手手指自然悬放在基本键上。
❖ 人与键盘保持合适的距离，手指恰好轻松放到基本键、大拇指自然弯曲放到空格键上。

2. 击键方法

正确的击键方法不仅能保证快速打字，而且长时间打字不会感觉疲劳。击键方法有以下要领。

❖ 稳：击完键后，手指始终保持在基准键的位置上。
❖ 准：凭手指的触觉能力准确击键，眼睛看不键盘（盲打）。
❖ 快：手指击键准确果断，击完键后手指立即返回基本键。
❖ 匀：每只手指击键的力度要均匀，频率稳定，有节奏感。
❖ 灵：手指和手腕灵活运动，不论哪个手指击键，其他手指自然弯曲。

2.4.3　输入法选择与状态切换

Windows XP 中文版提供了多种中文输入方法，如微软拼音、全拼、区位、智能 ABC、郑码等。智能 ABC 输入法简单易学、功能强大，特别适合初学者使用。五笔字型输入法极少有重码，便于盲打，特别适合专业打字人员使用。

1.　输入法选择

Windows XP 启动后，在桌面的右下角有一个语言栏，语言栏指示当前选择的语言以及该语言的输入方法。Windows XP 默认的语言是"英文"，默认的输入法是"英语（美国）"，如图 2-25 所示。

图2-25　英文语言栏

输入汉字前应先打开汉字输入法，打开汉字输入法（以"智能 ABC 输入法"为例）的操作步骤如下。

(1)　单击语言栏上的语言指示按钮 EN，弹出如图 2-26 所示的语言选择菜单。

(2)　在语言选择菜单中选择【中文（中国）】，则当前语言为"中文"，当前输入法是最近一次使用过的输入法（如"全拼"输入法），语言栏如图 2-27 所示。

(3)　单击输入法指示器，弹出如图 2-28 所示的输入法菜单。

(4)　选择"智能 ABC 输入法 5.0 版"，语言栏如图 2-29 所示。

图2-26　语言选择菜单 　　图2-27　语言栏 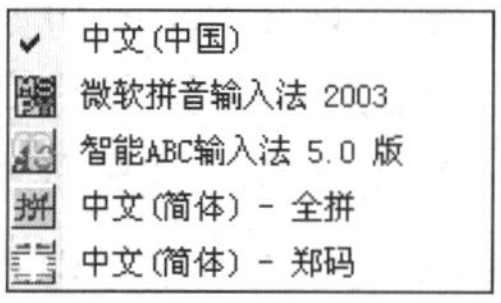　　图2-28　输入法菜单 　　图2-29　"智能 ABC"输入法

用以下方法也可以打开汉字输入法。

❖　按 Ctrl+Shift 组合键，切换到下一种输入法。

❖　按 Ctrl+空格组合键，关闭或启动先前选择的中文输入法。

需要说明的是，所选择的输入法仅针对当前窗口，而不是针对所有的窗口，所以选择输入法前应先确定当前窗口是什么。当前窗口改变后，语言栏中所指示的输入法变成当前窗口的输入法。

2.　输入法状态切换

当选择了一种中文输入法（如"智能 ABC 输入法"）之后，屏幕上会出现该输入法的状态条，如图 2-30 所示。输入法状态条中各按钮的含义如下。

图2-30　"智能 ABC"输入法状态条

❖　按钮：表示当前是中文输入状态，输入的英文字母当作拼音处理。单击该按钮或按 Caps Lock 键，按钮变成 A，表示当前是英文输入状态，英文字母不当作拼音处理。

❖　标准按钮：表示当前是标准智能 ABC 输入状态，单击该按钮，按钮变成 双打，表示当前是双拼打字输入状态。

❖　按钮：表示当前是字符半角输入状态，输入的字符是英文字符。单击该按钮，按钮变成 ●，表示当前是字符全角输入状态，输入的字符是汉字字符。

❖　按钮：表示当前是中文标点输入状态，输入的字符标点是中文标点。

单击该按钮，按钮变成 ·,，表示当前是英文标点输入状态，输入的字符标点是英文标点。表 2-3 列出了中文标点以及所对应的键位。

表 2-3　　　　　　　　　　　　中文标点键位对照表

中文标点	对应的键位	中文标点	对应的键位	中文标点	对应的键位
，逗号	,	（ 小左括号	(	' 左单引号	' 奇数次
。句号	.	） 小右括号	)	' 右单引号	' 偶数次
：冒号	:	[中左括号	[	" 左双引号	" 奇数次
；分号	;	] 中右括号	]	" 右双引号	" 偶数次
、顿号	\	{ 大左括号	{	《 左书名号	< 奇数次
？问号	?	} 大右括号	}	》 右书名号	> 偶数次
！感叹号	!	—— 破折号	_ （上挡）	…… 省略号	^
· 实心点	@	— 连字符	&	￥ 人民币符号	$

❖ 软键盘按钮▦：单击该按钮，打开或关闭软键盘。右击该按钮，弹出如图 2-31 所示的软键盘菜单，从中可选择一种软键盘，这时屏幕上出现一个键盘画面，根据软键盘上的键位所指示的字符，可输入特定的字符。表 2-4 所示为几个常用软键盘及其可输入的符号。

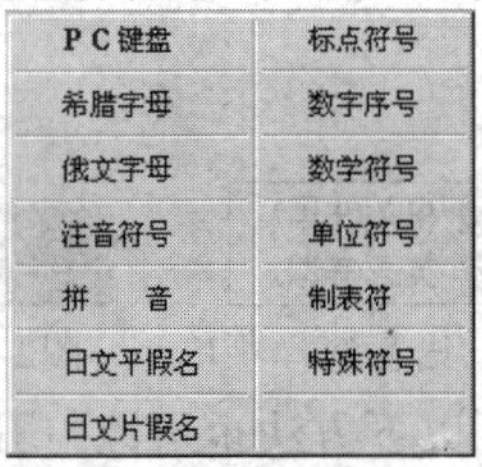

PC键盘	标点符号
希腊字母	数字序号
俄文字母	数字符号
注音符号	单位符号
拼 音	制表符
日文平假名	特殊符号
日文片假名	

图2-31 软键盘菜单

表 2-4　　　　　　　　　　　　软键盘符号

软键盘	符号
数字序号	㈠ ㈡ ㈢ ㈣ ㈤ ㈥ ㈦ ㈧ ㈨ ㈩ ① ② ③ ④ ⑤ ⑥ ⑦ ⑧ ⑨ ⑩ Ⅰ Ⅱ Ⅲ Ⅳ Ⅴ Ⅵ Ⅶ Ⅷ Ⅸ Ⅹ Ⅺ Ⅻ 1. 2. 3. 4. 5. 6. 7. 8. 9. 10. 11. 12. 13. 14. 15. 16. 17. 18. 19. 20. (1) (2) (3) (4) (5) (6) (7) (8) (9) (10) (11) (12) (13) (14) (15) (16) (17) (18) (19) (20)
数学符号	≈ ≡ ≠ = ≤ ≥ ＜ ＞ ≮ ≯ ± ＋ － × ÷ ／ ∫ ∮ ∝ ∞ ∧ ∨ Σ ∏ ∪ ∩ ∈ ∵ ∴ ⊥ ∥ ∠ ⌒ ⊙ ≌ ∽ √
单位符号	° ′ ″ ＄ ￡ ￥ ‰ ％ ℃ ¤ ￠ 〇 一 二 三 四 五 六 七 八 九 十 百 千 万 亿 兆 吉 太 拍 艾 零 壹 贰 叁 肆 伍 陆 柒 扒 玖 拾 佰 仟 分 厘 毫 微
特殊符号	§ № ☆ ★ ○ ● ◎ ◇ ◆ □ ■ △ ▲ ※ → ← ↑ ↓ ＝ ＃ ＆ ＠ ＼ ＾ ＿ ￣

2.4.4　智能 ABC 输入法

智能 ABC 输入法是基于汉语拼音的输入法。智能 ABC 输入法有多种拼音方式，可按字、词组、语句输入，还可随时自定义词组。

1. 拼音的输入方式

在智能 ABC 输入法中，拼音字母用小写字母输入，拼音字母"ü"用"v"代替。按词组或语句输入时，应在必要的位置加隔音符"'"，以免拼音有歧义，如"西安"不能输入"xian"，而应输入"xi'an"。以下是智能 ABC 常用的拼音方式。

❖ 全拼方式：按规范的汉语拼音输入，输入过程和汉语拼音完全一致。例如：

```
wo yao zi  xi  du wan zhe ben shu
我  要  仔  细  读  完  这  本  书
```

❖ 简拼方式：取各个音节的第 1 个字母，对于包含"zh"、"ch"、"sh"的音节，也可以取前两个字母。例如"长城"：

全拼	changcheng
简拼	cc 或 cch 或 chc 或 chch

❖ 混拼方式：对于词组，有的音节全拼，有的音节简拼。例如"金沙江"：

全拼	jinshajiang
混拼	jinsj 或 jshaj 或 jsj

2. 汉字的输入方法

汉字输入可以按字、词、句的方式输入。输入相应的拼音字母后按空格键，系统根据输入的拼音字母自动匹配对应的字或词，并将其显示在外码框和候选框中，如图 2-32 所示。在外码框和候选框中选取汉字有以下操作。

❖ 按空格键，选取外码框中的字。

❖ 按数字键，选取候选框中对应的汉字。

❖ 按 [或 - 或 Page Up 键，候选框中的汉字前翻一页。

❖ 按] 或 = 或 Page Down 键，候选框中的汉字后翻一页。

❖ 单击候选框中的汉字，选取候选框中相应的汉字。

❖ 单击 ⬛ 或 ⬛ 按钮，候选框中的汉字翻到最首页或最末页。

❖ 单击 ▲ 或 ▼ 按钮，候选框中的汉字前翻或后翻一页。

❖ 如果系统把多个单字当作词组处理，按 Backspace 键拆分词组。

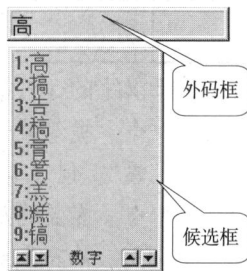

图2-32　外码框和候选框

3. 自定义词组

智能 ABC 输入法提供了许多常用词组，还允许用户自己定义词组。自定义的词组能永久存储在系统中。下面以词组"网吧"为例，介绍自定义词组的步骤。

(1) 输入"网吧"的拼音，外码框为：wangba。

(2) 按回车键，外码框为：望ba。

(3) 在候选框中选择"网"，外码框为：网把。

(4) 在候选框中选择"吧"，词组建立成功。

2.4.5　五笔字型输入法

五笔字型输入法是王永民教授发明的一种根据汉字字型进行编码的汉字输入方法。五笔字型的基本思想是把汉字分为笔画、字根、单字 3 个层次。笔画组合产生字根，字根拼形构成汉字，按照习惯书写顺序，以字根为基本单位，组字编码，拼形输入。

五笔字型有 86 版和 98 版两个版本，这两个版本的编码规则是一样的，字根分布略有不同，98 版更为合理，但 86 版五笔字型的通用性更强。本小节主要介绍 86 版五笔字型。

1.　基本概念

（1）汉字的笔画。汉字的笔画是构成汉字的最小单位，是一次连续写成的线段。汉字的基本笔画为横、竖、撇、捺、折 5 种。为了在字形编码时便于记忆，依次用 1、2、3、4、5 来编码，称为笔画码，如表 2-5 所示。

表 2-5　　　　　　　　　　　　　汉字的 5 种笔画

笔画码	名称	运笔方向	笔画其变形	例字
1	横	从左到右，从左到右上	一 ／	画、二、凉、坦
2	竖	从上到下	丨 亅 刂	竖、归、到、利
3	撇	从右上到左下	丿	用、番、禾、种
4	捺（点）	从左上到右下	丶 乀	入、宝、术、点
5	折	带转折的笔画（竖左钩除外）	乙 乚 乛 乚 乛	飞、已、孙、好

关于汉字的 5 种笔画，以下情况需要注意。

❖　提笔属于横。如"江、冰、场、现、特"这几个字中，各字左部末笔都是"提"，但在五笔字型中视为"横"。

❖　左竖钩属于竖。如亅，而右竖钩属于折笔。

❖　从左上到右下的点笔都属于捺。例如"学、寸、心"这几个字中的"点"，但在五笔字型中视为"捺"。

❖　所有带转折的笔画都属于折。

（2）汉字的字根。汉字的字根又称为码元，在五笔字型编码方案中，它是构成汉字的基本单位，它的主要组成部分是汉字的偏旁部首，如"氵、刂、灬、廴"等，同时还有少量的笔画结构，如"卜、丆"等。五笔字型所选择的字根有以下两个条件。

❖　组字能力强，特别有用。如："王"、"土"、"大"、"木"、"工"等。

❖　虽组成的汉字不多，但特别常用。如："白"（"白"可以组成最常用的汉字"的"）、"西"（"西"组成的"要"字也很常用）等。

根据以上条件，五笔字型共选择了 130 多个字根，包括笔画、偏旁、部首等。一些汉字本身就是字根，不是字根的汉字都可拆分成字根。例如："张"字由"弓"字和"长"字组成，"弓"字是字根，但"长"字不是，还需要将其分解成字根。

（3）汉字的字型。汉字的字型是指构成汉字的各个字根在整字中所处的位置关系。在五笔字型中，汉字的字型分为 3 种：左右型、上下型和杂合型。由于左右型的汉字最多，上下型的次之，杂合型的最少，因此将这 3 种字型的代号分别指定为 1、2、3。汉字的字型如表 2-6 所示。

表 2-6   汉字的字型

代号	字型	例字
1	左右型	体、位、树、招、部
2	上下型	杂、示、莫、落、架
3	杂合型	园、闭、回、夫、才

❖ 左右型。左右型汉字的主要特点是字根之间有一定的间距，从整字的总体看呈左右排列状。左右型的汉字主要有 3 类：双合字（组成整字的两个字根左右排列，且字根间有一定的间距，如"根"、"线"、"仅"、"列"等）、三合字（组成整字的 3 个字根中的一个字根单独位于字的左边或右边，如"测"、"做"、"等"、"潭"、"卦"等）、四合字或多合字（组成整字的 4 个字根中的一个字根单独位于字的左边或右边，如"键"、"械"、"论"等）。

❖ 上下型。上下型汉字的主要特点是字根之间有一定的间距，从整字的总体看呈上下排列。上下型的汉字主要有 3 类：双合字（组成整字的两个字根上下排列，且字根间有一定的间距，如"分"、"安"、"军"、"芝"等）、三合字（组成整字的 3 个字根中的一个字根单独位于字的上边或下边，如"恕"、"努"、"型"、"落"、"范"等）、四合字或多合字（组成整字的 4 个字根中的一个单独位于字的上边或下边，如"赢"等）。

❖ 杂合型。杂合型汉字的主要特点是字根之间虽然有一定的间距，但是整字不分上下左右。杂合型的汉字主要有 3 类：单体型（本身独立成字的字，如"牛"、"犬"、"头"等）、内外型（通常由内外字根组成，外部字根完全包围内部字根，如"国"、"园"、"图"、"困"等）、包围型（通常由内外字根组成，外部字根不完全包围内部字根如"句"、"区"、"同"、"这"、等）。

（4）汉字的结构。汉字的结构是指构成汉字的各个字根之间的关联关系。在五笔字型中，汉字的结构字型分为 4 种：单体结构、离散结构、连笔结构和交叉结构。

❖ 单体结构。指字根本身单独成为一个汉字。例如："八"、"用"、"手"、"车"、"马"、"雨"等。五笔字型共选择了 130 多个字根，它们的取码方法有专门规定，不需要判断字型。

❖ 离散结构。指构成汉字的字根在两个或两个以上字根之间保持着一定的距离，不相连也不相交，如"相"、"部"、"呈"、"架"等字。离散结构汉字的字型属于左右型或上下型。

❖ 连笔结构。指一个字根和一个笔画相连。如："丿"下连"目"成为"自"，"丿"下连"十"成为"千"，"月"下连"一"成为"且"等。另外一个字根之前或之后的孤立点一律看作与字根相连，如"太"、"犬"和"术"等字。连笔结构汉字的字型属于杂合型。

❖ 交叉结构。指一个字根与一个笔画（或一个字根）相交叉。如"心"与

"丿"交叉成为"必"，"二"与"人"交叉成为"夫"，"一"与"弓"和"人"交叉成为"夷"。交叉结构汉字的字型属于杂合型。

2. 字根的键盘分布

（1）键盘编号。五笔字型在将字根分布到键盘之前，按照汉字的5种笔画将25个字母键（Z 键除外）分成了5个区，如图2-33所示。

- ❖ 1区：横起笔区。
- ❖ 2区：竖起笔区。
- ❖ 3区：撇起笔区。
- ❖ 4区：捺（或点）起笔区。
- ❖ 5区：折起笔区。

5个区中每个区都包括了5个键位，从1到5对它们进行编号，这样位号和区号就共同组成了25个区位号。每个区位号由两位数组成，其中个位数是位号，十位数是区号，而且每个区的位号都是从打字键区的中间向两端排序，如图2-34所示。

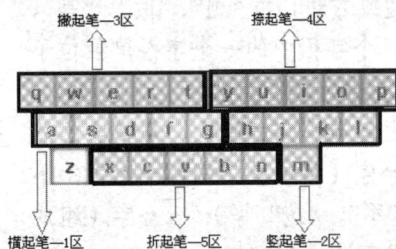

图2-33 字根的5个区

图2-34 区位号分布图

（2）字根分布。把字根分布到键盘上根据以下原则：字根根据起笔分配到相应的键盘区中，即横起笔类的字根放置在1区，竖起笔类的字根放置在2区，撇起笔类的字根放置在3区，捺（或点）起笔类的字根放置在4区，折起笔类的字根放置在5区。

同一类的字根有许多，而且每个键盘区又有5个键，根据以上原则，字根的具体分配方法如图2-35和图2-36所示。

图2-35 86版字根分布图

图2-36 98版字根分布图

（3）字根助记歌。为了更好地帮助大家记忆字根的键位分布，五笔字型的发明者还编制了一套字根助记歌。助记歌的每一句对应一个键位上的字根，歌词合辙押韵，背诵起来琅琅上口，对记忆字根非常有帮助。

由于 98 版五笔字型的字根表与 86 版五笔字型的字根表有所不同，所以字根助记歌也不同。表 2-7 所示为 86 版的五笔字型助记歌，表 2-8 所示为 98 版的五笔字型助记歌，读者可根据所使用的版本自行选择记忆。

表 2-7　　　　　　　　　　　　　　86 版五笔字型助记歌

1 区	2 区	3 区	4 区	5 区
11 王旁青头戋(兼)五一	21 目具上止卜虎皮	31 禾竹一撇双人立，	41 言文方广在四一，	51 已半巳满不出己，
12 土士二干十寸雨	22 日早两竖与虫依	反文条头共三一	高头一捺谁人去	左框折尸心和羽
13 大犬三羊古石厂	23 口与川，字根稀	32 白手看头三二斤	42 立辛两点六门病	52 子耳了也框向上
14 木丁西	24 田甲方框四车力	33 月(衫)乃用家衣底	43 水旁兴头小倒立	53 女刀九臼山朝西
15 工戈草头右框七	25 山由贝，下框几	34 人和八，三四里	44 火业头，四点米	54 又巴马，丢失矣
		35 金勺缺点无尾鱼，	45 之字宝盖，摘礻衤	55 慈母无心弓和匕，
		犭旁留又一点夕，		幼无力
		氏无七		

表 2-8　　　　　　　　　　　　　　98 版五笔字型助记歌

1 区	2 区	3 区	4 区	5 区
11 王旁青头五夫一	21 目上卜止虎头具	31 禾竹反文双人立	41 言文方点谁人去	51 已类左框心尸羽
12 土干十寸未甘雨	22 日早两竖与虫依	32 白斤气丘叉手提	42 立辛六羊病门里	52 子耳了也乃框皮
13 大犬戊其古石厂	23 口中两川三个竖	33 月用力豸毛衣臼	43 水族三点鳖头小	53 女刀九艮山西倒
14 木丁西甫一四里	24 田甲方框四车里	34 人八登头单勺几	44 火业广鹿四点米	54 又巴牛厶马失蹄
15 工戈草头右框七	25 山由贝骨下框集	35 金夕鸟儿犭边鱼	45 之字宝盖补礻衤	55 幺母贯头弓和匕

初看起来，字根是杂乱无章地分布在键盘上，实际上这种分布是五笔字型发明者的匠心独运。字根分布有以下特点。

❖　根据起笔笔画分区。五笔字型将汉字的笔画归纳为横、竖、撇、捺、折 5 种，将键盘上的字母键根据这 5 种笔画分成了 5 个区。

❖　根据第 2 笔定位。字根所在的位号一般与该字根第 2 笔的笔画码一致。比如"王"字的第 1 笔是横，第 2 笔还是横，因此将其放置在 1 区 1 位中。

❖　根据笔画数定位。单笔画及简单复合笔画形成的字根，其位号等于其笔画数。比如，在 1 区 1 位里有一横这个字根，在 1 区 2 位有两横的字根，在 1 区 3 位里有 3 横的字根。

❖　字源或形态与键名字相近。字源或形态上相近的字根位于一区的同一位。比如 P 键的键名字是"之"，所以"辶"、"廴"等字根也在这个键上，就连与它相像的"礻"字根也在此键上。

（4）键名字。将字根按照规律分布到 25 个字母键上之后，平均每个键上都有 7、8 个字根。为了便于记忆，在每个区位中选取了一个最常用的字根作为键的名字，即键名字，如图 2-37 所示。

图2-37　键名字

这些键名字既是组字能力很强的字根，同时又是很常用的汉字。比如字母键 G（区位号为"11"）上面有"王、 、五、一"等字根，而"王"字的使用频率最高，就选取"王"作为键名字。其他各键的键名字也都遵循这个规律。

3. 键面字的输入方法

（1）键名字的输入方法。键名字一共有 25 个，位于每个字母键（Z 键除外）的左上角，也就是"字根助记歌"中的第 1 个字根。键名字是一些组字频率很高，且形体上又有一定代表性的字根。输入键名字时无须将其拆分，连续敲击 4 次该字所在的键位即可。例如：

❖ 1 区 1 位键名字"王"的编码为 GGGG。

❖ 2 区 1 位键名字"目"的编码为 HHHH。

❖ 3 区 2 位键名字"白"的编码为 RRRR。

❖ 4 区 3 位键名字"水"的编码为 IIII。

❖ 5 区 4 位键名字"又"的编码为 CCCC。

（2）成字字根的输入方法。在键盘的 25 个字母键上除了键名字外，自己本身也是汉字的字根的称为成字字根。与键名字一样，成字字根除了具有较强的组字能力外，其本身也属于常用汉字。五笔字型特别为其制定了拆分规则和编码规则。

❖ 拆分规则：根据汉字的书写顺序，将成字字根拆分成笔画。

❖ 编码规则：字根+首笔+次笔+末笔（不足 4 码加空格）。

具体输入方法：首先敲击一下成字字根所在的键位（又叫"报户口"），再依次敲击其第 1 个、第 2 个及最末一个单笔画所在的键位。不足 4 码时，按空格键补足。例如：

❖ "雨" = "雨"（字根 F）+ "一"（首笔 G）+ "丨"（次笔 H）+ "丶"（末笔 Y），编码为 FGHY

❖ "甲" = "甲"（字根 L）+ "丨"（首笔 H）+ "乛"（次笔 N）+ "丨"（末笔 H），编码为 LHNH

❖ "八" = "八"（字根 W）+ "丿"（首笔 T）+ "丶"（次笔 Y）+ 空格，编码为 WTY

❖ "辛" = "辛"（字根 U）+ "丶"（首笔 Y）+ "一"（次笔 G）+ "丨"（末笔 H），编码为 UYGH

❖ "马" = "马"（字根 C）+ "乛"（首笔 N）+ "ㄣ"（次笔 N）+ "一"（末笔 G），编码为 CNNG

4. 合体字的输入方法

合体字是指由两个或两个以上的偏旁构成的汉字。五笔字型中的合体字则引申为由两个或两个以上的字根构成的汉字，也就是说除了键名字和键面字外，其他汉字均属于合体字。输入合体字需要掌握拆分规则、编码规则和识别码。

（1）拆分规则。合体字在汉字中占绝大部分，为了能对它们进行准确地编码，就必须掌握合体字的拆分规则。合体字的拆分有以下 5 条规则。

❖ 笔顺勿乱。在拆分合体字时，一定要根据汉字正确的书写顺序进行。汉字正确的书写顺序是：先左后右，先上后下，先横后竖，先撇后捺，先内后外，先中间后两边，先进门后关门等。

❖ 取大优先。在拆分合体字时，应按照书写顺序尽量拆分成字根总表中最大的字根，以拆分后的字根总数越少越好。例如："年"字的正确拆分方法是取"⺧"、"丨"和"十"，而不是取"⺧"、"一"、"丨"和"十"。

❖ 兼顾直观。为了照顾字根的完整性，不得不违反"笔顺勿乱"和"取大优先"规则。例如"国"字：根据书写顺序的规则应取"冂"、"王"、"丶"、"一"，如果这样拆分，同样不能使字根直观易辨，因此五笔字型将"国"字拆分为"囗"、"王"、"丶"。

❖ 能连不交。如果字既可以按相连关系拆分，又可以按相交的关系拆分，则要按相连的关系拆分，因为通常"连"比"交"更为直观易记。例如："丑"字正确的拆分是"刀"、"土"，因为这两个字根之间的关系是相连的，如果取"刀"、"二"，二者为相交关系。

❖ 能散不连。如果字可以看作是几个基本字根散的关系，就不要看作是连的关系。例如："占"字正确拆分是"卜"、"口"，二者间按"连"处理是杂合型汉字，如果按"散"处理则是上下型汉字。此时，按"散"处理。

（2）编码规则。从字根的构成数量来看，可以将合体字分为以下 4 类：二元字（由两个字根构成的汉字）、三元字（由 3 个字根构成的汉字）、四元字（由 4 个字根构成的汉字）和多元字（由 4 个以上的字根构成的汉字）。每种类型合体字的编码规则如下。

❖ 二元字。输入全部字根，再输入一个末笔交叉识别码（简称识别码）。末笔交叉识别码在后面介绍。例如："她"字先取"女"、"也"两个字根，然后再输入末笔交叉识别码"N"。"杜"字先取"木"、"土"两个字根，然后再输入末笔交叉识别码"G"。

❖ 三元字。输入全部字根，再输入一个末笔交叉识别码。例如："串"字是先取"口"、"口"、"丨"，再输入末笔交叉识别码"K"。"桔"字是先取"木"、"士"、"口"，再输入末笔交叉识别码"G"。

❖ 四元字。按照书写顺序取 4 个字根的编码。例如："型"字的书写顺序是"一"、"卅"、"刂"、"土"其编码为 GAJF。"得"字的书写顺序是"彳"、"日"、"一"、"寸"其编码为 TJGF。

❖ 多元字。按照书写顺序取第 1、第 2、第 3 个字根和最后一个字根。例如"输"字的书写顺序是"车"、"人"、"一"、"月"、"刂"，取该字的第 1、第 2、第 3 个字根和最后一个字根，其编码为 LWGJ。"编"字的书写顺序是"纟"、"丶"、"尸"、"冂"、"卅"，取该字的第 1、第 2、第 3 个字根和最后一个字根，其编码为 XYNA。

（3）识别码。二元字和三元字的编码均不足 4 个，如果只输入字根的编码就很容易造成重码，例如：同是"口"、"八"两个字根，可以构成"只"字和"叭"字。如果只输入"口"和"八"两个字根的编码 KW，系统无法判断用户需要的汉字是"只"还是"叭"。

当同一个键上的字根分别与另一字根组成汉字时，也会出现重码的情况。例如：S 键上有"木"、"丁"、"西"3 个字根，当它们与 I 键上的"氵"字根组成汉字 "沐"、"汀"、"洒"时，3 个字的编码都是 IS。如果只输入 IS，系统同样无法确定输入的是哪个汉字。

为了尽可能地减少重码，五笔字型编码方案引入了末笔交叉识别码。它是由汉字的末笔笔画和字型信息共同构成的，也就是说当汉字的编码不足 4 个时，便根据该字最后一笔所在的区号和该字的字型号取一个编码，加到字根编码的后面，这便是末笔交叉识别码。

五笔字型将汉字的笔画归纳为 5 种类型，即"横、竖、撇、捺、折"，而汉字字型有左右型（代号为 1）、上下型（代号为 2）、杂合型（代号为 3）3 种。通过将笔画和字型信息进行组合，就得出了 15 种末笔交叉识别码，如表 2-9 所示。

表 2-9　　　　　　　　　　　　　　　　末笔交叉识别码

字型识别码 末笔	左右型（1）	上下型（2）	杂合型（3）
横（1）	G（11）	F（12）	D（13）
竖（2）	H（21）	J（22）	K（23）
撇（3）	T（31）	R（32）	E（33）
捺（4）	Y（41）	U（42）	I（43）
折（5）	N（51）	B（52）	V（53）

末笔交叉识别码有以下快速记忆方法。

❖　对于左右型（1 型）汉字，当输完字根后，补打 1 次末笔笔画所在键位，即等同于加了"识别码"。例如："沐" = "氵"（I） + "木"（S），"沐"字的末笔是"乀"，其"识别码"即为"乀"所在的键位 Y，因此"沐"字的完整编码为 ISY。"汀" = "氵"（I） + "丁"（S），"汀"字的末笔是"丨"，其"识别码"即为"丨"所在的键位 H，因此"汀"字的完整编码为 ISH。

❖　对于上下型（2 型）汉字，当输完字根后，补加一个由两个末笔笔画复合构成的"字根"，即等同于加了"识别码"。例如："华" = "亻"（W） + "匕"（X） + "十"（F），"华"字的末笔是"丨"，其"识别码"即为"刂"所在键位 J，因此"华"字的完整编码为 WXFJ。"字" = "宀" + "子"，"字"字的末笔是"一"，其"识别码"即为"二"所在键位 F，因此"字"字的完整编码为 PBF。

❖　对于杂合型（3 型）汉字，当输完字根后，补加一个由 3 个末笔笔画复合构成的"字根"，即等同于加了"识别码"。例如："同" = "冂"（M） + "一"（G） + "口"（K），"同"字的末笔是"一"，其"识别码"即为"三"所在的键位 D，因此"同"字的完整编码为 MGKD。"串" = "口"（K） + "口"（K） + "丨"（H），"串"字的末笔是"丨"，其"识别码"即为"川"所在的键位 K，因此"串"字的完整编码为 KKHK。

5. 简码的输入方法

在用五笔字型输入汉字的过程中，一个字通常要三码或者四码，再加空格键。五笔字型为了提高输入速度，将一些常用字的输入码进行了简化，只取其 1~3 码，再加空格键即可输入，这便是一、二、三级简码。通过简码输入，大部分常用字只取其 1~3 码即可输入，这大大提高了汉字输入的速度。

（1）一级简码。一级简码又叫高频字，就是将现代汉语中使用频率最高的 25 个汉字，分布在键盘的 25 个字母键上（见图 2-38），输入时只需按一下简码字所在的键，再按一下空格键即可。

我	人	有	的	和	主	产	不	为	这
35 Q	34 W	33 E	32 R	31 T	41 Y	42 U	43 I	44 O	45 P

工	要	在	地	一	上	是	中	国
15 A	14 S	13 D	12 F	11 G	21 H	22 J	23 K	24 L

经	以	发	了	民	同
Z 55 X	54 C	53 V	52 B	51 N	25 M

图2-38 一级简码键盘分布

（2）二级简码。二级简码共有 600 多个，86 版二级简码如表 2-10 所示、98 版二级简码如表 2-11 所示，输入时只输入前两个字根，再按一下空格键即可。如果将二级简码对应的汉字全部记住，打字速度会产生质的飞跃。

表2-10　　　　　　　　　　　　　　　86 版二级简码

	GFDSA	HJKLM	TREWQ	YUIOP	NBVCX
G	五于天末开	下理事画现	玫珠表珍列	玉平不来琮	与屯妻到互
F	二寺城霜载	直进吉协南	才垢圾夫无	坎增示赤过	志地雪支坶
D	三夺大厅左	丰百右历面	帮原胡春克	太磁砂灰达	成顾肆友龙
S	本村枯林械	相查可楞杨	格析极检构	术样档杰棕	杨李要权楷
A	七革基苛式	牙划或功贡	攻匠菜共区	芳燕东菱芝	世节切芭药
H	睛睦睚盯虎	止旧占卤贞	睡睥肯具餐	眩瞳步眯瞎	卢　眼皮此
J	量时晨果虹	早昌蝇曙遇	昨蝗明蛤晚	景暗晃显晕	电最归紧昆
K	呈叶顺呆呀	中虽吕另员	呼听吸只史	嘛啼吵噗喧	叫啊哪吧哟
L	车轩因困轼	四辊加男轴	力斩胃办罗	罚较　辘边	思团轨轻累
M	同财央朵曲	由则迥崭册	几贩骨内风	凡赠峭赕迪	岂邮　凤嶷
T	生行知条长	处得各务向	笔物秀答称	人科秒秋管	秘季委么第
R	后持拓打找	年提扣押抽	手折拥失换	扩拉朱搂近	所报扫反批
E	且肝须采肛	胖胆肿肋肌	用遥朋脸胸	及胶腔膦爱	甩服妥肥脂

	GFDSA	HJKLM	TREWQ	YUIOP	NBVCX
W	全会估休代	个介保佃仙	作伯仍从你	信们偿伙侬	亿他分公化
Q	钱针然钉氏	外旬名甸负	儿铁角欠多	久匀乐炙锭	包凶争色镣
Y	主计庆订度	让刘训为高	放诉衣认义	方说就变这	记离良充率
U	闰半关亲并	站间部曾商	产瓣前闪交	六立冰普帝	决闻妆冯北
I	汪法尖洒江	小浊澡渐没	少泊肖兴光	注洋水淡学	沁池当汉涨
O	业灶类灯煤	粘烛炽烟灿	烽煌粗粉炮	米料炒炎迷	断籽娄烃糯
P	定守害宁宽	寂审宫军宙	客宾家空宛	社实宵灾之	官字安　它
N	怀导居愧民	收慢避惭届	必怕　愉懈	心习悄屡忧	忆敢恨怪尼
B	卫际承阿陈	耻阳职阵出	降孤阴队隐	防联孙耿辽	也子限取陛
V	姨寻姑杂毁	叟旭如舅妯	九姝奶臾婚	妨嫌录灵巡	刀好妇妈姆
C	骊对参骠红	骒台劝观	矣牟能难允	驻骈　驼	马邓艰双
X	线结顷缥红	引旨强细纲	张绵级给约	纺弱纱继综	纪弛绿经比

表 2-11　　　　98 版二级简码

	GFDSA	HJKLM	TREWQ	YUIOP	NBVCX
G	五于天末开	下理事画现	麦珀表珍万	玉来求亚琛	与击妻到互
F	十寺城某域	直刊吉雷南	才垢协零地	坊增示赤过	志城雪支坶
D	三夺大厅左	还百右面而	故原历其克	太辜砂矿达	成破肆友龙
S	本票顶林模	相查可柬贾	枚析杉机构	术样档杰枕	札李根权楷
A	七革苦莆式	牙划或苗贡	攻区功共匹	芳蒋东蘑芝	艺节切芭药
H	睛睦非盯瞳	步旧占卤贞	睡睥肯具餐	虔瞳步虚瞎	虑　眼眸此
J	量时晨果晓	早昌蝇曙遇	鉴蚯明蛤晚	影暗晃显蛇	电最归坚昆
K	号叶顺呆呀	足虽吕喂员	吃听另只兄	喧咬吵嘛喧	叫啊啸吧哟
L	车团因困轼	四辊回田轴	略斩男界罗	罚较　辘连	思团轨轻累
M	赋财央崧曲	由则迥崭册	败冈骨内见	丹赠峭赃迪	岂邮　峻幽
T	年等知条长	处得各备身	铁稀务答稳	入冬秒秋乏	乐秀委么每

	GFDSA	HJKLM	TREWQ	YUIOP	NBVCX
R	后质拓打找	看提扣押抽	手折拥兵换	搞拉泉扩近	所报扫反指
E	且肚须采肛	毡胆加舆觅	用貌朋办胸	肪胶膛脏边	力服妥肥脂
W	全什估休代	个介保佃仙	八风佣从你	信你偿伙仁	亿他分公化
Q	钱针然钉工	外旬名甸负	儿勿角欠多	久匀尔炙锭	包迎争色错
Y	证计诚订试	让刘训庙市	放义衣认询	方详就亦亮	记离良充率
U	半斗头亲并	着间问闸端	道交前闪次	六立冰普帝	闷疗妆痛北
I	光汗尖浦江	小浊溃泗油	少汽肖没沟	济洋水渡党	沁波当汉涨
O	精庄类床席	业烛煤库灿	庭粕粗府底	广粒应炎迷	断籽数序鹿
P	家守害宁赛	寂审宫军宙	客宾农空宛	社实宵灾之	官字安　它
N	那导居懒异	收慢避惭屈	改怕尾恰懈	心飞尿屡忧	已敢恨怪尼
B	卫际承阿陈	耻阳职阵出	降孤阴队陶	及联孙耿辽	也子限取陛
V	建寻姑杂既	肃旭如姻妯	九婢姐妗婚	妨嫌录灵退	恳好妇妈姆
C	马对参牺戏	祺旨台细观	矣绵能难物	叉弱纱继这	予邓艰双牝
X	线结顷缚红	引旨强细贯	乡绵组给约	纺弱纱继综	纪级绍弘比

（3）三级简码。在五笔字型中，三级简码共有 4 000 多个，这些汉字的前 3 个字根编码在五笔字型中是唯一的。由于三级简码在输入时比普通 4 个编码少输入一个，并且不需要再追加末笔交叉识别码，因此也可相应地提高汉字的输入速度。

6. 词组的输入方法

为了提高汉字输入的速度，五笔字型还允许直接输入词组，每个词组使用 4 个编码。五笔字型中，词组分为双字词、三字词、四字词及多字词 4 种，它们的编码规则如下。

（1）双字词。双字词由两个汉字组成，编码规则是：按书写顺序取每个字的前两个编码。例如：

❖ "汉字" = "氵"（I）+ "又"（C）+ "宀"（P）+ "子"（B），编码为 ICPB。
❖ "实践" = "宀"（P）+ "丶"（U）+ "口"（K）+ "止"（H），编码为 PUKH。

（2）三字词。三字词由 3 个汉字组成，编码规则是：取前两个字的第 1 码，最后一个字的前两个码。例如：

❖ "海南省" = "氵"（I）+ "十"（F）+ "小"（I）+ "丿"（T），编码为 IFIT。
❖ "劳动者" = "艹"（A）+ "二"（F）+ "土"（F）+ "丿"（T），编码为 AFFT。

（3）四字词。四字词由 4 个汉字组成，编码规则是：各取 4 个汉字的第 1 码。例如：

❖ "五笔字型" = "五"（G）+ "竹"（T）+ "宀"（P）+ "一"（G）
编码为 GTPG。
❖ "国际合作" = "囗"（K）+ "阝"（B）+ "人"（W）+ "亻"（W）
编码为 LBWW。

（4）多字词。多字词由 4 个以上汉字组成，编码规则是：取前 3 个字加最后一个字的第 1 码。例如：

❖ "工程技术人员" = "工"（A）+ "禾"（T）+ "扌"（R）+ "口"（K）
编码为 ATRK。
❖ "对外经济贸易部" = "又"（C）+ "夕"（Q）+ "纟"（X）+ "立"（U）
编码为 CQXU。

7. 万能键 "Z" 的使用方法

用五笔字型输入汉字时，对一时记不清或拆分不准的任何字根，都可用 Ⓩ 键来代替。例如：当要输入 "键" 字却忘了该字第 2、第 3 字根的键位时，可以用 Ⓩ 键来代替第 2、第 3 字根的键位，即输入 "QZZP"，则在重码提示窗口中会出现包括 "键" 字在内的所有首字根在 Q 上末字根在 P 上的字，如图 2-39 所示。

由于 Ⓩ 键具有帮助学习的作用，它可以代替其他键位和汉字的任何字根，所以称 Ⓩ 键为 "万能学习键"。初学五笔字型时，可以充分利用 Ⓩ 键来帮助学习。

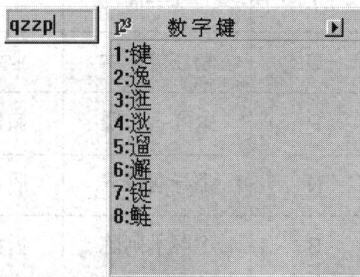

图2-39 使用 Ⓩ 键代替字根的键位

2.5 Windows XP 的文件管理

文件管理是操作系统的重要功能，进行文件管理首先要了解文件系统的基本概念。在 Windows XP 中，可以通过【我的电脑】窗口进行文件的管理，也可以通过【资源管理器】窗口进行文件的管理。常用的文件管理操作包括：创建、查看、选择、更名、复制、删除、移动、查找等。

2.5.1 文件系统的基本概念

文件是一组相关信息的集合，这些信息存储在计算机的外存上，并被赋予一个名字作为文件名称，存储的这些信息就是文件内容。文件的存储方式、组织结构和命名规则通称为文件系统。

1. 外存编号

文件存储在外存上，每个外存都有一个或多个编号，编号规则如下。

❖ 软盘驱动器的编号是 "A:" 和 "B:"。
❖ 一个硬盘若分为几个区，每个分区都编一个号，依次是 "C:"、"D:" 等。

❖ 若有多个硬盘，后面硬盘分区的编号紧接着前一个硬盘分区的编号。

❖ 光盘的编号通常紧接着最后一个硬盘分区的编号。

❖ U 盘和移动硬盘的编号通常紧接着光盘的编号。

2. 文件系统的组织结构

文件系统的组织结构有以下规则。

❖ 每个外存或硬盘分区都有唯一一个最高层的文件夹叫根文件夹。

❖ 在根文件夹中可建立多个子文件夹，在子文件夹中也可再建多个子文件夹。

❖ 一个文件夹 A（除根文件夹外）只能属于一个文件夹 B，文件夹 B 叫文件夹 A 的父文件夹。根文件夹没有父文件夹。

❖ 一个文件夹中可保存多个文件。

❖ 文件、文件夹的结构可以看成一棵倒立的树，树根（即根文件夹）在最上面，树枝（即子文件夹）从根中生，叶（即文件）长在树枝或树根上。

3. 文件系统的命名规则

Windows XP 是根据名字来存取文件和文件夹的，它们的命名有以下规则。

❖ 每个文件都有名字，除了根文件夹外，每个文件夹都有名字。

❖ 同一父文件夹中，文件与文件、文件夹与文件夹、文件与文件夹不能重名。

❖ 文件、文件夹名不能超过 255 个字符，1 个汉字相当于 2 个字符。

❖ 文件、文件夹名中不能出现下列字符：斜线(/)、反斜线(\)、竖线(|)、小于号(<)、大于号(>)、冒号(:)、引号(”、’)、问号(?)、星号(*)。

❖ 文件、文件夹名中的字母不区分大小写。

4. 文件的类型和图标

在文件名中，最后一个圆点（.）到文件名结束的字符（通常为 3 个）为文件的扩展名，文件的扩展名可帮助用户辨认文件的类型。Windows XP 注册了一些文件类型，在【我的电脑】窗口或【资源管理器】窗口中显示文件列表时，不同类型的文件会用不同的图标表示。没有注册的文件类型，显示文件列表时用 🖼 图标表示。通常情况下，文件夹的图标是 📁。表 2-12 列出了常见的 Windows XP 注册的文件扩展名、对应的图标以及代表的类型。

表 2-12　　　　　　　　　　图标、扩展名和类型对照表

图标	扩展名	类型	图标	扩展名	类型
📄	Docx	Word 2007 文档文件	📄	Bmp	Bmp 图像文件
📄	Xlsx	Excel 2007 文档文件	📄	Jpg	Jpeg 图像文件
📄	Pptx	PowerPoint 2007 文档	📄	Gif	Gif 图像文件
📄	Doc	Word 2007 以前版本的文档文件	📄	Wav	波形声音文件
📄	Xls	Excel 2007 以前版本的文档文件	📄	Avi	视频剪辑文件
📄	Ppt	PowerPoint 2007 以前版本的文档	📄	Mpg	电影剪辑文件
📄	Txt	文本文件	📄	Htm	网页文件

2.5.2 【我的电脑】窗口和【资源管理器】窗口

文件管理操作既可在【我的电脑】窗口中进行，也可在【资源管理器】窗口中进行，由于【资源管理器】窗口不仅能查看文件夹中的文件，还能查看文件系统的结构，因而可以非常方便地管理文件和文件夹。

1. 【我的电脑】窗口

选择【开始】/【我的电脑】命令，即可打开【我的电脑】窗口，如图 2-40 所示。

【我的电脑】窗口包括一个任务窗格和工作区。工作区中包含了软盘、硬盘、光盘等图标。双击某个图标后，会打开该对象，在窗口中会显示其中的内容。当双击软盘、硬盘或光盘图标后，在窗口中会显示该对象所包含的文件夹和文件。

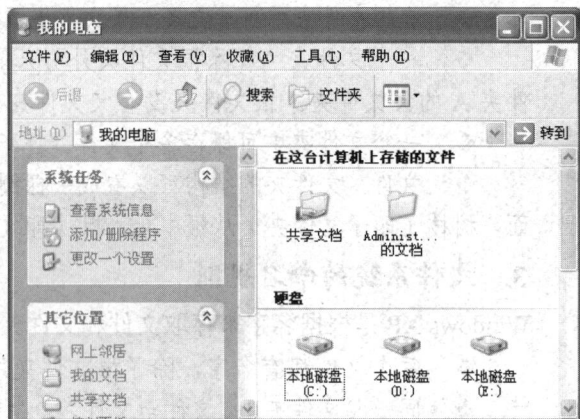

2. 【资源管理器】窗口

图2-40 【我的电脑】窗口

打开【资源管理器】窗口有以下方法。

❖ 选择【开始】/【程序】/【附件】/【Windows 资源管理器】命令。

❖ 右击已打开窗口（如【我的电脑】窗口）中驱动器或文件夹，在弹出的快捷菜单中选择【资源管理器】命令。

打开资源管理器后，出现如图 2-41 所示的【资源管理器】窗口。【资源管理器】窗口的工作区包含两个窗格。

❖ 左窗格显示一个树形结构图，表示计算机资源的组织结构，最顶层是"桌面"图标，计算机的大部分资源都组织在这个图标下。

❖ 右窗格显示左窗格中选定的对象所包含的内容。

在【资源管理器】的左窗格中，如果一个文件夹包含下一层子文件夹，则该文件夹的左边有一个方框，方框内有一个加号"+"或减号"-"。"+"表示

图2-41 【资源管理器】窗口

该文件夹没有展开，看不到下一级子文件夹。"-"表示该文件夹已被展开，可看到下一级子文件夹。文件夹的展开与折叠有以下操作。

❖ 单击文件夹左侧的"+"号，展开该文件夹，并且"+"号变成"-"号。

❖ 单击文件夹左侧的"-"号，折叠该文件夹，并且"-"号变成"+"号。

❖ 双击文件夹，展开或折叠该文件夹。

2.5.3 查看文件/文件夹

在【我的电脑】窗口或【资源管理器】窗口中，可以改变文件/文件夹的查看方式，查看时还可以对文件/文件夹排序。

1. 改变查看方式

在【我的电脑】工作区和【资源管理器】右窗格中，文件/文件夹有 5 种查看方式：缩略图、平铺、图标、列表和详细资料。改变查看方式有以下方法。

- ❖ 单击 ▦ 按钮换成下一种查看方式。
- ❖ 单击 ▦ 按钮旁的 ▾ 按钮，在打开的列表中选择查看方式。
- ❖ 在【查看】菜单中选择所需要的查看方式。

2. 文件/文件夹排序

在【我的电脑】工作区和【资源管理器】右窗格中，文件/文件夹有 4 种排序方式：按名称、按类型、按大小、按日期。

选择【查看】/【排列图标】命令，在弹出的子菜单中选择一个命令，文件/文件夹就按相应的方式排序。

文件/文件夹排序后，尽管显示时排列顺序有可能发生变化，但文件/文件夹在磁盘上的存储位置并不改变。

2.5.4 选定文件/文件夹

在对文件/文件夹进行操作之前，首先选定要操作的文件/文件夹。在【我的电脑】工作区和【资源管理器】右窗格中，选定文件/文件夹有以下方法。

- ❖ 选定单个文件/文件夹：单击要选择的文件/文件夹图标。
- ❖ 选定多个连续的文件/文件夹：先选定第 1 项，再按住 Shift 键，单击最后一项。
- ❖ 选定多个不连续的文件/文件夹：按住 Ctrl 键逐个单击要选择的文件/文件夹图标。
- ❖ 选定全部文件/文件夹：选择【编辑】/【全部选定】命令或按 Ctrl+A 组合键。

如果要取消对文件/文件夹的选定，只要在【我的电脑】窗口和【资源管理器】右窗格的空白处单击鼠标即可。

2.5.5 打开文件/文件夹

在【我的电脑】工作区和【资源管理器】右窗格中，打开文件/文件夹有以下方法。

- ❖ 双击文件/文件夹名或图标。
- ❖ 选定文件/文件夹后，按回车键。
- ❖ 选定文件/文件夹后，选择【文件】/【打开】命令。
- ❖ 右击文件/文件夹名或图标，在弹出的快捷菜单中选择【打开】命令。

打开的对象不同，系统完成的操作也不一样。

❖   如果打开一个文件夹，在【我的电脑】的工作区或【资源管理器】的右窗格中显示该文件夹中的文件和子文件夹。

❖   如果打开一个程序文件，系统启动该程序。

❖   如果打开一个文档文件，系统启动相应的应用程序，并自动装载该文档文件。

❖   如果打开的是一个快捷方式，相当于打开该快捷方式所指的对象。

2.5.6　创建文件/文件夹

在【我的电脑】工作区和【资源管理器】右窗格中，可以创建空文件或空文件夹。所谓空文件是指该文件中没有内容，所谓空文件夹是指该文件夹中没有文件和子文件夹。创建创建文件/文件夹有以下方法。

❖   选择【文件】/【新建】命令。

❖   在工作区或右窗格的空白处单击鼠标右键，从弹出的快捷菜单中选择【新建】命令。

以上任何操作，都弹出如图 2-42 所示的【新建】子菜单或快捷菜单，从中选择一个命令，即可建立相应的文件或文件夹。系统会为新建的文件或文件夹自动取一个名字，然后马上让用户更改名字，这时，在文件或文件夹名框中输入所需要的名字，再按回车键，即可为此文件或文件夹改名。新建的文件或文件夹都是空的，没有内容。

图2-42 【新建】子菜单

2.5.7　创建快捷方式

快捷方式也是一个文件，只不过保存的是系统对象（文件、文件夹、磁盘驱动器）的一个链接。快捷方式有以下特点。

❖   快捷方式的图标与链接对象的图标相似，只是在左下角多了一个标志。

❖   原对象的位置和名称发生变化后，快捷方式能自动跟踪所发生的变化。

❖   删除快捷方式后，所链接的对象不会被删除。

❖   删除链接的对象后，快捷方式不会随之删除，但已经无实际意义了。

在【我的电脑】工作区和【资源管理器】右窗格中，创建快捷方式有两种常用方法：通过菜单命令创建和通过拖动对象创建。

1.　通过菜单命令

通过菜单命令创建快捷方式的步骤如下。

(1)　选择【文件】/【新建】命令，在如图 2-42 所示【新建】子菜单中选择【快捷方式】命令，弹出如图 2-43 所示的【创建快捷方式】对话框。

(2)　在【请键入项目的位置】文本框中，输入要链接对象的位置和文件名，或者单击 浏览(R)... 按钮，在弹出的对话框中选择所需要的对象。

(3)　单击 下一步(N) > 按钮，【创建快捷方式】对话框变成【选择程序标题】对话框，如图 2-44 所示（以"爱的真谛.doc"文件为例）。

(4) 在【选择程序标题】对话框中，如果有必要，在【键入该快捷方式的名称】
文本框内修改快捷方式的名称。

(5) 单击 完成 按钮，在当前位置创建所选对象的快捷方式。

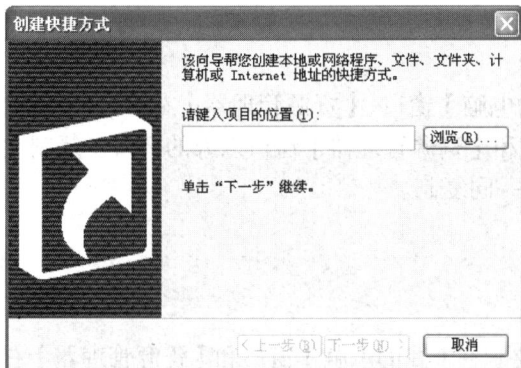

图2-43 【创建快捷方式】对话框　　　　　　　图2-44 【选择程序标题】对话框

2. 通过拖动对象

通过拖动对象建立快捷方式的步骤如下。

(1) 按住鼠标右键把要建立快捷方式的对象拖到目标位
置，弹出如图 2-45 所示的快捷菜单。

(2) 选择【在当前位置创建快捷方式(S)】命令，在目标
位置创建该对象的快捷方式。

> 复制到当前位置(C)
> **移动到当前位置(M)**
> 在当前位置创建快捷方式(S)
>
> 取消

图2-45　快捷菜单

用以上方法创建的快捷方式，快捷方式名称为原对象的名称。

2.5.8　重命名文件/文件夹

要重命名文件/文件夹，应先选定文件/文件夹。在【我的电脑】工作区和【资源管理器】
右窗格中，选定文件/文件夹后，重命名文件/文件夹有以下方法。

❖　单击文件/文件夹的名称框，在名称框中输入新名，再按回车键。

❖　选择【文件】/【重命名】命令，在文件/文件夹名称框中输入新名后按回
车键。

❖　右击文件/文件夹，在弹出的快捷菜单中选择【重命名】命令，在文件/
文件夹名称框中输入新名，再按回车键。

重命名文件/文件夹时应注意以下问题。

❖　文件/文件夹的新名称不能与同一文件夹中的文件/文件夹的名称相同。

❖　如果更改了文件的扩展名，系统会给出相应提示。

2.5.9　复制文件/文件夹

要复制文件/文件夹，应先选定文件/文件夹。在【我的电脑】工作区和【资源管理器】
右窗格中，选定文件/文件夹后，复制文件/文件夹有以下方法。

❖　若目标位置和原位置不在同一磁盘，直接拖动即可。

❖ 按住 Ctrl 键拖动到目标位置。

❖ 按住鼠标右键拖动到目标位置，在弹出的快捷菜单（见图 2-45）中选择【复制到当前位置】命令。

❖ 先把要复制的文件/文件夹复制到剪贴板，然后从剪贴板粘贴到目标位置。剪贴板操作见"2.2.3 剪贴板"小节。

复制文件/文件夹的目标位置可以是【我的电脑】窗口、【资源管理器】右窗格、【资源管理器】左窗格，还可以是【我的电脑】窗口和【资源管理器】窗口以外的窗口。复制文件夹时，连同文件夹中的所有文件和子文件夹一同复制。

2.5.10 移动文件/文件夹

要移动文件/文件夹，应先选定文件/文件夹。在【我的电脑】窗口和【资源管理器】右窗格中，选定文件/文件夹后，移动文件/文件夹有以下方法。

❖ 若目标位置和原位置在同一磁盘，直接拖动即可。

❖ 按住 Shift 键拖动到目标位置。

❖ 按住鼠标右键拖动到目标位置，在弹出的快捷菜单（见图 2-45）中选择【移动到当前位置】命令。

❖ 先把要移动的文件/文件夹剪切到剪贴板，然后从剪贴板粘贴到目标位置。剪贴板操作见"2.2.3 剪贴板"小节。

移动文件/文件夹的目标位置可以是【我的电脑】窗口、【资源管理器】右窗格、【资源管理器】左窗格，还可以是【我的电脑】窗口和【资源管理器】窗口以外的窗口。移动文件夹时，连同文件夹中的所有文件和在文件夹一同移动。

2.5.11 删除文件/文件夹

删除文件/文件夹有两种方式：临时删除和彻底删除。

1. 临时删除

要临时删除文件/文件夹，应先选定文件/文件夹。在【我的电脑】窗口和【资源管理器】右窗格中，选定文件/文件夹后，临时删除文件/文件夹有以下方法。

❖ 按 Delete 键。

❖ 选择【文件】/【删除】命令。

❖ 直接拖动到【回收站】中。

❖ 右击鼠标，在弹出的快捷菜单中选择【删除】命令。

对以上操作，系统都会弹出如图 2-46 所示的【确认文件删除】对话框（以删除"爱的真谛.doc"文件为例）。如果确实要删除，单击 是(Y) 按钮，否则单击 否(N) 按钮。

临时删除只是将文件/文件夹移动到了回收站，并没有从磁盘上清除，如果还需要被删除的文件/文件夹，可以从回收站中恢复。

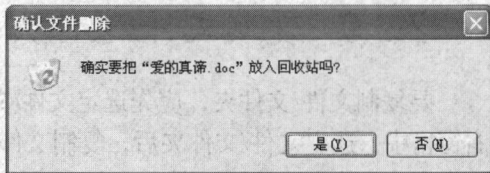

图2-46 【确认文件删除】对话框

2.　彻底删除

彻底删除文件/文件夹有以下方法。

❖　先临时删除，再打开【回收站】，删除相应的文件/文件夹。

❖　选定要删除的文件/文件夹，按 Shift+Delete 组合键。

以上任何方法，系统都会弹出如图 2-47 所示的【确认文件删除】对话框（以删除"爱的真谛.doc"文件为例）。如果确实要删除，单击 是(Y) 按钮，否则单击 否(N) 按钮。

图2-47　【确认文件删除】对话框

与临时删除不同，彻底删除将文件从磁盘上清除，不能再恢复，因此对这一操作应特别小心。

2.5.12　恢复文件/文件夹

临时删除的文件/文件夹可以恢复，彻底删除的文件/文件夹不能恢复。恢复文件/文件夹通常有以下方法。

❖　在【我的电脑】窗口或【资源管理器】窗口中，如果刚做完了删除操作，可单击 ↶ 按钮或选择【编辑】/【撤销】命令，撤销删除操作，恢复原来的文件。

❖　打开【回收站】，选定要恢复的文件，再选择【文件】/【还原】命令。

2.5.13　搜索文件/文件夹

如果只知道文件/文件夹名，要想确定它在哪个文件夹中，可使用搜索命令。执行搜索命令有以下方法。

❖　在【资源管理器】窗口中，单击 🔍搜索 按钮。

❖　在任务栏上，选择【开始】/【搜索】命令。

以上任何方法，【资源管理器】窗口或新打开的【搜索结果】窗口的左窗格（称为【搜索助理】任务窗格）都如图 2-48 所示，在其中可进行以下操作。

❖　在【全部或部分文件名】文本框中，输入要搜索文件的全部或部分文件名。

❖　在【文件中的一个字或词组】文本框中，输入要搜索文件中包含的字或词组。

❖　在【在这里寻找】下拉列表框中，选择要搜索的磁盘。

❖　单击【什么时候修改的】项右边的 ✕ 按钮，展开该选项，如图 2-49 所示，可设置文件最后修改时间的限制条件。

❖　单击【大小是】项右边的 ✕ 按钮，展开该选项，如图 2-50 所示，可设置文件大小的限制条件。

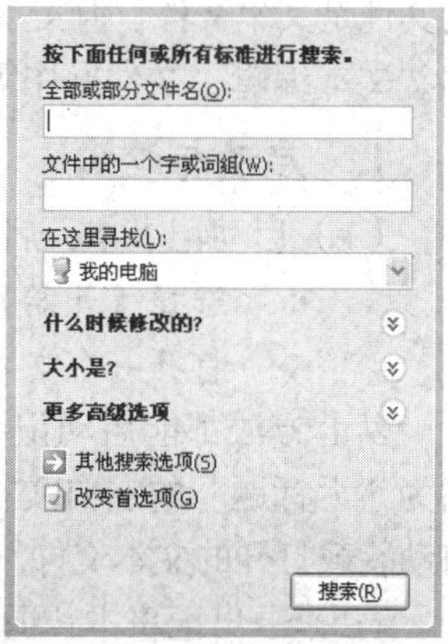

图2-48　【搜索助理】任务窗格

❖　单击【更多高级选项】项右边的 ✕ 按钮，展开该选项，如图 2-51 所示，可设置高级搜索条件。

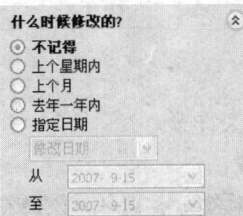

图2-49 【什么时候修改的】选项   图2-50 【大小是】选项   图2-51 【更多高级选项】

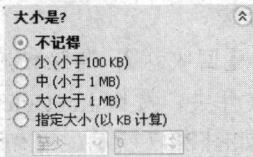

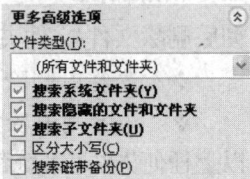

❖ 单击 搜索(R) 按钮，按所做
设置搜索，搜索结果在窗口的工作区中
显示。

❖ 选择【其他搜索选项】命令，
【搜索助理】任务窗格如图 2-52 所示。

❖ 选择【改变首选项】命令，设
定【搜索助理】任务窗格默认的方式为
图 2-52 所示。

图2-52 【搜索助理】任务窗格

2.6 Windows XP 的附件程序

Windows XP 中文版提供了一些短小、实用的应用程序，这些程序被组织到【开始】/
【程序】/【附件】程序组中，方便了用户操作。附件程序很多，这里只介绍记事本和画图
这两个附件程序。

2.6.1 记事本

记事本是一个文本编辑器，所谓文本是指能够从键盘上输入的字符或汉字。记事本只
能查看或编辑文本文件，不能进行格式设置以及表格、图形处理。通常情况下，扩展名是".txt"
的文件是文本文件，但文本文件的扩展名不仅限于".txt"。记事本的常用操作有：启动与退
出、文本编辑、文件操作等。

1. 启动与退出

（1）启动记事本：启动记事本有以下方法。

❖ 选择【开始】/【程序】/【附件】/【记事本】命令。

❖ 打开一个文本文件。打开文件的方法见"2.5.5 打开文件/文件夹"一节。

以上方法都能启动记事本，前者自动建立一个
名为"无标题"的空白文本文件（见图 2-53），后者
自动装载打开的文本文件。

（2）退出记事本：退出记事本实际上就是关闭
【记事本】窗口，关闭窗口的方法见"2.3.3 窗口的
操作"小节。

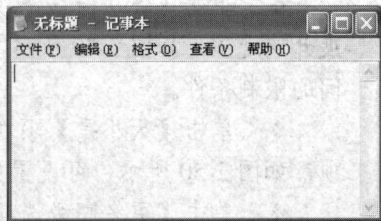

图2-53 【记事本】窗口

2. 文本编辑

在记事本中，编辑操作有移动光标、插入文本、选定文本、复制文本、移动文本、删除文本、查找文本等。

（1）移动光标：在编辑区中有一个闪动的细竖条，称为光标，它指示当前操作的位置。在文本中单击鼠标，光标移动到相应位置。用编辑键盘上的按键也可移动光标，表 2-13 列出了常用移动光标的按键。

表 2-13　　　　　　　　　　常用移动光标的按键

按键	移动到	按键	移动到	按键	移动到
←	左侧一个字符	Home	行首	Ctrl+←	左侧一个词
→	右侧一个字符	End	行尾	Ctrl+→	右侧一个词
↑	上一行	Page Up	上一屏	Ctrl+Home	文件开始
↓	下一行	Page Down	下一屏	Ctrl+End	文件末尾

（2）插入文本：先把光标移动到要插入的位置，再从键盘上输入文字，输入的文字插入到光标处。如果输入文字后按回车键，光标后的文本将作为新的一段。

（3）选定文本：用鼠标在文本中拖动，或住 Shift 键移动光标，就可选定从开始位置到结束位置之间的文本。按 Ctrl+A 组合键，可选定全部文本。选定的文本以"反白"方式显示（蓝底白字）。

（4）复制文本：先选定文本，再把选定的文本复制到剪贴板上，然后把光标移动到目标位置，最后把剪贴板上的内容复制到当前位置。剪贴板操作见"2.2.3 剪贴板"一节。

（5）移动文本：先选定文本，再把选定的文本剪切到剪贴板上，然后把光标移动到目标位置，最后把剪贴板上的内容复制到当前位置。剪贴板操作见"2.2.3 剪贴板"一节。

（6）删除文本：按 Backspace 键，删除光标左边的字符。按 Delete 键，删除光标右边的字符。如果选定了文本，按以上操作将删除选定的文本。

（7）查找文本：按 Ctrl+F 组合键，或选择【编辑】/【查找】命令，弹出如图 2-54 所示的【查找】对话框。

在【查找】对话框中，可进行以下操作。

❖ 在【查找内容】文本框中，输入要查找的内容。

图2-54　【查找】对话框

❖ 如果选择【区分大小写】复选框，查找时区分英文字母的大小写。

❖ 选择【向上】单选钮，则从光标处往前查找。选择【向下】单选钮，则从光标处往后查找。

❖ 单击 查找下一个(F) 按钮进行查找，查找到的内容以"反白"方式显示，同时【查找】对话框不关闭。

❖ 单击 取消 按钮，结束查找，同时关闭【查找】对话框。

（8）替换义本：按 Ctrl+H 组合键，或选择【编辑】/【替换】命令，弹出如图 2-55 所示的【替换】对话框。

在【替换】对话框中，可进行以下操作。

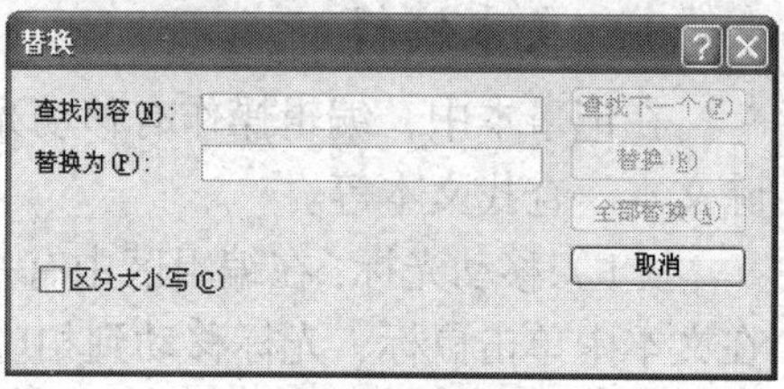

❖ 在【查找内容】文本框中输入要替换的内容。

❖ 在【替换为】文本框中输入替换后的内容。

❖ 如果选择【区分大小写】复选框，查找时区分英文字母的大小写。

图2-55 【替换】对话框

❖ 单击 查找下一个(F) 按钮，查找要替换的内容。

❖ 单击 替换(R) 按钮，替换查找到的一个内容。

❖ 单击 全部替换(A) 按钮，替换查找到的所有内容。

❖ 单击 取消 按钮，结束替换，同时关闭对话框。

3. 文件操作

在记事本中，文件操作有：新建文件、打开文件、保存文件、另存文件、页面设置和打印文件。

（1）新建文件：选择【文件】/【新建】命令，自动建立一个名为"无标题"的空白文本文件。新建文件时，如果先前的文件已修改而没保存，系统会询问是否保存修改过的文件。

（2）打开文件：选择【文件】/【打开】命令，系统弹出【打开】对话框，让用户选择要打开的文件。用户选择文件后，记事本中显示该文件的内容，用户可以查看和编辑。打开文件时，如果先前的文件已修改还没保存，系统会询问是否保存修改过的文件。

（3）保存文件：选择【文件】/【保存】命令，保存当前内容。如果编辑的文件从未保存过，系统执行另存文件操作。

（4）另存文件：选择【文件】/【另存为】命令，系统弹出【另存为】对话框，让用户确定新文件的位置和名称（文件扩展名通常为".txt"）。

（5）页面设置：选择【文件】/【页面设置】命令，系统弹出【页面设置】对话框，在该对话框中可设置纸张的大小、来源、方向、页边距、页眉、页脚等，详细操作略。

（6）打印文件：选择【文件】/【打印】命令，弹出【打印】对话框，在该对话框中可设置打印范围和打印份数，然后再根据这些设置在打印机上打印当前文件。

2.6.2 画图

画图是个绘图工具，可以用来创建图画。图画可以是黑白的，也可以是彩色的，并可以存为位图（"bmp"）文件。画图程序还可以处理"jpg"、"gif"或"bmp"格式的图片文件。画图程序的常用操作有：启动与退出、设置颜色、绘制图片、编辑图片、设置图片、文件操作等。

1. 启动与退出

（1）启动画图：选择【开始】/【程序】/【附件】/【画图】命令，即可启动画图程序。启动后自动建立一个名为"未命名"的空白图画（见图2-56），空白图画的大小是上一次建立图画的大小。第一次使用画图程序，图画的默认大小是400像素×300像素。【画图】窗口包括标题栏、菜单栏、工具箱、工作区（也叫绘图区）、染料盒和状态栏。

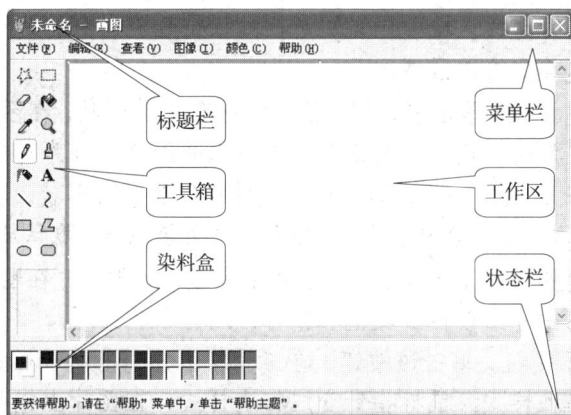

图2-56 【画图】窗口

（2）退出画图：退出画图实际上就是关闭【画图】窗口，关闭窗口的方法见"2.3.3 窗口的操作"小节。

2. 设置颜色

染料盒的最左边是颜色指示框（见图 2-57），用来指示绘图时的前景色和背景色。常用的设置颜色操作有：设置前景色、设置背景色和编辑颜色。

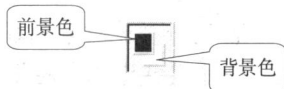

图2-57 颜色指示框

（1）设置前景色：前景色是用于线条、图形边框和文本的颜色。单击染料盒中的一种颜色，则将该颜色设置为前景色。

（2）设置背景色：背景色是用于填充封闭图形和文本框的背景以及使用橡皮擦时的颜色。右击染料盒中的一种颜色，该颜色设置为背景色。

（3）编辑颜色：双击（或右双击）染料盒中的一种颜色，弹出如图 2-58 所示的【编辑颜色】对话框。在该对话框中，单击【基本颜色】列表中的一种颜色，将该颜色设置为前景色（或背景色）。单击 规定自定义颜色(D) >> 按钮，展开对话框，选择其他颜色。

图2-58 【编辑颜色】对话框

3. 绘制图片

利用工具箱中的工具按钮，可以绘制所需要的图片。工具箱中被按下的工具按钮为当前工具按钮，在绘图区中可进行相应的绘图操作。工具箱中各工具按钮的功能如下。

❖ ：任意形选定按钮。单击该按钮，鼠标指针变成+形状。在图片上拖动鼠标，被围起来的图形被选定，可复制、移动、删除选定的区域。

❖ ：矩形选定按钮。单击该按钮，鼠标指针变成+形状。在图片上拖动鼠标，选定鼠标起点和终点为对角的矩形区域，可复制、移动、删除选定的区域。

❖ ：橡皮按钮。单击该按钮，在工具箱下方列出橡皮样式列表和当前样式，可从中选择一种样式，鼠标指针变成相应大小的块。在图片上拖动鼠标，橡皮块经过的地方被涂成背景色。

❖ ：填充按钮。单击该按钮，鼠标指针变成形状。在图片上单击鼠标，用前景色填充与单击点同一颜色的连续区域。在图片上右击鼠标，用背景色填充与单击点同一颜色的连续区域。应当注意，如果待填充对象的边线不连续，填充色将会泄漏扩散到其余绘图区域。

❖ ✏: 取色按钮。单击该按钮，鼠标指针变成✏形状。在图片上单击鼠标，单击点的颜色设置为前景色。右击鼠标，单击点的颜色设置为背景色。

❖ 🔍: 放大镜按钮。单击该按钮，鼠标指针变成🔍形状。在图片上移动鼠标时，一个方框随之移动，单击鼠标，所框住的图片被放大，默认放大倍数是4倍。

❖ ✎: 铅笔按钮。单击该按钮，鼠标指针变成✎形状。在图片上拖动鼠标，用前景色绘写。在图片上按住右键拖动鼠标，用背景色绘写。

❖ 🖌: 刷子按钮。单击该按钮，在工具箱下方列出刷子样式列表和当前样式，可从中选择一种样式，鼠标指针变成相应样式。在图片上拖动鼠标指针，用前景色涂刷。在图片上按住右键拖动鼠标指针，用背景色涂刷。

❖ 🖍: 喷枪按钮。单击该按钮，鼠标指针变成🖍形状，在工具箱下方列出喷枪样式列表和当前样式，可从中选择一种样式。在图片上单击鼠标，用前景色喷涂单击点附近区域。在图片上右击鼠标，用背景色喷涂单击点附近区域。

❖ A: 文字按钮。单击该按钮，鼠标指针变成+形状。在图片上拖动鼠标，出现一个被背景色填充的文本区，在文本区中出现一个光标，同时在屏幕上弹出一个【文字工具栏】。在文本区中可输入文字，文字的颜色是前景色。利用【文字工具栏】可设置字体、字号、加粗、斜体、下划线、竖排等。

❖ ╲: 直线按钮。单击该按钮，鼠标指针变成+形状，在工具箱下方列出直线样式列表和当前样式，可从中选择一种样式。在图片上拖动鼠标，用前景色画直线。在图片上按住右键拖动鼠标，用背景色画直线。按住 Shift 键拖动鼠标或按住右键拖动鼠标时，绘制45°或90°的线。

❖ ∿: 曲线按钮。单击该按钮，鼠标指针变成+形状，在工具箱下方列出曲线样式列表和当前样式，可从中选择一种样式。在图片上拖动鼠标，用前景色画一条曲线。在图片上按住右键拖动鼠标，用背景色画一条曲线。单击曲线的一个弧所在的位置，然后拖动鼠标调整曲线形状。单击曲线的另一个弧所在的位置，然后拖动鼠标调整曲线形状。曲线最多有两条弧。

❖ ▭: 矩形按钮。单击该按钮，鼠标指针变成+形状，在工具箱下方列出矩形的填充样式列表（有"只绘边线"、"绘边线并填充"、"只填充"等选项）和当前填充样式，可从中选择一种填充样式。在图片上拖动鼠标，用前景色绘制矩形边线，用背景色填充矩形内部。在图片上按住右键拖动鼠标，用背景色绘制矩形边线，用前景色填充矩形内部。绘制的矩形以鼠标起点和终点为对角，按住 Shift 键拖动鼠标或按住右键拖动鼠标时，绘制正方形。

❖ ▱: 多边形按钮。单击该按钮，鼠标指针变成+形状，在工具箱下方列出多边形的填充样式列表（有"只绘边线"、"绘边线并填充"、"只填充"等选项）和当前填充样式，可从中选择一种填充样式。在图片上拖动鼠标，绘出一条直线，再单击一次鼠标，增加多边形的一个顶点，在最后一个顶点上双击或右双击鼠标。如果在最后一个顶点上双击鼠标，则用前景色绘制多边形边线，用背景色填充多边形内部。如果在最后一个顶点上右双击鼠标，则用背景色绘制多边形边线，用前景色填充多边形内部。按住 Shift 键单击时，绘制45°或90°的线。

❖ 　：椭圆按钮。单击该按钮，鼠标指针变成十形状，在工具箱下方列出椭圆的填充样式列表（有"只绘边线"、"绘边线并填充"、"只填充"等选项）和当前填充样式，可从中选择一种填充样式。在图片上拖动鼠标，用前景色来绘制椭圆边线，用背景色来填充椭圆内部。在图片上按住右键拖动鼠标，用背景色来绘制椭圆边线，用前景色来填充椭圆内部。绘制的椭圆位于以鼠标起点和终点为对角的矩形中，椭圆的长轴为矩形的长，椭圆的短轴为矩形的宽。按住 Shift 键拖动鼠标或按住右键拖动鼠标时，绘制圆。

❖ 　：圆角矩形按钮。单击该按钮，鼠标指针变成十形状，在工具箱下方列出圆角矩形的填充样式列表（"只绘边线"、"绘边线并填充"、"只填充"等选项）和当前填充样式，可从中选择一种填充样式。在图片上拖动鼠标，用前景色绘制圆角矩形边线，用背景色填充圆角矩形内部。在图片上按住右键拖动鼠标，用背景色绘制圆角矩形边线，用前景色填充圆角矩形内部。按住 Shift 键拖动鼠标或按住右键拖动鼠标时，绘制圆角正方形。

4. 编辑图片

在画图中图片的编辑操作有：选定图片、复制图片、移动图片和删除图片。

（1）选定图片：单击工具栏上的 按钮或 按钮可选定多边形或矩形区域的图片。选择【编辑】/【全选】命令或按 Ctrl+A 组合键，则选定全部图形。

（2）复制图片：选定图片后，按住 Ctrl 键拖动选定的图片，图片被复制到目标位置。也可以先将选定的图片复制到剪贴板上，再粘贴到图片左上角，然后拖动粘贴的图片到目标位置。

（3）移动图片：选定图片后，拖动选定的图片，图片被移动到目标位置。也可以先将选定的图片剪切到剪贴板上，再将剪贴板上的图片粘贴到图片左上角，再拖动粘贴的图片到目标位置。

（4）删除图片：选定图片后，选择【编辑】/【清除选定区域】命令或按 Delete 键，删除选定的图片。选择【图像】/【清除图像】命令或按 Ctrl+Shift+N 组合键，删除整个图片。

5. 设置图片

在画图中对图片的设置有：翻转和旋转、拉伸和扭曲、设置大小和色彩、反色处理。

（1）翻转和旋转：选择【图像】/【翻转和旋转】命令，或者按 Ctrl+R 组合键，弹出如图 2-59 所示的【翻转和旋转】对话框。在该对话框中可选择翻转的方式或旋转的角度。若事先选定了图片，则翻转或旋转选定的图片，否则翻转或旋转整个图片。

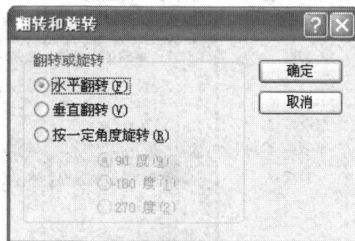

图2-59　【翻转和旋转】对话框

（2）拉伸和扭曲：选择【图像】/【拉伸和扭曲】命令，或者按 Ctrl+W 组合键，弹出如图 2-60 所示的【拉伸和扭曲】对话框。在该对话框中可设置水平和垂直拉伸的百分比、水平和垂直扭曲的度数。如果事先选定了图片，则对选定的图片拉伸或扭曲，否则对整个图片拉伸或扭曲。

（3）设置大小和色彩：选择【图像】/【属性】命令，或者按 Ctrl+E 组合键，弹出如图 2-61 所示的【属性】对话框。在该对话框中可设置图片的大小（减小的部分被去掉，增大的部分用背景色填充），还可设置图片为黑白图片或彩色图片（彩色图片变成黑白图片后，不能再还原为彩色图片）。

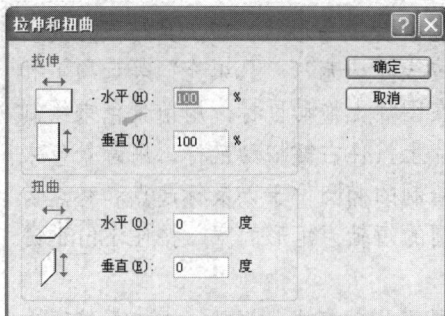

图2-60 【拉伸和扭曲】对话框

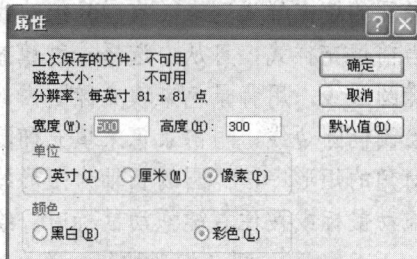

图2-61 【属性】对话框

（4）反色处理：选择【图像】/【反色】命令，或者按 Ctrl+I 组合键，如果事先选定了图片，则选定的图片设置为反色，否则整个图片设置为反色。

6. 文件操作

画图的文件操作与记事本的文件操作类似，不再重复。

2.7　Windows XP 的系统设置

Windows XP 中有一个控制面板，是对 Windows XP 进行设置的工具集，使用工具集中的工具能够对系统进行各种设置，可个性化用户的计算机。最常用的设置有：设置日期时间、设置键盘、设置鼠标、设置显示等。

2.7.1　控制面板

选择【开始】/【设置】/【控制面板】命令，弹出如图 2-62 所示的【控制面板】窗口，该窗口中包含近 30 个系统设置工具的图标，双击某个图标，系统会打开一个窗口或对话框，用户可进行相应的设置。

图2-62 【控制面板】窗口

2.7.2 设置日期和时间

双击【控制面板】窗口中的【日期和时间】图标，或双击任务栏状态区中的时间，弹出如图 2-63 所示的【日期和时间属性】对话框。在【日期和时间】选项卡中，可进行以下操作。

❖ 在【月份】下拉列表框中，选择所要设置的月份。

❖ 在【年份】数值框中，输入或调整所要设置的年份。

❖ 在【日期】列表框中，单击所要设置的日期。

❖ 将光标定位到【时间】数值框中的时、分、秒域上，输入或调整相应的值。

❖ 单击 确定 按钮，完成对日期和时间的设置，同时关闭对话框。

图2-63 【日期/时间属性】对话框

❖ 单击 应用(A) 按钮，日期和时间的设置生效，不关闭对话框。

❖ 单击 取消 按钮，取消日期和时间的设置操作，同时关闭对话框。

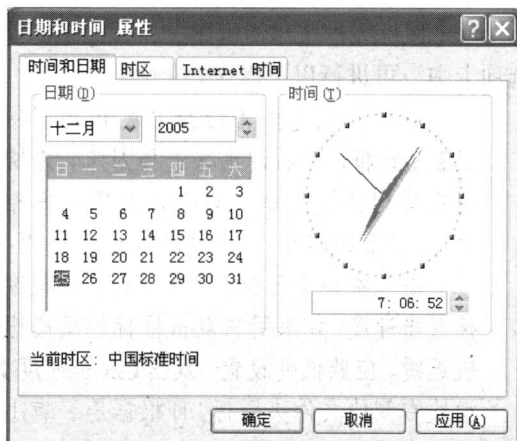

2.7.3 设置键盘

双击【控制面板】窗口中的【键盘】图标，在弹出的【键盘属性】对话框中，单击【速度】选项卡，结果如图 2-64 所示，在其中可进行以下操作。

❖ 拖动【重复延迟】滑块，调整重复延迟，即在按住一个键后，字符重复出现的延迟时间。

❖ 拖动【重复率】滑块，调整重复速度，即按住一个键时字符重复的速度。

❖ 在对话框中部的文本框中，按住一个键，可以测试重复率。

❖ 拖动【光标闪烁速率】滑块，调整光标闪烁的速率。

❖ 单击 确定 按钮，完成对键盘的设置，同时关闭对话框。

❖ 单击 应用(A) 按钮，对键盘的设置生效，不关闭对话框。

❖ 单击 取消 按钮，取消键盘设置操作，同时关闭对话框。

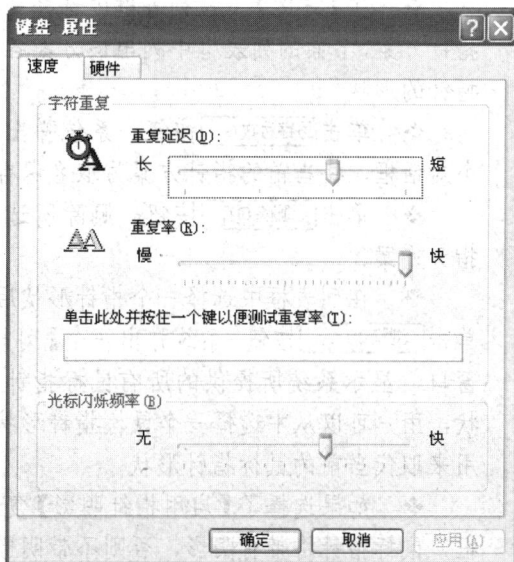

图2-64 【速度】选项卡

2.7.4 设置鼠标

双击【控制面板】窗口中的【鼠标】图标，弹出【鼠标属性】对话框，在该对话框中可对鼠标进行以下设置。

1. 设置鼠标键

在【鼠标属性】对话框中，打开【鼠标键】选项卡，结果如图 2-65 所示。在【鼠标键】选项卡中，可进行以下操作。

❖ 如果选择【切换主要和次要按钮】复选框，则右键用来选择对象，左键用来弹出快捷菜单，与平常使用刚好相反。除非真的需要，一般不选择该复选框。

❖ 拖动【双击速度】滑块，调整鼠标双击速度，如果用户双击鼠标的反应比较迟缓，应调低此设置。双击【双击速度】滑块右侧的文件夹图标，可根据是否有小丑出现检测双击的速度。

❖ 如果选择【启用单击锁定】复选框，一次单击后锁定鼠标，能够进行选定或者拖动操作，而不需要继续按住鼠标按钮。

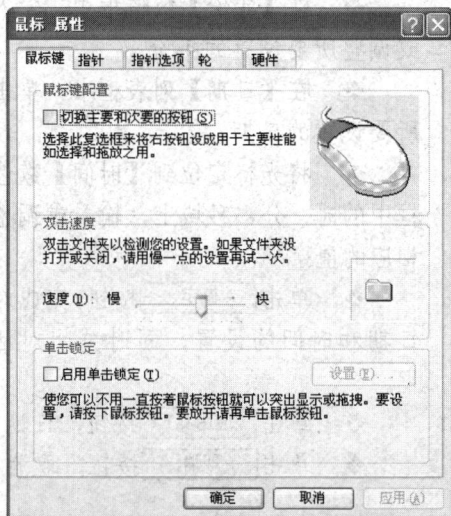

图2-65 【鼠标键】选项卡

2. 设置指针形状

在【鼠标属性】对话框中，打开【指针】选项卡，结果如图 2-66 所示。在【指针】选项卡中，可进行以下操作。

❖ 在【方案】下拉列表框中选择一种指针方案，下面的列表框中列出该方案各种指针的形状。

❖ 单击 另存为(V)... 按钮，系统弹出一个对话框，将当前的指针方案另取名保存。

❖ 单击 删除(D) 按钮，删除所选的指针方案。

❖ 在列表框中选择一个指针形状后，单击 浏览(B)... 按钮，系统弹出一个【浏览】窗口，显示系统所提供的所有鼠标指针形状，用户可以从中选择一个鼠标指针形状，用来取代当前的鼠标指针形状。

❖ 如果选择了【启用指针阴影】复选框，鼠标指针将带有阴影，否则不带阴影。

❖ 单击 使用默认值(E) 按钮，把指针形状还原为原先的形状。

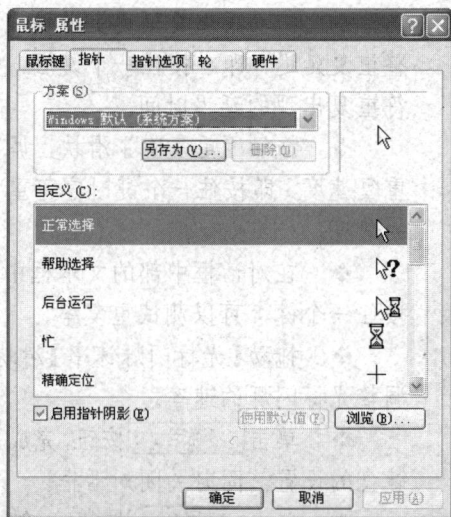

图2-66 【指针】选项卡

3. 设置指针选项

在【鼠标属性】对话框中，打开【指针选项】选项卡，结果如图 2-67 所示。在【指针选项】选项卡中，可进行以下操作。

❖ 在【移动】组中，拖动【选择指针移动速度】滑块，可调整指针移动的速度。

❖ 在【移动】组中，如果选择【提高指针精确度】复选框，可使鼠标更精确定位。

❖ 如果选择【取默认按钮】组中的复选框，在打开对话框时，指针自动移动到对话框的默认按钮上。

❖ 如果选择【可见性】组中的复选框，鼠标在移动时会显示指针的踪迹，拖动本组中的滑块，还可设定踪迹的长短。

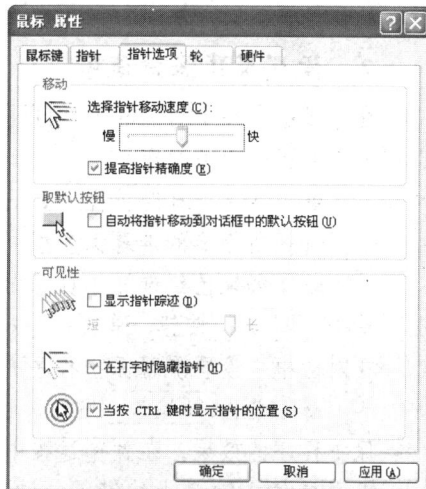

图2-67 【指针选项】选项卡

❖ 如果选择【在打字时隐藏指针】复选框，打字时不显示鼠标指针。

❖ 如果选择【当按 CTRL 键时显示鼠标指针的位置】复选框，则按下 Ctrl 键时，系统用一组同心圆的方式指示鼠标的位置。

完成以上所有选择后，设置还未生效。要使设置生效或放弃设置，可进行以下操作。

❖ 单击 确定 按钮，完成对鼠标的设置，同时关闭对话框。

❖ 单击 应用(A) 按钮，对鼠标的设置生效，不关闭对话框。

❖ 单击 取消 按钮，取消鼠标设置操作，同时关闭对话框。

2.7.5 设置显示

在桌面的空白处单击鼠标右键，在弹出的快捷菜单中选择【属性】命令，或在【控制面板】窗口中双击【显示】图标，都会弹出【显示属性】对话框，可对显示进行以下设置。

1. 设置桌面背景

在【显示属性】对话框中，打开【桌面】选项卡，结果如图 2-68 所示。在【桌面】选项卡中，可进行以下操作。

❖ 在【背景】列表框中，选择一种背景图片，屏幕视图中会显示相应的效果，如果选择"(无)"，则桌面上只有背景颜色而没有背景图片。

❖ 单击 浏览(B)... 按钮，弹出一个对话框，从中选择作为桌面背景的图片文件。

❖ 选定一种背景图片后，可从【位置】下拉列表框中选择显示方式（有"平铺"、"拉伸"、"居中"等选项），同时对话框中会显示该背景图片的效果。

图2-68 【桌面】选项卡

❖   如果没有背景图片，可从【颜色】下拉列表框中选择一种颜色作为桌面的背景色。

2. 设置屏幕保护程序

在【显示属性】对话框中，打开【屏幕保护程序】选项卡，结果如图2-69所示，在该选项卡中可进行以下操作。

❖   在【屏幕保护程序】下拉列表框中，选择所需要的屏幕保护程序。

❖   如果已经选择了屏幕保护程序，单击 设置(T) 按钮，弹出一个对话框，可在对话框中设置屏幕保护程序的参数。

❖   单击 预览(V) 按钮，可预览屏幕保护程序的效果。在预览过程中，如果按下了鼠标或键盘上的键，或者移动了鼠标，则又返回【屏幕保护程序】选项卡。

❖   在【等待】数值框中，输入或调整分钟值。超过这个时间没按鼠标或键盘上的键，并且没有移动鼠标，系统启动屏幕保护程序。

图2-69 【屏幕保护程序】选项卡

❖   如果选择【在恢复时使用密码保护】复选框，当屏幕保护开始后，必须正确键入密码才能结束屏幕保护程序。屏幕保护程序的密码与登录密码相同。

❖   单击 电源(O)... 按钮，弹出一个对话框，可调节监视器的电源节能设置。

3. 设置外观

在【显示属性】对话框中，打开【外观】选项卡，结果如图2-70所示。在【外观】选项卡中，可进行以下操作。

❖   在【窗口和按钮】下拉列表框中选择一种外观样式，对话框上面的区域显示该样式的效果。

❖   在【色彩方案】下拉列表框中选择一种色彩方案，对话框上面的区域显示该方案的效果。

❖   在【字体大小】下拉列表框中选择一种字体大小，对话框上面的区域显示该方案的效果。

❖   单击 效果(E)... 按钮，系统弹出一个对话框，可设置外观效果的其他细节。

❖   单击 高级(D) 按钮，系统弹出一个对话框，可对外观效果进行高级设置。

图2-70 【外观】选项卡

4. 设置显示器

在【显示属性】对话框中，打开【设置】选项卡，结果如图 2-71 所示。在【设置】选项卡中，可进行以下操作。

❖ 在【颜色质量】下拉列表框中选择显示器要达到的颜色数。【颜色】下拉列表框下面的区域显示相应的色彩。

❖ 拖动【屏幕分辨率】滑块，将显示器的分辨率设置为指定的分辨率。

❖ 单击 高级(D) 按钮，弹出一个对话框，可对显示器进行高级设置。

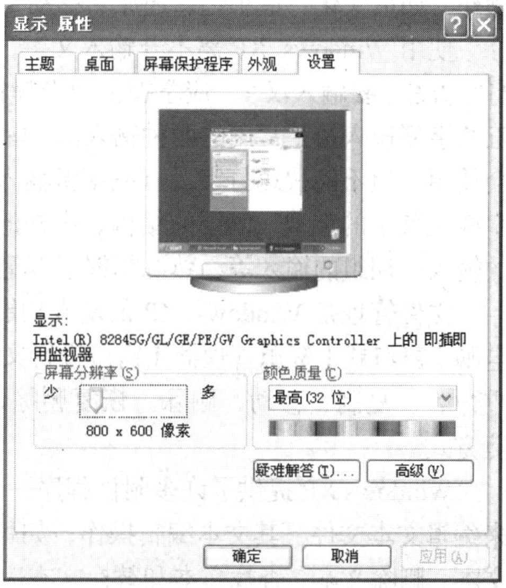

需要注意的是：设置显示器时，应充分了解自己的显示器和显卡的性能。一些低档次的显卡不支持高的颜色数和分辨率，设置后会显示异常。

完成以上所有设置后，这些设置还未生效。要使设置生效或放弃设置，可进行以下操作。

❖ 单击 确定 按钮，完成显示的设置，关闭对话框。

图2-71 【设置】选项卡

❖ 单击 应用(A) 按钮，显示的设置生效，不关闭对话框。

❖ 单击 取消 按钮，取消显示设置操作，关闭对话框。

小结

Windows XP 是目前微型计算机上使用最广泛的操作系统。Windows XP 必须安装到微型计算机上后才能使用。Windows XP 有两种安装方式：全新安装和升级安装。安装好 Windows XP 后，打开微型计算机的电脑即可启动 Windows XP，如果 Windows XP 的用户账户设置了密码，需要正确输入密码后才能进入 Windows XP 系统。微型计算机使用完后，不能关闭电源了事，应先退出 Windows XP，Windows XP 会自动关机。

用户成功登录进入 Windows XP 后，所显示的画面称为 Windows XP 的桌面。在桌面的底部有一个任务栏，任务栏分成 4 个区域：【开始】按钮、快速启动区、任务按钮区和通知区。在桌面上还有一个浮动的语言栏，用来指示当前所使用的语言及输入法。在 Windows XP 中，运行一个程序会打开一个窗口。Windows XP 的窗口大致相同，包括标题栏、菜单栏、工具栏、工作区和状态栏等几部分。在使用 Windows XP 的过程中，往往会打开对话框。对话框中包含许多构件，常见的构件有：选项卡、命令按钮、单选钮、复选框、下拉列表框、数值框等。剪贴板是 Windows XP 提供的一个非常实用的工具，可用来在不同程序间进行信息交换，剪贴板常用的操作有：复制到剪贴板、剪切到剪贴板、从剪贴板粘贴。Windows XP 还提供了强大的帮助系统，用户可通过帮助系统找到疑难问题的解答。

使用 Windows XP 离不开键盘与鼠标，如果没有熟练掌握键盘与鼠标的使用方法，使用 Windows XP 时总会磕磕碰碰。在 Windows XP 中，要完成某项任务往往是运行某个程序，因此要掌握程序的运行方法。运行一个程序后，都会打开一个窗口，因此还要熟练窗口的操作，如最大化、最小化、还原、移动、关闭等。

使用 Windows XP 离不开输入文字，其前提是熟练使用键盘，因此要掌握键盘指法和打字方法。要输入汉字，应掌握如何选择输入法、如何切换输入法状态。智能 ABC 输入法、五笔字型输入法是常用的两种输入法。智能 ABC 输入法比较容易学，只要会拼音基本上就会使用，但不能快速打字。五笔字型输入法需要掌握一系列规则，如汉字的笔画、汉字的字根、汉字的字型、汉字的结构、字根的键盘分布、键面字的输入、合体字的输入、简码的输入、词组的输入等，熟练掌握了五笔字型，就会打字如飞。

文件管理是 Windows XP 的基本功能，也是用户必须掌握的操作。用户可通过【我的电脑】窗口或【资源管理器】窗口进行文件操作。常用的文件操作有：查看、选择、创建、重命名、复制、移动，删除、恢复删除、查找文件/文件夹等。另外还要掌握如何创建快捷方式。

Windows XP 提供了许多附件程序，记事本和画图这两个附件程序最为常用。记事本用来编辑文本文件，其文本编辑操作，如移动光标、插入文本、选定文本、复制文本、移动文本、删除文本、查找文本和替换文本应熟练掌握。画图用来绘图，设置颜色、绘制图片、编辑图片、设置图片等操作应熟练掌握。

使用 Windows XP 还需要掌握 Windows XP 的系统设置。要进行系统设置通常要打开控制面板，在控制面板中选择某个程序即可完成相应的设置。常用的系统设置有：设置日期与时间、设置键盘、设置鼠标和设置显示。

习题

一、判断题

1. Windows XP 登录时密码不区分字母的大小写。　（　）
2. 窗口最大化后，还可以移动。　（　）
3. 复制一个文件夹时，文件夹中的文件和子文件夹一同被复制。　（　）
4. 不同文件夹中的文件可以是同一个名字。　（　）
5. 删除一个快捷方式时，所指的对象一同被删除。　（　）
6. 删除回收站中的文件是将该文件彻底删除。　（　）
7. 附件中只有记事本和图画两个应用程序。　（　）
8. 附件中的记事本程序只能编辑文本文件。　（　）
9. 用户不能调换鼠标左右键的功能。　（　）
10. 屏幕保护程序中的密码是在启动屏幕保护程序时输入的。　（　）

二、选择题

1. 以下按键中，（　　）能打开【文件(F)】菜单。

A. F   B. Ctrl + F   C. Alt + F   D. Shift + F

2. 以下鼠标指针形状中，（   ）表示系统忙。

    A.   B.   C.   D.

3. 以下文件中，（   ）不是图像文件。

    A. chess.bmp   B. chess.gif   C. chess.jpg   D. chess.wav

4. 以下按键中，（   ）可把选定的信息复制到剪贴板。

    A. Ctrl + C   B. Ctrl + V   C. Alt + C   D. Alt + V

5. 以下按键中，（   ）可用来切换到下一种输入法。

    A. Ctrl + Shift   B. Ctrl + Enter   C. Alt + Shift   D. Alt + Enter

6. 在智能 ABC 输入法中，以下拼音不能拼出"中国"二字的是（   ）。

    A. zhg   B. zg   C. zguo   D. zgu

7. Windows XP 中的文件、文件夹的组织结构是（   ）型结构。

    A. 树   B. 环   C. 网   D. 星

8. 以下（   ）是合法的 Windows XP 文件名。

    A. a=b   B. a>b   C. a<b   D. a/b

9. 在【资源管理器】的左窗格中，若一个文件夹左边的方框内有一个加号"+"，表示该文件夹（   ）。

    A. 有子文件夹且已经展开   B. 有子文件夹且没有展开

    C. 有子文件夹且有文件   D. 有子文件夹且没有文件

10. 在回收站中，选择一个文件后，选择【文件】/（   ）可恢复该文件。

    A. 恢复   B. 还原   C. 撤销   D. 复原

三、填空题

1. Windows XP 有两种安装模式：_____和_____。

2. 【开始】菜单中的选项有以下 3 类，右边带有省略号"…"的选项，选择后会_____，右边带有小黑三角▸的选项，选择后会_____，右边无其他符号的选项，选择后会_____。

3. 把选择的信息复制到剪贴板的按键是_____，把选择的信息剪切到剪贴板的按键是_____，把剪贴板上的信息粘贴到光标处的按键是_____。

4. 在 Windows XP 中，文件/文件夹名不能超过_____字符，其中 1 个汉字相当于_____个字符。

5. 按下键盘上的 键，通常打开_____，按下键盘上的 键，通常打开_____。

6. 使用键盘时，要输入上挡字符应按下_____键再按相应键，删除光标左侧的字符应按_____键。

7. 智能 ABC 输入法状态条上的 表示当前是_____输入状态， 表示当前是_____输入状态， 表示当前是_____输入状态。

8. 双击窗口的标题栏会_____或_____窗口，拖动窗口的标题栏会_____窗口。

9. 在附件的画图程序中，单击染料盒中的一种颜色，该颜色设置为_____，右击染料盒中的一种颜色，该颜色设置为_____。

10. 在附件的画图程序中，按住_____键将绘出圆，橡皮涂过的区域被置成_____色。

四、问答题

1. 对话框中通常有哪些组件？各有什么功能？

2. 窗口有哪些基本操作？

3. 在桌面上自动排列窗口有哪几种方式？

4. 剪贴板有哪些基本操作？

5. 在【资源管理器】和【我的电脑】窗口中，文件/文件夹有哪几种查看方式？有哪几种排序方式？

6. 在记事本程序中，有哪些编辑操作？有哪些文件操作？

7. 在画图程序中，有哪些图片编辑操作？有哪些图片设置操作？

8. 如何让鼠标指针没有阴影？

第3章 文字处理软件 Word 2007

Word 2007 是微软公司开发的办公软件 2007 Microsoft Office System（简称 Office 2007）的一个组件，利用它可以方便地完成文字编辑、文档排版、表格制作及图形处理等，是电脑办公的得力工具。

学习目标

掌握 Word 2007 的基本操作。

掌握 Word 2007 文本编辑的方法。

掌握 Word 2007 文档排版的方法。

掌握 Word 2007 的页面设置与打印。

掌握 Word 2007 表格处理的方法。

掌握 Word 2007 插图处理的方法。

掌握 Word 2007 的其他功能。

3.1 Word 2007 的基本操作

本节介绍启动和退出 Word 2007 的方法、Word 2007 主窗口的组成及其操作、Word 2007 中的视图方式及其操作、Word 2007 的文档操作。

3.1.1 Word 2007 的启动

Word 2007 有多种启动方法，用户可根据自己的习惯或喜好选择其中一种。以下是启动 Word 2007 常用的方法。

❖ 选择【开始】/【程序】/【Microsoft Office】/【Microsoft Office Word 2007】命令。

❖ 如果建立了 Word 2007 的快捷方式，双击该快捷方式。Word 2007 应用程序文件的名称是 "Winword.exe"，通常存放在系统盘的 "\Program Files\Microsoft Office\" 文件夹中。建立快捷方式的方法详见 "2.5.7 创建快捷方式" 一节。

❖ 打开一个 Word 文档文件（Word 文档文件的图标是圙）。

使用前两种方法启动 Word 2007 后，系统自动建立一个名为 "文档 1" 的空白文档。使用最后一种方法启动 Word 2007 后，系统自动打开相应的文档。

3.1.2 Word 2007 的窗口组成

启动 Word 2007 后，出现如图 3-1 所示的窗口。Word 2007 的窗口由 4 个区域组成：标题栏、功能区、文档区和状态栏。

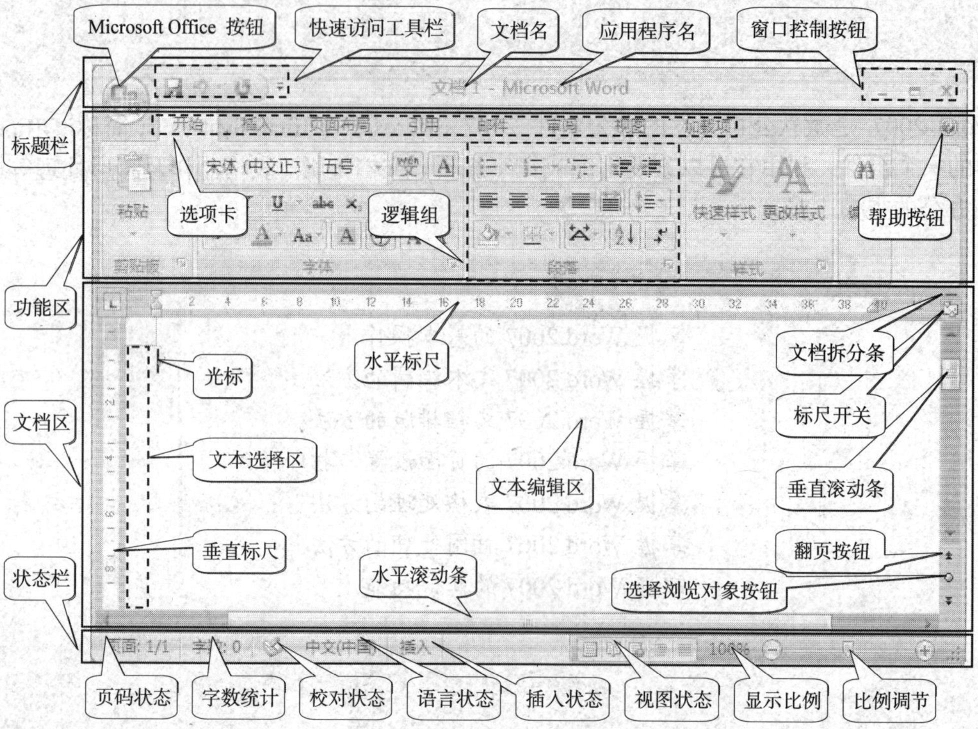

图3-1　Word 2007 窗口

1. 标题栏

标题栏位于 Word 2007 窗口的顶端，包括 Microdoft Office 按钮、快速访问工具栏、标题和窗口控制按钮。

❖　Microdoft Office 按钮：该按钮取代了 Word 2007 以前版本的【文件】菜单，单击该按钮将打开一个菜单，用户可从中选择相应的文件操作命令。

❖　快速访问工具栏：默认有保存（　）、撤销（　）和重复（　）3 个命令按钮。单击最右边的　按钮，可重新设置其中的命令按钮。

❖　标题：标题包含文档名称（如：文档 1）和应用程序名称（Microsoft Word），其中应用程序名称是固定不变的，文档名称随操作文档的标题而不同。

❖　窗口控制按钮　－ □ ×：分别是最小化按钮、最大化按钮和关闭按钮。

2. 功能区

Word 2007 的功能区取代了 Word 2007 以前版本的菜单栏和工具栏。功能区包含若干个与某种功能相关的选项卡。选项卡中包含与之相关的逻辑组，每个逻辑组中包含与之相关的工具。功能区中还有一个帮助按钮　，单击该按钮会打开一个帮助窗口，从中可以获得 Word 2007 的帮助信息。

3. 文档区

文档区占据了 Word 2007 窗口的大部分区域，包含以下内容。

❖ 标尺：标尺位于文档区的左边和上边，分别称为"垂直标尺"和"水平标尺"，设定标尺有两个作用，一是查看正文的宽度，二是设定左右界限、首行缩进位置以及制表符的位置。

❖ 滚动条：滚动条位于文档区的右边和下边，分别称为"垂直滚动条"和"水平滚动条"。使用滚动条可以滚动文档区中的内容，以显示窗口以外的部分。

❖ 文档拆分条：文档拆分条位于垂直滚动条的上方，拖动它可把文档区分成两部分。

❖ 标尺开关：标尺开关位于文档拆分条的下方，单击该按钮可显示或隐藏标尺。

❖ 文本选择区：文本选择区位于垂直标尺的右侧，在这个区域中可选定文本。

❖ 文本编辑区：文本编辑区位于文档区中央，文本编辑工作就在这个区域中进行。文档在进行编辑时，有一个闪动的光标，以指示当前编辑操作的位置。

❖ 翻页按钮：翻页按钮有两个，一个是前翻页按钮，一个是后翻页按钮，位于垂直滚动条下方。默认情况下，单击其中一个按钮将前翻一页或后翻一页。如果单击了选择浏览对象按钮，选择的不是"页面"对象，单击该按钮用来浏览前一个对象或后一个对象。

❖ 选择浏览对象按钮：位于翻页按钮中间，单击该按钮，弹出一个菜单，用户可从中选择要浏览的对象（如页面、表格、图等）。

4. 状态栏

状态栏位于 Word 2007 窗口的最下面，用于显示文档的当前状态，包括页码状态、字数统计、校对状态、语言状态、插入状态、视图状态和显示比例。在状态栏中，利用比例调节按钮或滑块，可改变文档的显示比例。

3.1.3 Word 2007 的视图方式

Word 2007 提供了 5 种视图方式：页面视图、阅读版式视图、Web 版式视图、大纲视图和普通视图。单击状态栏中的某个视图按钮，或选择功能区【视图】选项卡的【文档视图】逻辑组中的相应视图按钮，就会切换到相应的视图方式。

❖ 页面视图 回：在页面视图中，文档的显示与实际打印的效果一致。在页面视图中可以编辑页眉和页脚、调整页边距、处理栏和图形对象。

❖ 阅读版式 回：在阅读版式中，文档的内容根据屏幕的大小以适合阅读的方式显示。在阅读版式中，还可以进行文档的编辑工作。

❖ Web 版式视图 回：在 Web 版式视图中，可以创建能显示在屏幕上的 Web 页或文档，文本与图形的显示与在 Web 浏览器中的显示是一致的。

❖ 大纲视图 回：在大纲视图中，系统根据文档的标题级别显示文档的框架结构。该视图特别适合用来组织编写大纲。

❖ 普通视图 回：在普通视图中，简化了页面的布局，主要显示文档中的文本及其格式，可便捷地进行内容的输入和编辑工作。

3.1.4　Word 2007 的文档操作

文档是用 Word 2007 创建的文件，一个文档对应一个文件。Word 2007 以前版本文档文件的扩展名是".doc"，Word 2007 文档文件的扩展名是".docx"，该类文件的图标是 。

Word 2007 常用的文档操作包括：新建文档、保存文档、打开文档、关闭文档等。

1.　新建文档

启动 Word 2007 时，系统会自动建立一个空白文档，默认的文件名是"文档 1"。在 Word 2007 中，新建文档有以下方法。

❖　按 Ctrl+N 组合键。

❖　单击 按钮，在打开的菜单中选择【新建】命令。

使用第 1 种方法，系统会自动建立一个默认模板的空白文档。使用第 2 种方法，将弹出如图 3-2 所示的【新建文档】对话框。

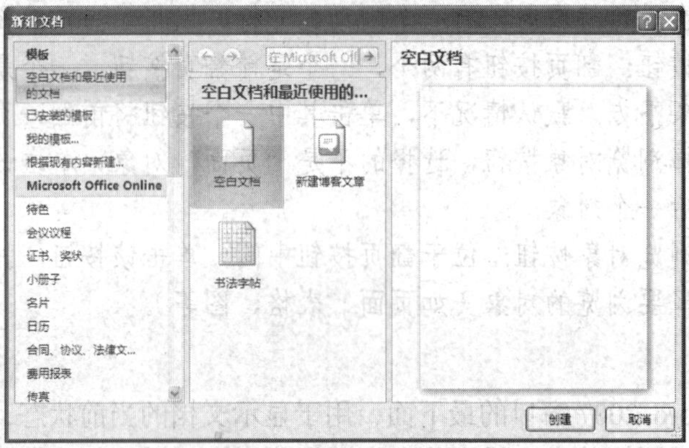

图3-2　【新建文档】对话框

在【新建文档】对话框中，可进行以下新建文档的操作。

❖　单击【模板】窗格（最左边的窗格）中的一个命令，【模板列表】窗格（中间的窗格）显示该组模板中的所有模板。

❖　单击【模板列表】窗格中的一个模板，【模板效果】窗格（最右边的窗格）显示该模板的效果。

❖　单击　创建　按钮，建立基于该模板的一个新文档。

2.　保存文档

Word 2007 工作时，文档的内容驻留在计算机内存和磁盘的临时文件中，没有正式保存。常用保存文档的方法有"保存"和"另存为"。

（1）保存：在 Word 2007 中，保存文档有以下方法。

❖　按 Ctrl+S 组合键。

❖　单击【快速访问工具栏】中的 按钮。

❖　单击 按钮，在打开的菜单中选择【保存】命令。

如果文档已被保存过，系统自动将文档的最新内容保存起来。如果文档从未保存过，系统需要用户指定文件的保存位置以及文件名，相当于执行另存为操作。

（2）另存为：另存为是指把当前编辑的文档以新文件名或新的保存位置保存起来。单击 按钮，在打开的菜单中选择【另存为】命令，弹出如图 3-3 所示的【另存为】对话框。

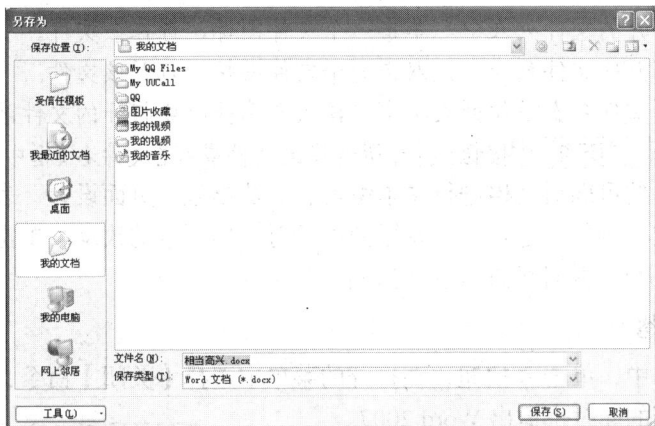

图3-3 【另存为】对话框

在【另存为】对话框中，可进行以下操作。

❖ 在【保存位置】下拉列表框中，选择要保存到的文件夹，也可在窗口左侧的预设保存位置列表中，选择要保存到的文件夹。

❖ 在【文件名】下拉列表框中，输入或选择一个文件名。

❖ 在【保存类型】下拉列表框中，选择要保存的文件类型。应注意：Word 2007 以前版本默认的保存类型是 ".doc" 型文件，Word 2007 则是 ".docx" 型文件。

❖ 单击 保存(S) 按钮，按所做设置保存文件。

3. 打开文档

在 Word 2007 中，打开文档有以下方法。

❖ 按 Ctrl+O 组合键。

❖ 单击 按钮，在打开的菜单中选择【打开】命令。

❖ 单击 按钮，在打开的菜单中从【最近使用的文档】列表中选择一个文档名。

采用最后一种方法时，将直接打开指定的文档。用前 2 种方法，会弹出如图 3-4 所示的【打开】对话框，可进行以下操作。

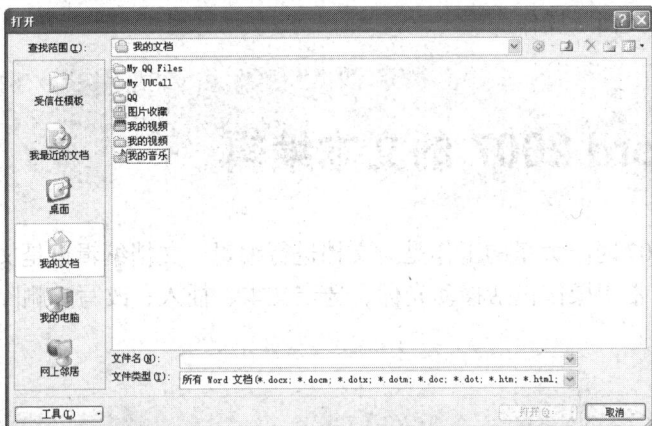

图3-4 【打开】对话框

❖ 在【查找范围】下拉列表框中，选择要打开文件所在的文件夹，也可在窗口左侧的预设位置列表中，选择要打开文件所在的文件夹。

❖ 在打开的文件列表中，单击一个文件图标，选择该文件。
❖ 在打开的文件列表中，双击一个文件图标，打开该文件。
❖ 在【文件名】下拉列表框中，输入或选择所要打开的文件名。
❖ 单击 打开(O) 按钮，打开所选择的文件或在【文件名】框中指定的文件。

打开文档后，便可以对文档进行文本编辑、文档排版、页面设置、表格处理、插图处理等操作，在对文档操作的过程中，要撤销最近对文档所做的改动，单击【快速访问工具栏】中的 按钮即可，并且可进行多次撤销。

4. 关闭文档

在 Word 2007 中，单击 按钮，在打开的菜单中选择【关闭】命令，即关闭当前打开的文档，关闭文档的同时也退出 Word 2007。

关闭文档时，如果文档改动过并且没有保存，系统会弹出如图 3-5 所示的【Microsoft Office Word】对话框（以"文档 1"为例），以确定是否保存。在该对话框中可进行以下操作。

图3-5 【Microsoft Office Word】对话框

❖ 单击 是(Y) 按钮，保存该文档，然后关闭文档。
❖ 单击 否(N) 按钮，不保存该文档，然后关闭文档。
❖ 单击 取消 按钮，取消关闭文档操作，返回原窗口。

在保存文档时，如果该文档从未保存过，则相当于执行"另存为"操作。

3.1.5 Word 2007 的退出

退出 Word 2007 有以下方法。
❖ 关闭 Word 2007 窗口（关闭窗口的方法详见"2.3.3 窗口的操作"一节）。
❖ 单击 按钮，在打开的菜单中选择【退出 Word】命令。
❖ 单击 按钮，在打开的菜单中选择【关闭】命令。

退出时，Word 2007 会关闭所打开的所有文档，如果有的文档改动过并且没有保存，处理方法同"关闭文档"操作。

3.2 Word 2007 的文本编辑

使用 Word 2007 时，大量的工作是对文档进行编辑。文档编辑也是文档格式化的前期工作。文档编辑的常用操作包括移动光标、选定文本、插入、改写、删除、移动、复制、查找、替换等。

3.2.1 移动光标

在 Word 2007 的文档编辑区内有一个闪动的竖条，称为光标。光标的位置也叫当前位置，光标所在的行叫当前行，光标所在的段叫当前段，光标所在的页叫当前页。在编辑过程中，通常根据光标的位置进行操作，为了使光标到文档的某一目标位置，需要移动光标。移动光标有两种方法：用鼠标移动光标和用键盘移动光标。

1. 用鼠标移动光标

用鼠标可以把光标移动到文本的某个位置上，有以下常用方法。

❖　当鼠标指针为 I 形状时，表明鼠标在文本区，这时单击鼠标，光标就移动到文本区的指定位置。

❖　当鼠标指针为 I☰、☰I 或 ☰I 形状时，说明鼠标在编辑空白区，这时双击鼠标，光标就移到空白区的相应位置，并自动设置该段落的对齐格式为左对齐（I☰）、居中（☰）或右对齐（☰I）。

如果要移动到的位置不在窗口中，可先滚动窗口，使目标位置出现在窗口中。滚动窗口有以下常用方法。

❖　单击水平滚动条上的 ＜、＞ 按钮，窗口向左、右滚动。

❖　单击垂直滚动条上的 ＾、∨ 按钮，窗口向上、下滚动一行。

❖　拖动水平或垂直滚动条上的滚动滑块，使文档窗口较快地滚动。

❖　默认状态下，单击 ⬆、⬇ 按钮，窗口向上、下滚动一页。

2. 用键盘移动光标

用键盘移动光标的方法很多，除了 "2.6.1 记事本" 一节中介绍的方法外，还有其他方法，如表 3-1 所示。

表 3-1　　　　　　　　　　　　　常用移动光标按键

按键	移动到	按键	移动到
Ctrl+↑	前一个段落	Ctrl+↓	后一个段落
Ctrl+PageUp	上一页的开始	Ctrl+PageDown	下一页的开始
Alt+Ctrl+PageUp	窗口的顶端	Alt+Ctrl+PageDown	窗口的底端

3.2.2　选定文本

Word 2007 中的许多操作都需要先选定文本，被选定的文本底色为浅蓝色。选定文本后，按任意一个光标键，或在文档任意位置单击鼠标，即可取消选定状态。

1. 用鼠标选定文本

用鼠标选定文本有两种方法：在文本编辑区内选定和在文本选择区内选定。在文本编辑区内选定文本有以下方法。

❖　拖动鼠标，选定从拖动开始位置到拖动结束位置之间的字符。

❖　双击鼠标，选定双击位置处的单词。

❖　快速单击鼠标 3 次，选定单击位置所在的段。

❖　按住 Ctrl 键单击鼠标，选定单击位置所在的句子。

❖　按住 Alt 键拖动鼠标，选定竖列文本。

文档正文左边的空白区域为文本选择区，在文本选择区中，鼠标指针变为↗形状。在文本选择区内选定文本有以下方法。

- ❖ 单击鼠标，选定单击位置所在的行。
- ❖ 双击鼠标，选定单击位置所在的段。
- ❖ 拖动鼠标，选定从拖动开始行到拖动结束行之间的字符。
- ❖ 快速单击鼠标 3 次，选定整个文档。
- ❖ 按住 Ctrl 键单击鼠标，选定整个文档。

2. 用键盘选定文本

使用键盘选定文本有以下方法。

- ❖ 按住 Shift 键移动光标，从光标起初位置到光标最后位置间的文本被选定。表 3-2 所示为选定文本的快捷键。
- ❖ 按 F8 键后移动光标，再按 Esc 键，光标起始位置到结束位置间的文本被选定。
- ❖ 按 Ctrl+Shift+F8 组合键后移动光标，从光标起初位置到光标最后位置间的竖列文本被选定。按 Esc 键可取消所选定的竖列文本。
- ❖ 按 Ctrl+A 组合键，选定整个文档。

表 3-2 选定文本的快捷键

按键	将选定范围扩大到	按键	将选定范围扩大到
Shift+↑	上一行	Ctrl+Shift+↑	段首
Shift+↓	下一行	Ctrl+Shift+↓	段尾
Shift+←	左侧一个字符	Ctrl+Shift+←	单词开始
Shift+→	右侧一个字符	Ctrl+Shift+→	单词结尾
Shift+Home	行首	Ctrl+Shift+Home	文档开始
Shift+End	行尾	Ctrl+Shift+End	文档结尾

3.2.3 插入、删除与改写

在文档输入过程中，如果有漏掉的内容，则需要插入；如果有多输入的内容，则需要删除；如果有错误的内容，则需要改写。

1. 插入

在文本的编辑过程中，如果状态栏的【插入】状态区中显示的是"插入"二字，则表明当前状态为插入状态，输入的内容自动插入到光标处。双击【插入】状态区或按 Insert 键，可切换插入/改写状态。

实际应用中，经常遇到无法从键盘上直接输入的符号，如"※"。通过【插入】选项卡中的【符号】逻辑组或【特殊符号】逻辑组，可插入这些符号。

在 Word 2007 功能区【插入】选项卡中的【符号】逻辑组（见图 3-6）中，单击 Ω符号 按钮，打开如图 3-7 所示的【符号】列表。在【符号】列表中，单击一个符号，可插入相应的符号。

图3-6　【符号】逻辑组　　图3-7　【符号】列表

在 Word 2007 功能区【插入】选项卡中的【特殊符号】逻辑组（见图 3-8）中，单击预设的符号按钮，可插入相应的符号。单击 ，符号 按钮，打开如图 3-9 所示的【特殊符号】列表。在【特殊符号】列表中，单击一个符号，可插入相应的符号。

图3-8　【特殊符号】逻辑组　　图3-9　【特殊符号】列表

2. 删除

删除文本有以下方法。

- ❖ 按 Backspace 键删除光标左面的一个汉字或字符。
- ❖ 按 Delete 键删除光标右面的一个汉字或字符。
- ❖ 按 Ctrl+Backspace 组合键删除光标左面的一个词。
- ❖ 按 Ctrl+Delete 组合键删除光标右面的一个词。
- ❖ 如果选定了文本，按 Backspace 键或 Delete 键，删除选定的文本。
- ❖ 如果选定了文本，把选定的文本剪切到剪贴板，删除选定的文本。

3. 改写

改写文本有以下方法。

- ❖ 在改写状态下输入内容，会覆盖掉光标处原有的内容。
- ❖ 选定要改写的内容，输入改写后的内容。
- ❖ 删除要改写的内容，输入改写后的内容。

使用第一种方法时应特别小心，若不及时取消改写状态，很有可能会把不想改写的内容改写掉，造成不必要的麻烦。

3.2.4　复制与移动

在文档编辑过程中，如果要输入的内容已经输入过，可复制这些内容。如果输入的内容位置不对，可移动这些内容。

1. 复制

复制文本前，首先选定要复制的文本。有以下复制方法。

- ❖ 将鼠标指针移动到选定的文本上，当鼠标指针变为 形状时，按住 Ctrl 键的同时拖动鼠标，这时鼠标指针变成 形状，同时，旁边有一条虚竖线，到达目标位置后，松开鼠标左键和 Ctrl 键，选定的文本被复制到目标位置。
- ❖ 先将选定的文本复制到剪贴板上，再将光标移动到目标位置，然后把剪贴板上的文本粘贴到光标处。剪贴板操作见 "2.2.3 剪贴板" 一节。

复制完成后，如果复制内容的字符格式与目标位置的字符格式不同，则在复制内容的右下方有一个粘贴选项按钮，单击该按钮，会弹出如图 3-10 所示的粘贴选项，用户可根据需要选择保留原来的格式，或匹配目标的格式，或仅保留文本，也可设置默认的粘贴选项。

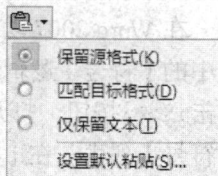

图3-10　粘贴选项

2. 移动

移动文本前，首先选定要移动的文本。有以下移动方法。

❖　将鼠标指针移动到选定的文本上，当鼠标指针变为形状时拖动鼠标，这时鼠标指针变成形状，同时，旁边出现一条表示插入点的虚竖线，当虚竖线到达目标位置后，松开鼠标左键，选定的文本被移动到目标位置。

❖　先将选定的文本剪切到剪贴板上，再将光标移动到目标位置，然后把剪贴板上的文本粘贴到光标处。剪贴板操作见"2.2.3 剪贴板"一节。

3.2.5　查找、替换与定位

在文档编辑过程中，经常要在文档中查找某些内容，或对某一内容进行统一替换，或把光标定位到文档的某处。对于较长的文档，如果手工完成不仅费时费力，而且可能会有遗漏。利用 Word 2007 提供的查找、替换和定位功能，可以很方便地完成这些工作。

1. 查找

按 Ctrl+F 组合键或选择【开始】选项卡的【编辑】逻辑组中的按钮，弹出【查找和替换】对话框，当前选项卡是【查找】，如图 3-11 所示。

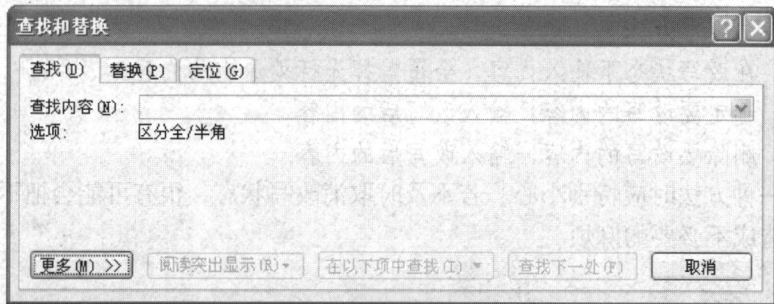

图3-11　【查找】选项卡

在【查找】选项卡中，可进行以下操作。

❖　在【查找内容】文本框中，输入要查找的文本。

❖　单击查找下一处(F)按钮，系统从光标处开始查找，查找到的内容被选定。可多次单击该按钮，进行多处查找。

❖　单击高级 ▼ (M)按钮，展开搜索选项，可进行高级查找设置。

❖　单击　取消　按钮，结束查找操作，关闭该对话框。

2. 替换

按 Ctrl+H 组合键或选择【开始】选项卡的【编辑】逻辑组中的替换按钮，弹出【查找和替换】对话框，当前选项卡是【替换】，如图 3-12 所示。

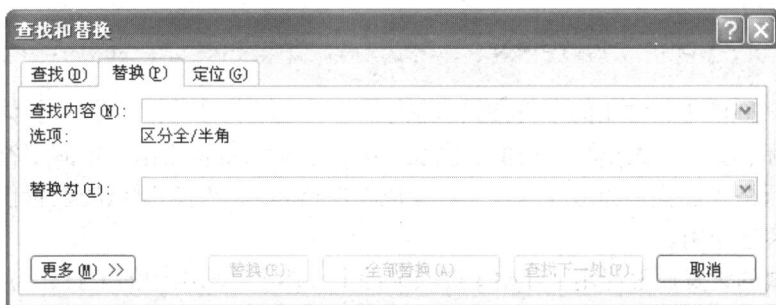

图3-12　【替换】选项卡

将【替换】选项卡与【查找】选项卡不同的操作介绍如下。

❖　在【查找内容】文本框中，输入被替换的文本。

❖　在【替换为】文本框中，输入替换后的文本。

❖　单击 替换(R) 按钮，替换查找到的内容。

❖　单击 全部替换(A) 按钮，替换全部查找到的内容，并在替换完后弹出一个对话框，提示完成了多少处替换。

❖　单击 查找下一处(F) 按钮，系统从光标处开始查找，查找到的内容被选定。

❖　单击 取消 按钮，结束替换操作，关闭该对话框。

3. 定位

在【查找和替换】对话框中，打开【定位】选项卡，如图 3-13 所示。

图3-13　【定位】选项卡

在【查找和替换】对话框的【定位】选项卡中，可进行以下操作。

❖　在【定位目标】列表框中，选择要定位的目标。

❖　在【输入页号】文本框中，输入一个数，指示要定位到哪一项。

❖　单击 前一处(S) 按钮，定位到前一处。

❖　单击 下一处(T) 按钮，定位到下一处。

❖　单击 关闭 按钮，关闭该对话框。

3.3　Word 2007 的文档排版

文档排版可使文档更加美观漂亮、层次分明，常用的文档排版操作包括设置字符格式、段落格式、分栏、设置项目符号和编号以及使用样式和模板等。

3.3.1 设置字符格式

在 Word 2007 中，常用的字符格式包括字体、字号、字颜色、粗体、斜体、下划线、删除线、上标、下标、大小写、边框、底纹、突出显示、拼音指南、带圈字符等。如果选定文本后进行格式设置，选定的内容会设置成相应格式，否则，所做的设置仅对光标处再输入的新内容起作用。

字符格式的设置通常使用【开始】选项卡的【字体】逻辑组中的工具，为了叙述方便，在本节中所涉及的工具，如果没有特别说明，皆指【字体】逻辑组中的工具。

1. 设置字体、字号和字颜色

（1）设置字体：单击字体下拉列表框 宋体（中文正文） 中的 按钮，打开字体下拉列表框，从中可选择要设置的字体。通常英文的字体名对英文字符起作用，中文的字体名对英文、汉字都起作用。

（2）设置字号：单击【字号】下拉列表框 五号 中的 按钮，打开字号下拉列表，可从中选择一种字号。单击 A 按钮或按 Ctrl+> 组合键，可增大一级字号，单击 A 按钮或按 Ctrl+< 组合键，可减小一级字号。

在 Word 2007 中，字号有"号数"和"磅值"两种单位，表 3-3 所示为两种单位之间的换算关系。

表 3-3　　　　　　　　　　"号数"和"磅值"的换算关系

号数	磅值	号数	磅值	号数	磅值	号数	磅值
初号	42 磅	二号	22 磅	四号	14 磅	六号	7.5 磅
小初	36 磅	小二	18 磅	小四	12 磅	小六	6.5 磅
一号	26 磅	三号	16 磅	五号	10.5 磅	七号	5.5 磅
小一	24 磅	小三	15 磅	小五	9 磅	八号	5 磅

（3）设置字颜色：单击 A 按钮，文字的设置颜色为最近使用过的颜色，单击 A 按钮右边的 按钮，打开颜色列表，单击其中一种颜色，文字的颜色设置为该颜色。

2. 设置粗体、斜体、下划线和删除线

（1）设置粗体：单击 B 按钮或按 Ctrl+B 组合键，设置文字的粗体效果，再次单击 B 按钮或按 Ctrl+B 组合键，取消所设置的粗体效果。

（2）设置斜体：单击 I 按钮或按 Ctrl+I 组合键，设置文字的斜体效果，再次单击 I 按钮或按 Ctrl+I 组合键，取消所设置的斜体效果。

（3）设置下划线：单击 U 按钮或按 Ctrl+U 组合键，文字的下划线设置为最近使用过的下划线，单击 U 按钮右边的 按钮，打开一个下划线类型列表，单击其中的一种类型，文字的下划线设置为该类型。设置了下划线后，再次单击 U 按钮或按 Ctrl+U 组合键，则取消所设置的下划线。

（4）设置删除线：删除线就是文字中间的一条横线，单击 abc 按钮，给文字加上删除线，再次单击 abc 按钮，则取消所加的删除线。

3. 设置上标、下标和大小写

（1）设置上标：单击 ×² 按钮或按 Ctrl＋I＋⁺ 组合键，设置文字为上标，再次单击 ×² 按钮或按 Ctrl＋I＋⁺ 组合键，则取消上标的设置。

（2）设置下标：单击 ×₂ 按钮或按 Ctrl＋I＋₋ 组合键，设置文字为下标，再次单击 ×₂ 按钮或按 Ctrl＋I＋₋ 组合键，则取消下标的设置。

（3）设置大小写：单击 Aa⁻ 键，打开如图 3-14 所示【大小写】菜单，从中选择一个命令，即可进行相应的大小写设置。

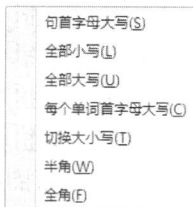

| 句首字母大写(S) |
| 全部小写(L) |
| 全部大写(U) |
| 每个单词首字母大写(C) |
| 切换大小写(T) |
| 半角(W) |
| 全角(F) |

图3-14 【大小写】菜单

4. 设置边框、底纹和突出显示

（1）设置边框：单击 A 按钮，给文字加上边框，再次单击 A 按钮，取消所加的边框。选定文本后，单击【段落】逻辑组 按钮右边的 按钮，在打开的框线类型列表中选择【外侧框线】，也可给文字加上边框。

（2）设置底纹：单击 A 按钮，给文字加上灰色底纹，再次单击 A 按钮，则取消所加的底纹。选定文本后，单击【段落】逻辑组中【底纹】下拉列表框 中的 按钮，在打开的颜色列表中选择一种颜色，给文字加该颜色的底纹，如果选择【无颜色】，则取消文字的底纹。

（3）设置突出显示：突出显示就是将文字设置成看上去像是用荧光笔做了标记一样。单击 按钮，突出显示的颜色为最近使用过的突出显示颜色，单击 按钮右边的 按钮，打开一个颜色列表，单击其中的一种颜色，即选择该颜色为突出显示的颜色。如果选定了文本，该文本用相应的突出显示颜色标记，如果没有选定文本，鼠标指针变成 形状，用鼠标选定文本，该文本用相应的突出显示颜色标记。再次用相同的突出显示的颜色标记该文字，则取消突出显示的设置。

5. 设置拼音指南、带圈字符

（1）设置拼音指南：拼音指南就是给汉字加上拼音，选择一个或多个汉字后，单击 按钮，弹出如图 3-15 所示的【拼音指南】对话框。

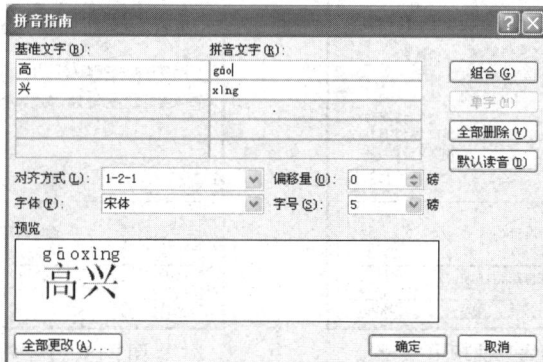

图3-15 【拼音指南】对话框

在【拼音指南】对话框中，可进行以下操作。

❖ 在【基准文字】的各文本框中，可输入或修改文字。

❖ 在【拼音文字】的各文本框中，可输入或修改拼音。

❖ 在【对齐方式】下拉列表框中选择拼音的对齐方式。

❖ 在【偏移量】数值框中输入或调整汉字和拼音之间的距离。

❖ 在【字体】下拉列表框中选择拼音的字体。

❖ 在【字号】下拉列表框中选择拼音的字号。

❖ 单击 组合(G) 按钮，字的拼音之间不留空隙。

❖ 单击 单字(M) 按钮，字的拼音之间留空隙。

❖ 单击 全部删除(V) 按钮，删除拼音。

❖ 单击 默认读音(D) 按钮，如果拼音被修改过，恢复原来的拼音。

❖ 单击 确定 按钮，按所做设置为汉字加上拼音，同时关闭该对话框。

（2）设置带圈字符：单击 按钮，弹出如图3-16所示的【带圈字符】对话框。在【带圈字符】对话框中，可进行以下操作。

❖ 在【样式】组中，选择一种带圈字符样式。

❖ 在【文字】文本框中，输入或修改要带圈的文字。

❖ 在【文字】列表框中，选择一个要带圈的文字。

❖ 在【圈号】列表框中，选择一种圈的类型。

❖ 单击 确定 按钮，设置一个带圈字符，同时关闭该对话框。

图3-16　【带圈字符】对话框

6.　其他设置

【字体】逻辑组中的工具可设置常用的字体格式，还有其他格式的设置没有包含在【字体】逻辑组中。单击【字体】逻辑组右下角的 按钮，弹出【字体】对话框。【字体】对话框中有【字体】、【字符间距】和【文字效果】3个选项卡，图3-17所示为【字体】选项卡，图3-18所示为【字符间距】选项卡。

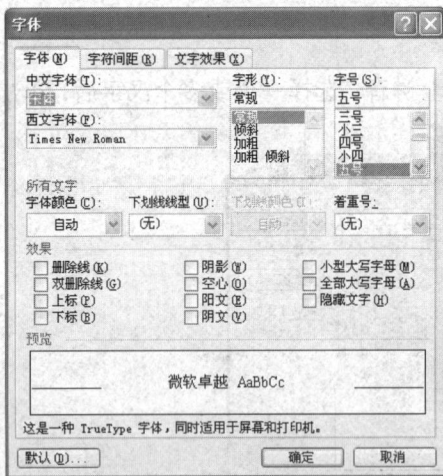

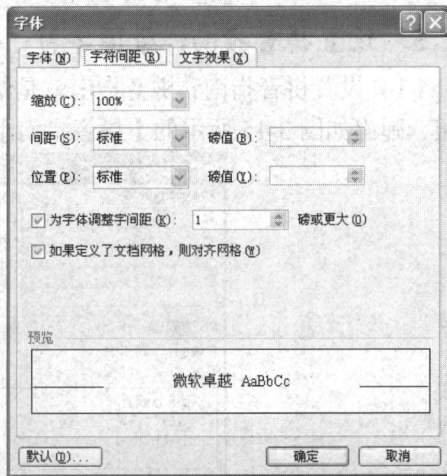

图3-17　【字体】选项卡　　　　　　　　图3-18　【字符间距】选项卡

【字体】选项卡主要完成字符字体的设置，除了前面介绍的以外，还有双删除线、阴影、空心、阴文、阳文、隐藏文字等设置。【字符间距】选项卡主要完成字符位置和间距的设置，包括缩放、间距、位置等。【文字效果】选项卡主要完成文字的动态效果设置，这些效果只能用于显示。

在进行字体设置时，只要在选项卡中选择相应的选项或输入相应的数值，就可完成相应的设置，同时，【预览】区域显示相应的效果，可根据需要决定是否进一步设置字体。

3.3.2　设置段落格式

两个回车符之间的内容（包括后一个回车符）为一个段落。段落格式主要包括对齐、缩进、行间距、段间距以及边框和底纹等。在设置段落格式时，如果选定了段落，那么设置对选定的段落生效，否则对光标所在的段落生效。

段落格式的设置通常使用【开始】选项卡的【段落】逻辑组中的工具，为了叙述方便，在本节中所涉及的工具，如果没有特别说明，皆指【段落】逻辑组中的工具。

1.　设置对齐方式

Word 2007 中段落的对齐方式主要有"两端对齐"、"居中"、"右对齐"和"分散对齐"。其中，"两端对齐"是默认对齐方式。设置对齐方式有以下方法。

❖　单击▤按钮，将当前段或选定的各段设置成"两端对齐"方式，正文沿页面的左右边对齐。

❖　单击▤按钮，将当前段或选定的各段设置成"居中"方式，段落最后一行正文在本行中间。

❖　单击▤按钮，将当前段或选定的各段设置成"右对齐"方式，段落最后一行正文沿页面的右边对齐。

❖　单击▤按钮，将当前段或选定的各段设置成"分散对齐"，段落最后一行正文均匀分布。

以下是段落对齐的效果。

培训班开学通知书	居中对齐
_____先生/女士：	左 对 齐
"微机实用操作"培训班将于 5 月 18 日开课，时间是每星期四下午 2:00~4:00，由经验丰富的专家讲授，采取边学习边实践的教学方法，请准时上课。	两端对齐
上　课　地　点　：　三　楼　微　机　室	分散对齐
2007 年 5 月 16 日	右 对 齐

2.　设置段落缩进

段落缩进是指正文与页边距之间保持的距离，有"左缩进"、"右缩进"、"首行缩进"、"悬挂缩进"等方式。用工具按钮设置段落缩进有以下方法。

❖　单击▤按钮一次，当前段或选定各段的左缩进位置减少一个汉字的距离。

❖　单击▤按钮一次，当前段或选定各段的左缩进位置增加一个汉字的距离。

Word 2007 的水平标尺（见图 3-19）上有 4 个小滑块，这几个滑块不仅体现了当前段落或选定段落相应缩进的位置，还可以设置相应的缩进。

图3-19　标尺栏

用水平标尺设置段落缩进有以下方法。

❖ 拖动首行缩进标记，调整当前段或选定各段第 1 行缩进的位置。

❖ 拖动左缩进标记，调整当前段或选定各段左边界缩进的位置。

❖ 拖动悬挂缩进标记，调整当前段或选定各段中首行以外其他行缩进的位置。

❖ 拖动右缩进标记，调整当前段或选定各段右边界缩进的位置。

以下是段落缩进的示例。

"微机实用操作"培训班将于 5 月 18 日开课，时间是每星期四下午 2:00~4:00，由经验丰富的专家讲授，采取边学习边实践的教学方法，请准时上课。	设置首行缩进
"微机实用操作"培训班将于 5 月 18 日开课，时间是每星期四下午 2:00~4:00，由经验丰富的专家讲授，采取边学习边实践的教学方法，请准时上课。	设置右缩进
"微机实用操作"培训班将于 5 月 18 日开课，时间是每星期四下午 2:00~4:00，由经验丰富的专家讲授，采取边学习边实践的教学方法，请准时上课。	设置悬挂缩进

3. 设置行间距

行间距是段落中各行文本间的垂直距离。Word 2007 默认的行间距称为基准行距，即单倍行距。

单击 ≝ 按钮，打开如图 3-20 所示的【行距】列表，列表中的数值是基准行距的倍数，选择其中一个，即可将当前段落或选定段落的行距设置成相应倍数的基准行距。

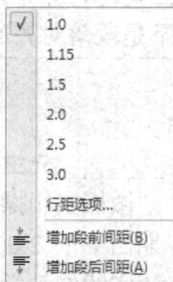

4. 设置段落间距

段落间距是指相邻两段除行距外加大的距离，分为段前间距和段后间距。段落间距默认的单位是"行"，段落间距的单位还可以是"磅"。Word 2007 默认的段前间距和段后间距都是 0 行。

图3-20　【行距】列表

单击 ≝ 按钮，打开如图 3-20 所示的【行距】列表，选择【增加段前间距】命令，即可将当前段落或选定段落的段落前间距增加 12 磅，选择【增加段后间距】命令，即可将当前段落或选定段落的段落后间距增加 12 磅。

增加了段前间距或段后间距后，【行距】列表中的【增加段前间距】命令将变成【删除段前间距】命令，【增加段后间距】命令将变成【删除段后间距】命令。选择一个命令，可删除段前的间距或段后间距，恢复成默认的段前的间距或段后间距。

3.3.3 设置项目符号和编号

在 Word 2007 中，可以方便地为段落添加项目符号或编号，还可以创建多级列表，以便合理地组织文档内容。

1. 设置项目符号

项目符号是放在段落前的圆点或其他符号，以增加强调效果。段落加上项目符号后，该段自动设置成悬挂缩进方式。项目符号有不同的列表级别，第 1 级没有左缩进，每增加一级，左缩进增加相当于 2 个汉字的位置，不同级别的项目符号，采用不同的符号。

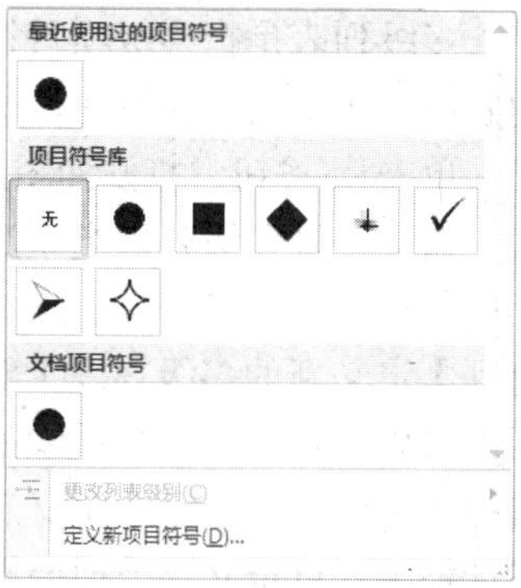

单击 ≔ 按钮，用最近使用过的项目符号和列表级别设置当前段或选定各段的项目符号。再次单击，则取消所加的项目符号。单击 ≔ 按钮右边的 ▾ 按钮，打开如图 3-21 所示的【项目符号】列表，选择一种项目符号后，给当前段或选定各段加上该项目符号，列表级别是最近使用过的列表级别。选择【定义新项目符号】命令，打开【定义新项目符号】对话框，从中可选择一个新的项目符号，或设置项目符号的字体和字号，还可选择一个图片作为项目符号。

图3-21 【项目符号】列表

设置了项目符号后，如果光标位于第一个项目符号的段落中，单击 或 按钮，将增加或减少该组所有项目符号的左缩进。如果光标位于其他项目符号的段落中，单击 或 按钮，将为项目符号增加或减少一级列表级别。

按 Tab 键或按 Shift+Tab 组合键也可以增加或减少一级列表级别（除第一个项目符号外，第一个项目符号改变缩进），只不过要求光标位于段落的开始处。

2. 设置编号

编号是放在段落前的序号，以增强顺序性。段落加上编号，该段自动设置成悬挂缩进方式。段落编号是自动维护的，添加和删除段落后，Word 2007 自动调整编号，以保持编号的连续性。编号也有列表级别，其定义与项目符号的列表级别类似，只不过不同的列表级别，用不同的编号式样。

单击 ≔ 按钮，用最近使用过的编号方式和列表级别设置当前段或选定各段的编号。再次单击，取消所加的编号。

单击 ≔ 按钮右边的 ▾ 按钮，打开如图 3-22 所示的【编号】列表，选择一种编号后，给当前段或选定各段加上这种编号，列表级别是最近使用过的列表级别。选择【定义新编号格式】命令，打开【定义新编号格式】对话框，在此对话框中可选择一个新的编号类型，还可设置编号的字体和字号。

设置段落编号时，如果该段落的前一段落或后一段落已经设置了编号，并且编号的类型和列表级别相同，系统会自动调整编号的序号使其连续。

设置了编号后，如果光标位于第一个编号的段落中，单击 或 按钮，将增加或减少该组所有编号的左缩进；如果光标位于其他编号的段落中，单击 或 按钮，将为编号增加或减少一级列表级别。

图3-22 【编号】列表

按 Tab 键或按 Shift+Tab 组合键也可以增加或减少一级列表级别（除第一个编号外），只不过要求光标位于段落的开始处。

3. 设置多级列表

多级列表是指多级项目符号或多级编号，以增强文档内容的层次结构。多级列表最多可以有 9 级。

单击 按钮，打开如图 3-23 所示的【多级列表】列表，选择一种多级列表类型后，给当前段或选定各段加上相应的项目符号或编号。选择【定义新的多级列表】命令，打开【定义新的多级列表】对话框，在此对话框中，可为某一级别指定项目符号或编号的类型。选择【定义新的列表样式】命令，打开【定义新的列表样式】对话框，在此对话框中，可定义一个列表样式。

设置了多级列表后，如果光标位于第一级的第一个列表的段落中，单击 或 按钮，将增加或减少该组所有多级列表的左缩进；如果光标位于其他多级列表的段落中，单击 或 按钮，将为多级列表增加或减少一级列表级别。

按 Tab 键或按 Shift+Tab 组合键也可以增加或减少一级列表级别（除第一级的第一个列表外），只不过要求光标位于段落的开始处。

图3-23 【多级列表】列表

3.3.4 使用样式和模板

样式是一系列排版格式的集合。每一种样式都包括字体、段落对齐方式、段落缩进、制表位、边框和底纹等。使用样式，可以快捷一致地编排具有统一格式的段落。Word 2007 预置了一系列标准样式，同时也允许用户自定义样式。

模板是一个特殊的文档文件，内部预先设置了一些样式以及特定格式的内容。利用模板创建文档，可省去一些内容的输入和设置，这样既节省了文档的排版时间，又能保持文档格式的一致性。Word 2007 预置了一系列标准模板，同时也允许用户自定义模板。

1. 使用样式

使用样式的常用操作包括：使用预置样式和自定义样式。

（1）使用预置样式：Word 2007 的预置样式被组织在【开始】选项卡的【样式】逻辑组中，常用的操作如下。

❖ 单击【样式】列表中的一种形状样式，当前段或选定的文本应用该样式。
❖ 单击【样式】列表中的 按钮，样式上翻一页。
❖ 单击【样式】列表中的 按钮，样式下翻一页。
❖ 单击【样式】列表中的 按钮，打开一个【样式】列表，可从中选择一种样式，使当前段或选定的文本应用该样式。

由于样式中既包含了字符格式也包含了段落格式，因此，如果一个段落应用某种样式，则将该段落及其文本设置成相应的字符格式和段落格式，如果选定的文本应用某种样式，仅把选定的文本设置成相应的字符格式，而不设置段落格式。

（2）自定义样式：在 Word 2007 中，自定义样式的操作步骤如下。

① 把一个段落设置成所要求的格式（包括字符格式和段落格式），并选定该段落。

② 在【开始】选项卡的【样式】逻辑组中，单击【形状样式】列表中的 ▾ 按钮，打开一个【样式】列表，然后选择【将所选内容保存为新快速样式】命令，弹出如图 3-24 所示的【根据格式设置创建新样式】对话框。

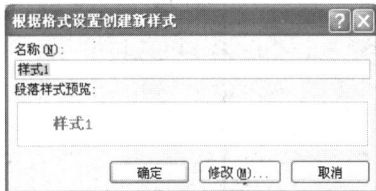

图3-24 【根据格式设置创建新样式】对话框

③ 在【根据格式设置创建新样式】对话框中的【名称】文本框中，输入或修改样式的名称。

④ 单击 确定 按钮。

自定义完一个样式后，该样式将出现在【样式】逻辑组的【样式】列表中，如图 3-25 所示（自定义样式名是"样式 1"），我们可以像使用预置样式一样使用它。

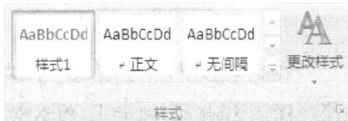

图3-25 自定义样式后的【样式】逻辑组

如果要删除自定义的样式，只要在【样式】列表中的某一样式上右击鼠标，在弹出的快捷菜单中选择【从快速样式库中删除】命令即可。

2. 使用模板

使用模板的常用操作包括：使用已有模板建立文档和建立自己的模板。

（1）使用已有模板建立文档：单击 按钮，在打开的菜单中选择【新建】命令，弹出如图 3-26 所示的【新建文档】对话框，可从中选择一个模板，建立基于该模板的文档。详细操作在"3.1.4 Word 2007 的文档操作"一节中已详细介绍，这里不再重复。

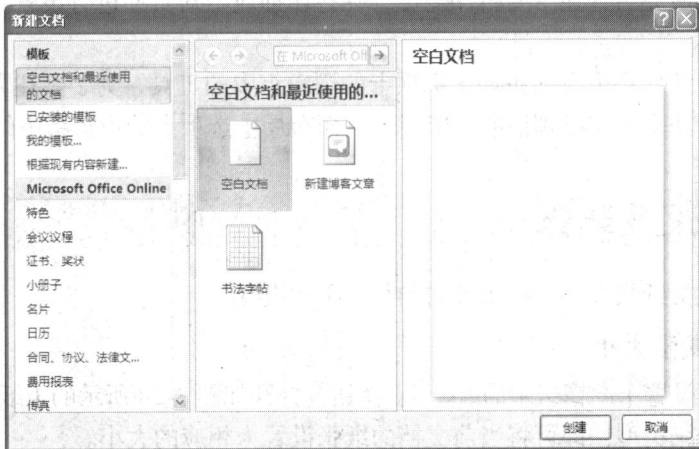

图3-26 【新建文档】对话框

（2）建立自己的模板：在 Word 2007 中，建立模板的步骤如下。

① 单击 按钮，在打开的菜单中选择【新建】命令，弹出如图 3-26 所示的【新建文档】对话框。

② 在【新建文档】对话框的【模板】组中，选择【我的模板】命令，弹出如图 3-27 所示的【新建】对话框。

③ 在【新建】对话框中，在模板列表中选择一个模板，选择【模板】单选钮，单击 确定 按钮。

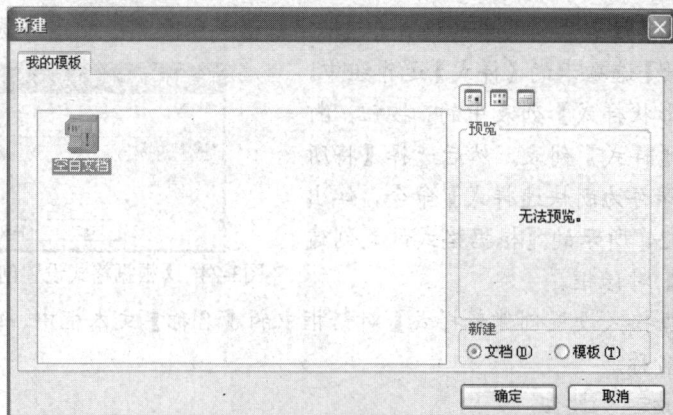

图3-27 【新建】对话框

④　在模板文档中进行文字编辑和格式设置的操作方法与文档的相应操作相同。

⑤　保存模板文档的操作方法与保存文档的操作相似，不同的是保存模板默认的
文件夹是 Word 2007 的模板文件夹，默认的文件扩展名是 ".dotx"。

自己的模板建立并保存后，再次新建文档时，当选择【新建文档】对话框中的【我的
模板】命令时，在弹出的【新建】对话框中会看到新建的模板，可以使用该模板建立文档。

3.4　Word 2007 的页面设置与打印

文档编辑排版完后，通常要打印输出，在打印前应当对页面进行设置，以使文档的版
面更具特色。

页面设置通常使用【页面布局】选项卡的逻辑组中的工具，为了叙述方便，在本节中
所涉及的工具，如果没有特别说明，皆指【页面布局】选项卡的逻辑组中的工具。

3.4.1　设置纸张

设置纸张包括纸张大小、纸张方向和页边距的设置。

1．设置纸张大小

单击【页面设置】逻辑组中的 纸张大小 按钮，打开如图 3-28 所示的【纸张大小】列表，
从中选择一种纸张类型，即可将当前文档的纸张设置为相应的大小。

2．设置纸张方向

单击【页面设置】逻辑组中的 纸张方向 按钮，打开如图 3-29 所示的【纸张方向】列表，
从中选择一种方向，即可将当前文档的纸张设置为相应的方向。

3．设置页边距

页边距是页面上打印区域之外的空白空间。单击【页面设置】逻辑组中的【页边距】
按钮，打开如图 3-30 所示的【页边距】列表，从中选择一种页边距类型，即可将当前文档
的纸张设置为相应的边距。

Letter
21.59 厘米 x 27.94 厘米

Legal
21.59 厘米 x 35.56 厘米

Executive
18.41 厘米 x 26.67 厘米

A4
21 厘米 x 29.7 厘米

A5
14.8 厘米 x 21 厘米

10 号信封
10.48 厘米 x 24.13 厘米

DL 信封
11 厘米 x 22 厘米

C5 信封
16.2 厘米 x 22.9 厘米

B5 信封
17.6 厘米 x 25 厘米

Monarch 信封
9.84 厘米 x 19.05 厘米

其他页面大小(A)...

纵向

横向

普通
上：　2.54 厘米　下：　2.54 厘米
左：　3.18 厘米　右：　3.18 厘米

窄
上：　1.27 厘米　下：　1.27 厘米
左：　1.27 厘米　右：　1.27 厘米

适中
上：　2.54 厘米　下：　2.54 厘米
左：　1.91 厘米　右：　1.91 厘米

宽
上：　2.54 厘米　下：　2.54 厘米
左：　5.08 厘米　右：　5.08 厘米

自定义边距(A)...

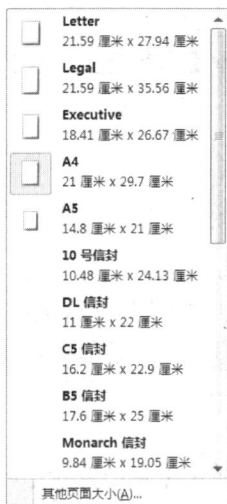

图3-28　【纸张大小】列表　　图3-29　【纸张方向】列表　　　图3-30　【页边距】列表

3.4.2 排版页面

在 Word 2007 中，用户不仅能对文档进行排版，还可以对页面进行排版，常见的排版操作包括设置页面背景、插入分隔符、设置分栏以及插入页眉、页脚和页码。

1. 设置页面背景

页面背景的设置包括页面颜色、页面边框和水印。

（1）设置页面颜色：单击【页面背景】逻辑组中的 页面颜色 按钮，打开如图 3-31 所示的【页面颜色】列表。从中选择一种颜色，页面的背景色设置为相应的颜色。选择【无颜色】命令，取消页面背景色的设置。选择【其他颜色】命令，弹出【颜色】对话框，可自定义一种颜色作为页面的背景色。选择【填充效果】命令，弹出【填充效果】对话框，可设置页面颜色的填充效果。

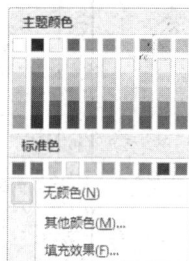

主题颜色

标准色

无颜色(N)

其他颜色(M)...

填充效果(F)...

图3-31　【页面颜色】列表

（2）设置页面边框：单击【页面背景】逻辑组中的 页面边框 按钮，弹出如图 3-32 所示的【边框和底纹】对话框。

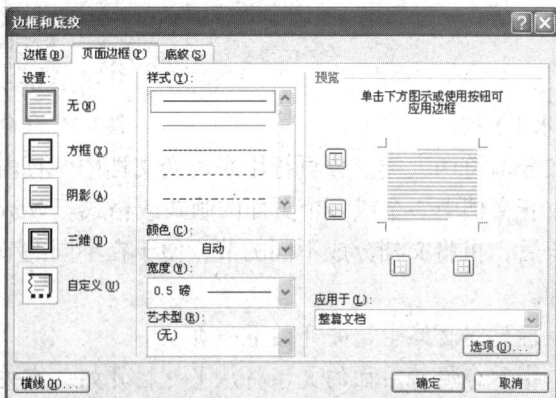

边框和底纹

边框(B)　页面边框(P)　底纹(S)

设置：
无(N)
方框(X)
阴影(A)
三维(D)
自定义(U)

样式(Y)：

颜色(C)：
自动

宽度(W)：
0.5 磅

艺术型(R)：
(无)

预览
单击下方图示或使用按钮可应用边框

应用于(L)：
整篇文档

横线(H)...　　确定　　取消

图3-32　【边框和底纹】对话框

在【边框和底纹】对话框中，可进行以下操作。

❖ 在【设置】组中选择一种类型的页面边框，如果选择【无】类型，设置页面没有边框。

❖ 在【样式】列表框中，选择页面边框线的样式。

❖ 在【颜色】下拉列表框中，选择页面边框的颜色。

❖ 在【宽度】下拉列表框中，选择页面边框线的宽度。

❖ 在【艺术型】下拉列表框中，选择一种艺术型的页面边框。

❖ 在【应用于】下拉列表框中，选择页面边框应用的范围，默认是整篇文档。

❖ 单击 选项(O)... 按钮，弹出【边框和底纹选项】对话框，在对话框中可设置边框在页面中的位置。

❖ 单击 确定 按钮，设置页面边框。

（3）设置水印：水印是出现在文档文本后面的文本或图片。单击【页面背景】逻辑组中的 水印 按钮，打开如图 3-33 所示的【水印】列表。从中选择一种水印类型，页面的背景设置为相应的水印效果。选择【自定义水印】命令，弹出【水印】对话框，在对话框中可设置水印的文本或图片。选择【删除水印】命令，取消页面背景的水印效果。

2. 插入分隔符

单击【页面设置】逻辑组中的 分隔符 按钮，打开如图 3-34 所示的【分隔符】列表，从中选择一种分隔符，即可在光标处插入该分隔符。

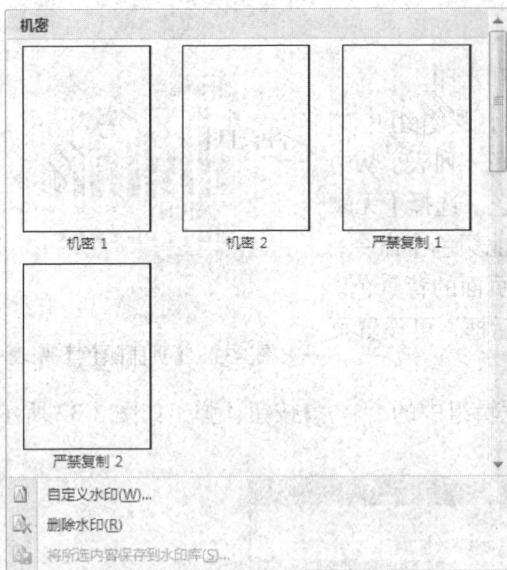

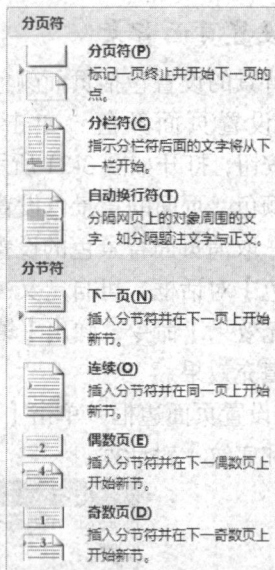

图3-33 【水印】列表　　图3-34 【分隔符】列表

分隔符有分页符和分节符两大类。分页符用来改变文档中一页内的分页、分栏和换行等格式。分节符用来改变文档中一个或多个页面的版式或格式。Word 2007 默认为整个文档是一节，插入分节符后，可将文档分成不同的节，便于在不同的节中设置不同的排版方式。分隔符有以下几种。

❖ 分页符：标记一页终止，并开始下一页。

❖ 分栏符：指示分栏符后面的文字将从下一栏开始。有关分栏的内容，请见后续内容。

❖　自动换行符：分隔网页上的对象周围的文字。

❖　下一页：插入分节符，并在下一页上开始新节。

❖　连续：插入分节符，并在同一页上开始新节。

❖　偶数页：插入分节符，并在下一偶数页上开始新节。

❖　奇数页：插入分节符，并在下一奇数页上开始新节。

默认情况下，分节符是不可见的，单击【开始】选项卡的【段落】逻辑组中的 按钮，可显示或隐藏分节符。在分节符可见的情况下，在文档中选定分节符后，按 Delete 键，即可将其删除。

3.　设置分栏

分栏就是将文档的内容分成多列显示，每一列称为一栏。单击【页面设置】逻辑组中的 分栏 按钮，打开如图 3-35 所示的【分栏】列表，从中选择一种分栏类型，选定的段落被设置成相应的分栏格式。如果没有选定段落，则当前节内的所有段落设置成相应的分栏格式。如果选择【一栏】类型，则取消分栏的设置。选择【更多分栏】命令，弹出【分栏】对话框，在该对话框中可自定义分栏的样式。

文档设置分栏后，最后一页常常会出现这种情况：最后一栏与前面栏的高度不同。这时只要在最后一栏的末尾插入一个【连续】分节符即可。

图 3-35　【分栏】列表

4.　插入页眉、页脚和页码

页眉和页脚是文档中每个页面的顶部、底部和两侧的页边距。可以在页眉和页脚中插入或更改文本或图形。

（1）插入页眉：在【插入】选项卡的【页眉和页脚】逻辑组中单击【页眉】按钮，打开如图 3-36 所示的【页眉】列表。从中选择一种页眉类型后，给文档加上该类型的页眉，这时光标出现在页眉中，进入页眉编辑状态，同时，功能区中增添了一个【设计】选项卡，其中包含有关页眉和页脚的逻辑组。从【页眉】列表中选择【编辑页眉】命令，可以进入页眉编辑状态。从【页眉】列表中选择【删除页眉】命令，可以删除页眉。

在页眉编辑状态中，可修改页眉中各域的内容，也可输入新的内容。在页眉编辑状态中，只能对页眉进行编辑操作，不能编辑文档。在文档中双击鼠标，或在【设计】选项卡的【关闭】逻辑组中选择【关闭页眉和页脚】命令，可退出页眉编辑状态，返回到文档编辑状态。

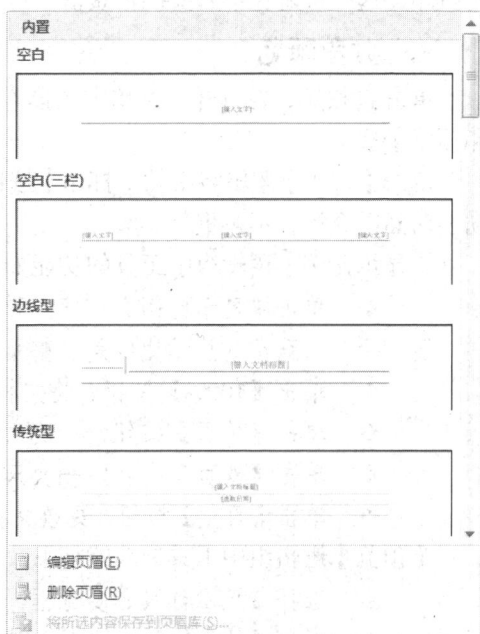

图 3-36　【页眉】列表

（2）插入页脚：插入页脚的操作与插入页眉的操作类似，这里不再重复。

（3）插入页码：在【插入】选项卡的【页眉和页脚】逻辑组中单击【页码】按钮，打开如图 3-37 所示的【页码】菜单。选择前 4 个命令（代表不同的页码位置）中的一个命令后，会打开相应的页码类型子菜单，选择一种页码类型后，在相应的位置插入相应类型的页码。选择【删除页码】命令，删除已插入的页码。选择【设置页码格式】命令，弹出如图 3-38 所示的【页码格式】对话框。在【页码格式】对话框中，可进行以下操作。

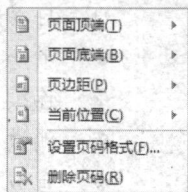

图3-37 【页码】菜单

❖ 在【编号格式】下拉列表框中选择一种页码的编号格式。

❖ 如果选择【包含章节号】复选框，页码中可包含章节号，并可继续进行相应设置。

❖ 如果选择【续前节】单选钮，页码接着前一节的编号，如果整个文档只有一节，页码从 1 开始编号。

❖ 如果选择【起始页码】单选钮，可在其右边的数值框中输入或调整起始的页码。

❖ 单击 确定 按钮，设置页码格式。

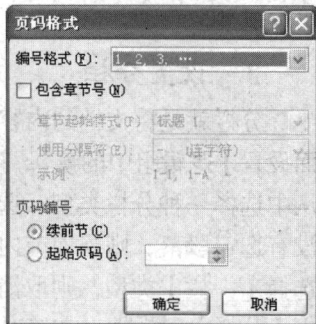

图3-38 【页码格式】对话框

3.4.3 打印预览与打印

虽然 Word 2007 是"所见即所得"的文字处理软件，但由于受屏幕大小的限制，往往不能看到一个文档的实际打印效果，这时可以用打印预览功能预览打印效果，一切满意后再打印，这样可避免不必要的浪费。

1. 打印预览

单击 按钮，在打开的菜单中选择【打印】/【打印预览】命令，这时功能区只有【打印预览】选项卡。

单击【打印】逻辑组中的【打印】按钮，开始打印文档。【页面设置】逻辑组中按钮的功能前面已介绍，不再重复。

【显示比例】逻辑组中工具的功能如下。

❖ 单击【显示比例】按钮，弹出【显示比例】对话框，可在对话框中设置显示比例，默认的显示比例是"整页"。

❖ 单击【100%】按钮，将文档缩放为正常大小的 100% 显示。

❖ 单击【单页】按钮，一次只能预览文档的一页。

❖ 单击【双页】按钮，一次只能预览文档的两页。

❖ 单击【页宽】按钮，更改文档的显示比例，使页面宽度与窗口宽度一致。

【预览】逻辑组中工具的功能如下。

❖ 选择【显示标尺】复选框，则打印预览时显示标尺。

❖ 选择【放大镜】复选框，则打印预览时鼠标指针变成 形状，在页面上单击鼠标，预览的页面放大到"100％"显示比例。放大页面后，鼠标指针变成 形状，单击鼠标又恢复到原来的显示比例。

❖　单击【减少一页】按钮，系统尝试通过略微缩小文本大小和间距，将文档缩成一页。

❖　单击【下一页】按钮，定位到文档的下一页。

❖　单击【上一页】按钮，定位到文档的上一页。

❖　单击【关闭打印预览】按钮，关闭打印预览窗口，返回到文档编辑状态。

2. 打印文档

在 Word 2007 中，打印文档有以下 3 种常用方法。

❖　按 Ctrl+P 组合键。

❖　单击 按钮，在打开的菜单中选择【打印】/【打印】命令。

❖　单击 按钮，在打开的菜单中选择【打印】/【快速打印】命令。

用最后一种方法将按默认方式打印全部文档一份，用前两种方法则弹出如图 3-39 所示的【打印】对话框。

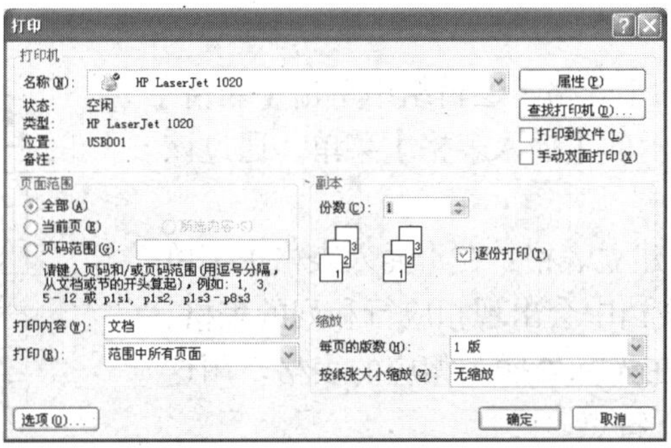

图3-39　【打印】对话框

在【打印】对话框中，可进行以下操作。

❖　在【名称】下拉列表框中，选择所用的打印机。

❖　单击　属性(P)　按钮，弹出一个【打印机属性】对话框，从中可以选择纸张大小、方向、纸张来源、打印质量、打印分辨率等。

❖　选择【打印到文件】复选框，则把文档打印到某个文件上。

❖　选择【手动双面打印】复选框，则在一张纸的正反面打印文档。

❖　选择【全部】单选钮，则打印整个文档。

❖　选择【当前页】单选钮，则只打印光标所在页。

❖　选择【页码范围】单选钮，可以在其右侧的文本框中输入打印的页码。

❖　如果事先已选定打印内容，则【选定的内容】单选钮被激活，否则未被激活（按钮呈灰色），不能使用。

❖　在【份数】数值框中，可输入或调整要打印的份数。

❖　选择【逐份打印】复选框，则打印完从起始页到结束页一份后，再打印其余各份，否则起始页打印够指定张数后，再打印下一页。

❖　在【每页的版数】下拉列表框中选择一页打印的版数。

❖　在【按纸张大小缩放】下拉列表框中选择一种纸张类型。

❖　单击 选项(O)... 按钮，弹出一个【打印】对话框，从中可以选择是否后台打印、纸张来源、双面打印顺序等。

❖　单击　确定　按钮，按所做设置进行打印。

3.5 Word 2007 的表格处理

文档中常用到表格，用表格显示数据既简明又直观。Word 2007 提供了强大的表格处理功能，包括建立表格、编辑表格、设置表格等。

3.5.1 建立表格

表格是行与列的集合，行和列交叉形成的单元叫做单元格。可以插入一个规则的表格，也可以绘制一个不规则的表格，还可以把文本数据转换为表格。表格建立后，可以在单元格中输入文字，也可以修改表格中的文字。

1. 建立表格

在【插入】选项卡的【表格】逻辑组中单击【表格】按钮，打开如图 3-40 所示的【插入表格】菜单，通过该菜单，可插入表格。

（1）用可视化方式建立表格：在【插入表格】菜单的表格区域拖动鼠标，文档中会出现相应行和列的表格，松开鼠标左键后，即可在光标处插入相应的表格。用这种方式插入的表格有以下特点。

❖ 表格的宽度与页面正文的宽度相同。

❖ 表格各列的宽度相同，表格的高度是最小高度。

❖ 单元格中的数据在水平方向上两端对齐，在垂直方向上顶端对齐。

图3-40 【插入表格】菜单

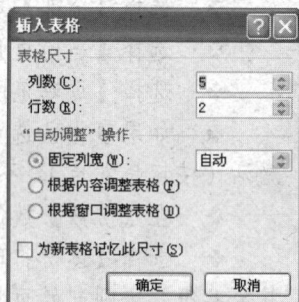

（2）用对话框建立表格：在【插入表格】菜单中选择【插入表格】命令，弹出如图 3-41 所示的【插入表格】对话框，可进行以下操作。

❖ 在【列数】和【行数】数值框中输入或调整列数和行数。

❖ 选择【固定列宽】单选钮，则表格宽度与正文宽度相同，表格各列宽相同。也可在右边的数值框中输入或调整列宽。

❖ 选择【根据内容调整表格】单选钮，表格将根据内容调整表格的大小。

❖ 选择【根据窗口调整表格】单选钮，插入的表格将根据窗口大小调整表格的大小。

图3-41 【插入表格】对话框

❖ 选择【为新表格记忆此尺寸】，则下一次打开【插入表格】对话框时，默认行数、列数以及列宽为以上设置的值。

❖ 单击 确定 按钮，按所做设置在光标处插入表格。

（3）绘制表格：在【插入表格】菜单中选择【绘制表格】命令，功能区出现新的【设计】选项卡，同时鼠标指针变为 ∅ 形状，在文档中拖动鼠标，可在文档中绘制表格线。单击【设计】选项卡中的【绘图边框】逻辑组中的【擦除】按钮，鼠标指针变成 ∅ 形状，在要擦除的表格线上拖动鼠标，就可擦除一条表格线。绘制完表格后，双击鼠标或者再次单击【绘图边框】逻辑组中的【绘制表格】按钮或【擦除】按钮，光标恢复正常形状，结束表格绘制。

（4）将文字转换成表格：已经按一定格式输入的文本，可以很方便地转换为表格。一个段落转换为表格的一行，各列间用分隔符分隔，分隔符号可以是制表符、英文逗号、空格、段落标记等字符。

将文字转换成表格前，先选定要转换的文本，然后在【插入表格】菜单中选择【文本转换成表格】命令，弹出如图 3-42 所示的【将文字转换成表格】对话框，可进行以下操作。

❖ 在【列数】数值框中，系统根据选定的文本自动产生一个列数，如果必要，可输入或调整这个数值。

❖ 在【"自动调整"操作】选项组中选择一种表格调整方式，其意义同图 3-41 的操作。

❖ 在【文字分隔位置】选项组中，根据需要选择一种分隔符，如果选择了【其他字符】单选钮，应在其右侧的文本框中输入所采用的分隔符。

❖ 单击 确定 按钮，选定的文本按所做设置转换成相应的表格。

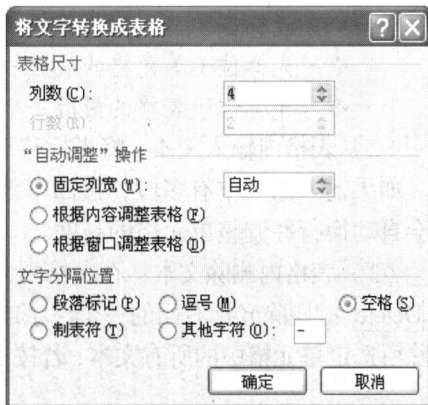

图3-42 【将文字转换成表格】对话框

（5）建立 Excel 电子表格：在【插入表格】菜单中选择【Excel 电子表格】命令，在光标处建立一个默认大小的 Excel 电子表格，可在电子表格中输入数据或公式，也可设置数据的格式。有关 Excel 电子表格的内容将在"第 4 章 电子表格软件 Excel 2007"中详细介绍。

（6）建立快速表格：在【插入表格】菜单中选择【快速表格】命令，打开【内置表格】列表，列表中包含了预先建立好的常用表格，表格中已填写了文字，并设置了相应的格式，从中选择一个表格后，在光标处插入该表格。

2. 编辑表格文本

表格建立后，光标自动移动到表格内，这时功能区增加了与表格相关的【设计】选项卡和【布局】选项卡。在文档中移动光标（参见"3.2.1 移动光标"），如果光标移动到表格内，功能区也会增加这两个选项卡。编辑表格文本常用的操作有：表格内移动光标、表格内输入文本和表格内删除文本。

（1）表格内移动光标：只有将光标移动到某一单元格，才可以在该单元格中输入、修改或删除文本。单击某单元格，光标会自动移动到该单元格中，也可通过快捷键在表格内移动光标，表 3-4 所示为表格中常用的移动光标快捷键。

表 3-4　　　　　　　　　　　　表格中常用的移动光标快捷键

按键	功能	按键	功能
↑	光标向上移动一个单元格	Alt+Home	光标移到当前行的第一个单元格
↓	光标向下移动一个单元格	Alt+End	光标移到当前行的最后一个单元格
←	光标向左移动一个字符	Alt+Page Up	光标移到当前列的第一个单元格
→	光标向右移动一个字符	Alt+Page Down	光标移到当前列的最后一个单元格
Tab	光标移到下一个单元格	Shift+Tab	光标移到上一个单元格

在表格中移动光标有以下特点。

❖　光标位于单元格的第 1 个字符时，按 ← 键光标向左移动一个单元格。

❖　光标位于单元格的最后一个字符时，按 → 键光标向右移动一个单元格。

❖　光标位于表格的最后一个单元格时，按 Tab 键会增加一个新行。

（2）表格内输入文本：将光标移动到指定单元格后，在这个单元格中可以直接输入文本。如果输入的文本有多段，按回车键另起一段。如果输入的文本超过单元格的宽度，系统会自动换行并调整单元格的高度。

（3）表格内删除文本：在表格内，按 Backspace 键删除光标左面的一个汉字或字符，按 Delete 键删除光标右面的一个汉字或字符。如果选定了单元格（见下一节），按 Delete 键删除所选定单元格中的所有文本，若按 Backspace 键，不仅删除文本，而且连单元格也删除。

3.5.2　编辑表格

建立表格以后，如果表格不满足要求，可以对表格进行编辑。常用的表格编辑操作有：选定表格、行、列和单元格，插入表格、行、列和单元格，删除表格、行、列和单元格，合并、拆分单元格，合并、拆分表格，绘制斜线表头。

1.　选定表格、行、列和单元格

（1）选定表格：

❖　把鼠标指针移动到表格中，表格的左上方会出现一个表格移动手柄⊞，单击该手柄即可选定表格。

❖　在【布局】选项卡的【表】逻辑组中，单击 选择 按钮，在打开的菜单中选择【选择表格】命令。

（2）选定表格行：

❖　将鼠标指针移动到表格左侧，鼠标指针变为 形状时单击鼠标，选定相应行。

❖　将鼠标指针移动到表格左侧，鼠标指针变为 形状时拖动鼠标，选定多行。

❖　在【布局】选项卡的【表】逻辑组中，单击 选择 按钮，在打开的菜单中选择【选择行】命令，选定光标所在行。

（3）选定表格列：

❖ 将鼠标指针移动到表格顶部，鼠标指针变为 ↓ 形状时单击鼠标，选定相应列。

❖ 将鼠标指针移动到表格顶部，鼠标指针变为 ↓ 形状时拖动鼠标，选定多列。

❖ 在【布局】选项卡的【表】逻辑组中，单击 选择 按钮，在打开的子菜单中选择【选择列】命令，选定光标所在列。

（4）选定单元格：

❖ 将鼠标指针移到单元格左侧，鼠标指针变为 ↗ 形状时单击鼠标，选定该单元格。

❖ 将鼠标指针移动到单元格左侧，鼠标指针变为 ↗ 形状时拖动鼠标，选定多个相邻单元格。

❖ 在【布局】选项卡的【表】逻辑组中，单击 选择 按钮，在打开的菜单中选择【选择单元格】命令，选定光标所在单元格。

2. 插入行和列

（1）插入表格行：

❖ 在【布局】选项卡的【行和列】逻辑组中，单击【在上方插入】按钮，在当前行上方插入一行。

❖ 在【布局】选项卡的【行和列】逻辑组中，单击【在下方插入】按钮，在当前行下方插入一行。

❖ 将光标移动到表格的最后一个单元格，按 Tab 键，在表格的末尾插入一行。

❖ 将光标移动到表格某行的段落分隔符上，按回车键，在该行下方插入一行。如果选定了若干行，则用前两种方法插入的行数与所选定的行数相同。

（2）插入表格列：

❖ 在【布局】选项卡的【行和列】逻辑组中，单击【在右侧插入】按钮，在当前列右侧插入一列。

❖ 在【布局】选项卡的【行和列】逻辑组中，单击【在左侧插入】按钮，在当前列左侧插入一列。

如果选定了若干列，则执行以上操作时，插入的列数与选所定的列数相同。

3. 删除表格、行、列和单元格

（1）删除表格：

❖ 在【布局】选项卡的【行和列】逻辑组中，单击【删除】按钮，在打开的菜单中选择【删除表格】命令，删除光标所在的表格。

❖ 选定表格后，按 Backspace 键。

❖ 选定表格后，把表格剪切到剪贴板。

（2）删除表格行：

❖ 在【布局】选项卡的【行和列】逻辑组中，单击【删除】按钮，在打开的菜单中选择【删除行】命令，删除光标所在的行或选定的行。

❖ 选定一行或多行后，按 Backspace 键，删除这些行。

❖ 选定一行或多行后，把选定的行剪切到剪贴板，删除这些行。

（3）删除表格列：

❖ 在【布局】选项卡的【行和列】逻辑组中，单击【删除】按钮，在打开的菜单中选择【删除列】命令，删除光标所在的行或选定的列。

❖ 选定一列或多列后，把选定的列剪切到剪贴板，删除这些列。

❖ 选定一列或多列后，按 Backspace 键，删除这些列。

（4）删除单元格：选定一个或多个单元格后，按 Backspace 键，或在【布局】选项卡的【行和列】逻辑组中，单击【删除】按钮，在打开的菜单中选择【删除单元格】命令，弹出如图 3-43 所示的【删除单元格】对话框，各选项的作用如下。

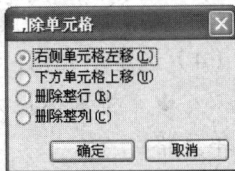

图3-43 【删除单元格】对话框

❖ 选择【右侧单元格左移】单选钮，则删除光标所在单元格或选定的单元格，其右侧的单元格左移。

❖ 选择【下方单元格上移】单选钮，则删除光标所在单元格或选定的单元格，下方单元格上移，表格底部自动补齐。

❖ 选择【整行删除】单选钮，则删除光标所在行或选定的行。

❖ 选择【整列删除】单选钮，则删除光标所在列或选定的列。

需要注意的是，如果选择【右侧单元格左移】单选钮或【下方单元格上移】单选钮，在删除单元格后，会使表格变得不规则，应尽量不使用这种方式。

4. 合并、拆分单元格

合并单元格就是把多个单元格合并成一个单元格。拆分单元格是将一个或多个单元格拆分成多个单元格。

（1）合并单元格：合并单元格前，应先选定要合并的单元格区域，然后在【布局】选项卡的【合并】逻辑组中，单击【合并单元格】按钮。

（2）拆分单元格：拆分单元格前，应先选定要拆分的单元格或单元格区域，然后在【布局】选项卡的【合并】逻辑组中，单击【拆分单元格】按钮，弹出如图 3-44 所示的【拆分单元格】对话框，可进行以下操作。

❖ 在【列数】数值框中，输入或调整拆分后的列数。

❖ 在【行数】数值框中，输入或调整拆分后行数。

❖ 单击【确定】按钮，按所做设置拆分单元格，拆分后的各单元格宽度相同。

以下是合并和拆分单元格的示例（左边是原表格，右边是经合并和拆分单元格后的表格）：

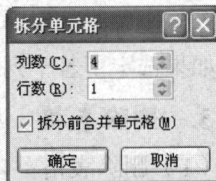

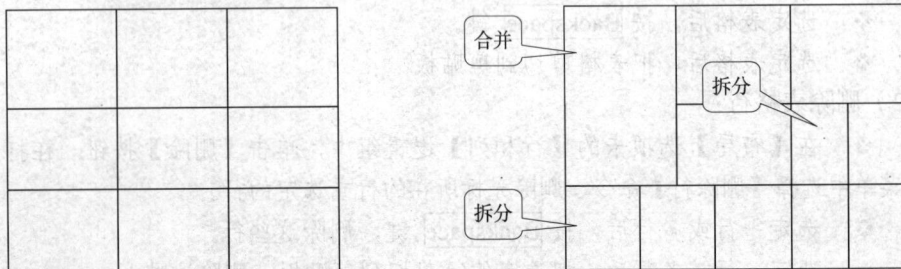

图3-44 【拆分单元格】对话框

5. 拆分、合并表格

拆分表格就是把一个表格分成两个或多个表格，合并表格就是把多个表格合并成一个表格。

（1）拆分表格：将光标移动到要拆分的行中，然后在【布局】选项卡的【合并】逻辑组中，单击 拆分表格 按钮，就可将表格拆分成两个独立的表格。

（2）合并表格：没有专门的工具用来将两个或多个表格合并成一个表格，只要将表格之间的空行（段落标识符）删除，它们就会自动合并。

6. 绘制斜线表头

许多表格有斜线表头，只有一条斜线的表头称为简单斜线表头，多于一条斜线的表头称为复杂斜线表头，以下是两个带斜线表头的表格。

绘制简单斜线表头有以下方法。

❖　绘制法。在【设计】选项卡的【绘图边框】逻辑组中，单击【绘制表格】按钮，鼠标指针变为 形状，在要加斜线处拖动鼠标，可绘出斜线表头。

❖　设置边框法。将光标移动到相应单元格后，在【设计】选项卡的【绘图边框】逻辑组中，单击 边框 按钮右边的 按钮，在打开的边框列表中选择 按钮，绘出斜线表头。

绘制复杂斜线表头有专门的命令，将光标移动到表格中，然后在【布局】选项卡中的【表】逻辑组中，单击【绘制斜线表头】按钮，弹出如图 3-45 所示的【插入斜线表头】对话框，可进行以下操作。

❖　在【表头样式】下拉列表框中，选择所需要样式，预览框中同时给出相应的效果图。

❖　在【字体大小】下拉列表框中，选择表头标题的字号。

❖　在【行标题一】、【行标题二】、【列标题】等文本框中，输入表头文本。

❖　单击 确定 按钮，按所做设置为表格建立斜线表头。

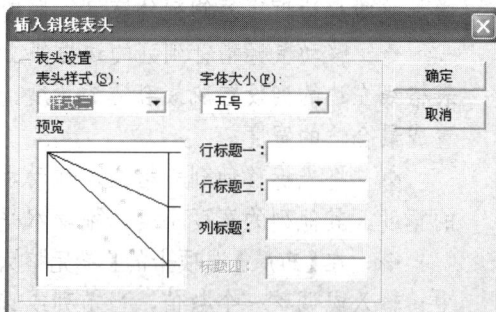

图3-45　【插入斜线表头】对话框

3.5.3 设置表格

建立和编辑好表格以后，可对表格进行各种格式设置，使其更加美观。常用的格式化操作有设置数据对齐，设置行高、列宽，设置位置、大小，设置对齐、环绕，设置边框、底纹，还可以自动套用预设的格式。

1. 设置数据对齐

表格中数据格式的设置与"3.3.1 设置字符格式"和"3.3.2 设置段落格式"大致相同，这里不再重复。

与段落格式设置不同的是，单元格内的数据不仅有水平对齐，而且有垂直对齐。在【布局】选项卡的【对齐方式】逻辑组中有一个对齐工具，可同时设置相应的水平对齐方式和垂直对齐方式。以下是这些对齐方式的示例：

靠上两端对齐	靠上居中	靠上右对齐
中部两端对齐	中部居中	中部右对齐
靠下两端对齐	靠下居中	靠下右对齐

2. 设置行高、列宽

（1）设置行高有以下方法：

❖ 移动鼠标指针到一行的底边框线上，这时鼠标指针变为 ⬍ 形状，拖动鼠标即可调整该行的高度。

❖ 将光标移动到表格内，拖动垂直标尺上的行标志，也可调整行高。

❖ 在【布局】选项卡的【单元格大小】逻辑组中的【行高】数值框 ⬆ 0.56 厘米 ⬍ 中，输入或调整一个数值，当前行或选定行的高度为该值。

❖ 选定表格若干行，在【布局】选项卡的【单元格大小】逻辑组中，单击 ⬛分布行 按钮，选定的行设置成相同的高度，它们的总高度不变。

（2）设置列宽有以下方法：

❖ 移动鼠标指针到列的边框线上，这时鼠标指针变为 ⬌ 形状，拖动鼠标可增加或减少边框线左侧列的宽度，同时边框线右侧列减少或增加相同的宽度。

❖ 移动鼠标指针到列的边框线上，这时鼠标指针变为 ⬌ 形状，双击鼠标，表格线左边的列设置成最合适的宽度。双击表格最左边的表格线，所有列均被设置成最合适的宽度。

❖ 将光标移动到表格内，拖动水平标尺上的列标志，可调整列标志左边列的宽度，其他列的宽度不变，拖动水平标尺最左列的标志，可移动表格的位置。

❖ 在【布局】选项卡的【单元格大小】逻辑组中的【列宽】数值框 ⬛ 0.89 厘米 ⬍ 中，输入或调整一个数值，当前列或选定列的宽度为该值。

❖ 选定表格若干列，在【布局】选项卡的【单元格大小】逻辑组中，单击 ⬛分布列 按钮，将选定的列设置成相同的宽度，它们的总宽度不变。

3. 设置位置、大小

（1）设置表格位置：将光标移动到表格内，表格的左上方会出现表格移动手柄 田，拖动它可移动表格到不同的位置。

（2）设置表格大小：将光标移动到表格内，表格的右下方会出现表格缩放手柄 □，拖动 □ 可改变整个表格的大小，同时保持行和高的比例不变。

4. 设置对齐、环绕

表格文字环绕是指表格被嵌在文字段中文字环绕表格的方式，默认情况下表格无文字环绕。若表格无文字环绕，表格的对齐相对于页面。若表格有文字环绕，表格的对齐相对于环绕的文字。

将光标移至表格内，在【布局】选项卡的【表】逻辑组中，单击 属性 按钮，弹出如图 3-46 所示的【表格属性】对话框。在【表格属性】对话框的【表格】选项卡中，可进行以下的对齐、环绕设置。

❖ 单击【左对齐】框，表格左对齐。

❖ 单击【居中】框，表格居中对齐。

❖ 单击【右对齐】框，表格右对齐。

❖ 在【左缩进】数值框中，输入或调整表格左缩进的大小。

❖ 单击【无】框，表格无文字环绕。

❖ 单击【环绕】框，表格有文字环绕。

❖ 单击 确定 按钮，按所做设置对齐和环绕。

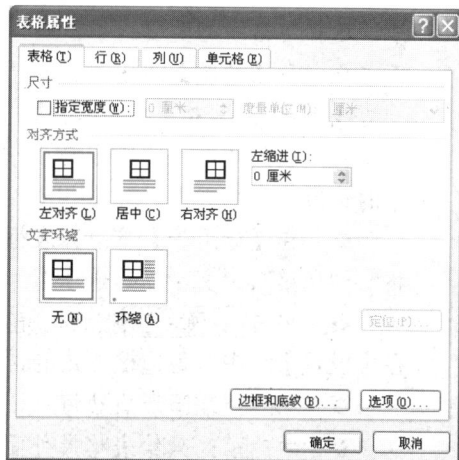

图3-46 【表格属性】对话框

表格的对齐也可通过【格式】工具栏来完成。选定表格后，在【开始】选项卡的【段落】逻辑组中，单击 、 、 按钮，也可以实现表格的左对齐、居中和右对齐。以下是表格对齐和环绕的示例。

计算机实用操作训练班将于 5 月 18 日开课，时间是每星期四下午 2:00~4:00，由经验丰富的专家讲授，采取边学习边实践的教学方法，请准时上课。	环绕左对齐
计算机实用操作 18 日开课，时间是 2:00~4:00，由经验 培训班将于 5 月 每星期四下午 丰富的专家讲授，采取边学习边实践的教学方法，请准时上课。	环绕居中
计算机实用操作训练班将于 5 月 18 日开课，时间是每星期四下午 2:00~4:00，由经验丰富的专家讲授，采取边学习边实践的教学方法，请准时上课。	无环绕居中

5. 设置边框、底纹

新建一个表格后，默认的情况下，表格边框类型是网格型（所有表格线都有），表格线为粗 1/2 磅的黑色实线，无表格底纹。根据需要可设置表格边框和底纹。

（1）设置边框：选定表格或单元格，在【设计】选项卡的【表格样式】逻辑组中，单击 █边框 按钮右边的▾按钮，在打开的边框线列表中选择一种边框线，设置表格或单元格相应的边框线有或无。单击 █边框 按钮，弹出如图 3-47 所示的【边框和底纹】对话框，当前选项卡是【边框】选项卡，可进行以下操作。

❖ 在【设置】组中，选择一种边框类型。

❖ 在【线型】列表框中，选择边框的线型。

❖ 在【颜色】下拉列表框中，选择边框的颜色。

❖ 在【宽度】下拉列表框中，选择边框线的宽度。

❖ 在【预览】组中单击某一边线按钮，若表格中无该边线，则设置相应的边线，否则取消相应的边线。

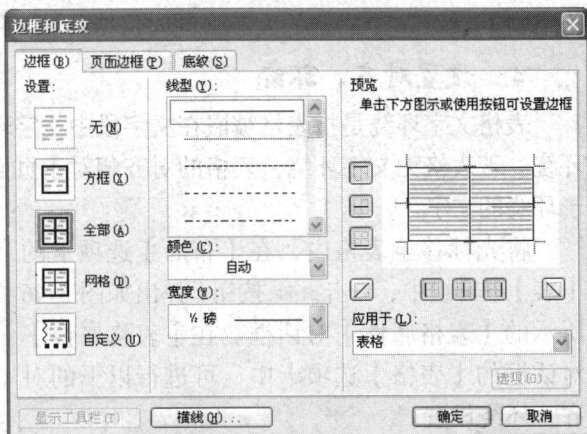

图3-47 【边框】选项卡

❖ 在【应用于】下拉列表框中，选择边框应用的范围（有"表格"、"单元格"、"段落"、"文字"等选项）。

❖ 单击 确定 按钮，完成边框设置。

在【设置】组中，各边框方式的含义如下。

❖ "无"：取消所有边框。

❖ "方框"：只给表格最外面加边框，并取消内部单元格的边框。

❖ "全部"：表格内部和外部都加相同的边框。

❖ "网格"：只给表格外部的边框设置线型，表格内部的边框不改变样式。

❖ "自定义"：在【预览】组内选择不同的框线进行自定义。

（2）设置底纹：选定表格或单元格，在【设计】选项卡的【表格样式】逻辑组中，单击 █底纹 按钮，打开如图 3-48 所示的【颜色】列表，可进行以下操作。

❖ 从【颜色】列表中选择一种颜色，表格的底纹设置为相应的颜色。

❖ 选择【无颜色】命令，取消表格底纹的设置。

❖ 选择【其他颜色】命令，弹出【颜色】对话框，可自定义一种颜色作为表格的底纹。

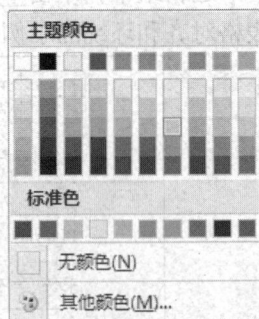

图3-48 【颜色】列表

6. 套用表格样式

Word 2007 预设了许多常用表格样式，可以对表格自动套用某一种样式，以简化表格的设置。

在【设计】选项卡的【样式】逻辑组的【表格样式】列表中，包含了近 100 种表格样式。单击其中一种表格样式，当前表格的格式自动套用该样式。单击【表格样式】列表中的▴按钮，表格样式上翻一页，单击▾按钮，表格样式下翻一页，单击 按钮，打开如图 3-49 所示的【表格样式】列表，可进行以下操作。

❖　单击一种表格样式，当前表格的格式自动套用该样式。

❖　选择【修改表格样式】命令，弹出一个【修改样式】对话框，可在对话框中修改当前所使用的样式。

❖　选择【清除】命令，清除表格所套用的样式，还原到默认的表格样式。

❖　选择【新建表格样式】命令，弹出【根据格式设置新样式】对话框，可建立一种新的表格样式，以便以后使用。

以下是套用一种样式后的表格示例。

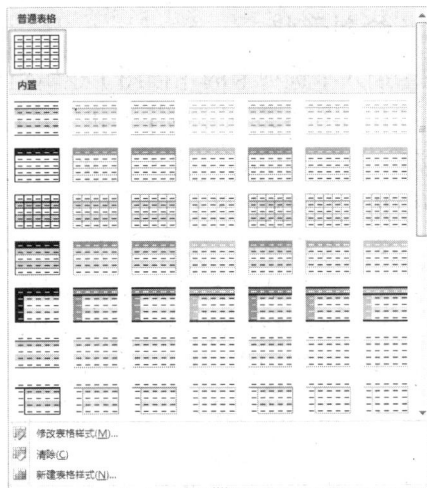

图3-49　【表格样式】列表

学号	语文	数学	英语	物理	化学	生物	历史	地理	体育
990001	90	85.5	99.3	67	100	85.5	100	90	89
990002	100	90	89	90	85.5	99.3	88	70	79.5
990003	67	100	85.5	100	90	89	67	100	85.5
990004	100	100	89	89	70	85.5	83	72	77.5
990005	97	86	79	67	100	85.5	100	90	89
990006	56	67	68	69	70	71	72	73	74

7. 自动重复标题行

如果一个表格夸两页或多页，默认情况下，下一页的表格没有标题行。将光标移动到表格中，然后在【布局】选项卡的【数据】逻辑组中，单击 重复标题行 按钮，可以使表格自动重复标题行，标题行为表格的第 1 行。如果选定表格开始的若干行，再单击 重复标题行 按钮，可以使表格自动重复标题行，标题行为选定的行。

设置了自动重复标题行后，把光标移动到表格的非标题行上，再单击 重复标题行 按钮即可取消自动重复标题行的设置。

3.6　Word 2007 的插图处理

Word 2007 不仅提供了文字处理功能，还提供了强大的图形对象处理功能，包括形状、剪贴画、图片等。

3.6.1　处理形状

Word 2007 中形状操作包括：绘制形状、编辑形状和设置形状。

1. 绘制形状

在【插入】选项卡的【插图】逻辑组中，单击【形状】按钮，打开如图 3-50 所示的【形状】列表。在【形状】列表中，单击一个形状图标，鼠标指针变成＋形状，拖动鼠标绘制相应的形状。拖动鼠标又有以下 4 种方式。

❖ 直接拖动，按默认的步长移动鼠标。

❖ 按住 Alt 键拖动鼠标，以小步长移动鼠标。

❖ 按住 Ctrl 键拖动鼠标，以起始点为中心绘制形状。

❖ 按住 Shift 键拖动鼠标，如果绘制矩形类或椭圆类形状，绘制结果是正方形类或圆类形状。

绘制的形状，默认的环绕方式是"浮于文字上方"，有关环绕方式参见本节的后续内容。绘制后的形状立即被选定，功能区中自动增加一个【格式】选项卡，形状周围出现浅蓝色的小圆圈和小方块各 4 个，称为尺寸控点，顶部出现一个绿色小圆圈，称为旋转控点，有些形状，在其内部还会出现一个黄色的菱形框，称为形态控点，如图 3-51 所示。这些控点有其特殊的功能，将在后续内容中逐步提及。

图3-50 【形状】列表

2. 编辑形状

绘制完形状后，可对形状进行编辑，常用的编辑操作包括：选定形状、移动形状、复制形状和删除形状。

（1）选定形状：形状选定后才能进行其他操作，选定形状有以下方法。

❖ 移动鼠标指针到某个形状上，单击鼠标即可选定该形状。

❖ 在【开始】选项卡的【编辑】逻辑组中，单击 选择 按钮，在打开的菜单中选择【选择对象】命令，再在文档中拖动鼠标，屏幕上会出现一个虚线矩形框，框内的所有形状被选定。

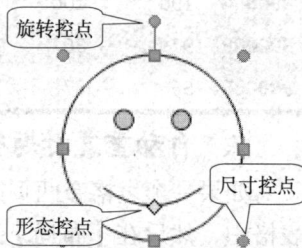

图3-51 选定的形状

❖ 按住 Shift 键逐个单击形状，所单击的形状被选定，已选定形状的取消选定。在形状以外单击鼠标，可取消形状的选定。

（2）移动形状：移动形状有以下方法。

❖ 选定形状后，按↑、↓、←、→ 键可上、下、左、右移动形状。

❖ 移动鼠标指针到某个形状上，鼠标指针变成 形状，拖动鼠标可以移动该形状。

在后一种方法中，拖动鼠标又有以下方式。

❖ 直接拖动，按默认的步长移动形状。

❖ 按住 Alt 键拖动鼠标，以小步长移动形状。

❖ 按住 Shift 键拖动鼠标，只在水平或垂直方向上移动形状。

（3）复制形状：复制形状有以下常用方法。

❖　移动鼠标指针到某个形状或选定形状的某一个上，按住 $\boxed{\text{Ctrl}}$ 键拖动鼠标，这时鼠标指针变成 形状，到达目标位置后，松开鼠标左键和 $\boxed{\text{Ctrl}}$ 键。

❖　先把选定的形状复制到剪贴板，再将剪贴板上的形状粘贴到文档中，如果复制的位置不是目标位置，可以再把它们移动到目标位置。

（4）删除形状：选定一个或多个形状后，可用以下方法删除。

❖　按 $\boxed{\text{Delete}}$ 键或按 $\boxed{\text{Backspace}}$ 键。

❖　把选定的形状剪切到剪贴板。

3. 设置形状

形状的设置包括设置样式、设置阴影效果、设置三维效果、设置排列、设置大小和设置形态。形状的设置通常使用【格式】选项卡的逻辑组中的工具，为了叙述方便，在本小节中所涉及的工具，如果没有特别说明，皆指【格式】选项卡的逻辑组中的工具。

（1）设置样式：Word 2007 预设了许多常用形状样式，我们可以对形状自动套用某一种样式，以简化形状的设置。【形状样式】逻辑组的【形状样式】列表中，包含了 70 种形状样式，这些样式统一设置了形状的轮廓颜色以及填充色。另外，还可以单独设置形状轮廓颜色以及填充色。选定形状后，可用以下方法设置样式。

❖　单击【形状样式】逻辑组的【形状样式】列表中的一种形状样式，所选定形状的格式自动套用该样式。单击【形状样式】列表中的 按钮，形状样式上翻一页。单击【形状样式】列表中的 按钮，形状样式下翻一页。单击【形状样式】列表中的 按钮，打开一个【形状样式】列表，可从中选择一个形状样式。

❖　单击【形状样式】逻辑组中的 按钮，形状轮廓颜色设置为最近使用过的颜色，单击 按钮右边的 按钮，打开一个颜色列表，单击其中的一种颜色，形状轮廓颜色设置为该颜色。

❖　单击【形状样式】逻辑组中的 按钮，形状的填充色设置为最近使用过的颜色，单击 按钮右边的 按钮，打开一个颜色列表，单击其中一种颜色，形状的填充色设置为该颜色。

（2）设置阴影效果：选定形状后，可用以下方法设置阴影效果。

❖　单击【阴影效果】逻辑组中的【阴影效果】按钮，打开一个【阴影效果】列表，单击其中的一种阴影效果类型，形状的阴影效果设置为该类型。

❖　设置阴影效果后，单击【阴影效果】逻辑组中的 按钮，上移阴影。

❖　设置阴影效果后，单击【阴影效果】逻辑组中的 按钮，下移阴影。

❖　设置阴影效果后，单击【阴影效果】逻辑组中的 按钮，左移阴影。

❖　设置阴影效果后，单击【阴影效果】逻辑组中的 按钮，右移阴影。

❖　设置阴影效果后，单击【阴影效果】逻辑组中的 按钮，取消阴影。

（3）设置三维效果：选定形状后，可用以下方法设置三维效果。

❖　单击【三维效果】逻辑组中的【三维效果】按钮，打开一个【三维效果】列表，单击其中的一种三维效果类型，形状的三维效果设置为该类型。

❖　设置三维效果后，单击【三维效果】逻辑组中的 按钮，向上倾斜形状。

❖　设置三维效果后，单击【三维效果】逻辑组中的 按钮，向下倾斜形状。

❖　设置三维效果后，单击【三维效果】逻辑组中的 按钮，向左倾斜形状。

❖　设置三维效果后，单击【三维效果】逻辑组中的 按钮，向右倾斜形状。

❖ 设置三维效果后，单击【三维效果】逻辑组中的 按钮，取消三维效果。

（4）设置排列：选定形状后，可用以下方法设置排列。

❖ 单击【排列】逻辑组中的【位置】按钮，在打开的菜单中选择一种位置，选定的形状被设置到相应的位置上，同时也设置了相应的文字环绕方式。

❖ 单击【排列】逻辑组中 置于顶层 按钮右边的 按钮，在打开的菜单中选择一种叠放次序命令，或者单击【排列】逻辑组中 置于底层 按钮右边的 按钮，在打开的菜单中选择一种叠放次序命令，选定的形状被设置成相应的叠放次序。以下是不同叠放次序的示例（操作形状是菱形）。

原始形状	置于顶层	置于底层	上移一层	下移一层

❖ 单击【排列】逻辑组中的 按钮，在打开的菜单中选择一种对齐或分布命令后，所选定形状的边缘按相应方式对齐，或选定形状按相应方式均匀分布。

❖ 选定多个形状后，单击【排列】逻辑组中的 按钮，在打开的菜单中选择【组合】命令，这些形状就被组合成一个形状。那些可改变形态的单个形状组合后，不能再改变形态。选定组合后的形状，单击【排列】逻辑组中的 按钮，在打开的菜单中选择【取消组合】命令，被组合在一起的形状就分离成单个形状。

❖ 单击【排列】逻辑组中的 文字环绕 按钮，在打开的菜单中选择一种文字环绕命令后，所选定的形状按相应方式文字环绕。以下是文字环绕的示例。

嵌入型环绕	四周型环绕	上下型环绕	浮于文字上方
高兴，非常高兴，相当高兴。高兴，非常高兴，相当高兴。	高兴，非常高兴，相当高兴。高兴，非常高兴，相当高兴。高兴，非常高兴，相当高兴。	高兴，非常高兴，相当高兴。高兴，非常高兴，相当高兴。	高兴，非常高兴，相当高兴。高兴，非常高兴，相当高兴。高兴，非常高兴，相当高兴。

嵌入型环绕	紧密型环绕	穿越型环绕	衬于文字下方
高兴，非常高兴，相当高兴。高兴，非常高兴，相当高兴。	高兴，非常高兴，相当高兴。高兴，非常高兴，相当高兴。	高兴，非常高兴，相当高兴。高兴，非常高兴，相当高兴。	高兴，非常高兴，相当高兴。高兴，非常高兴，相当高兴。高兴，非常高兴，相当高兴。

❖ 单击【排列】逻辑组中的 按钮，在打开的菜单中选择一种旋转（向左旋转指逆时针旋转）或翻转命令后，所选定的形状按相应方式旋转或翻转。选定形状后，单击形状的旋转控点，鼠标指针变成 形状，在不松开鼠标左键的情况下移动鼠标，形状随之旋转，松开鼠标左键后，完成自由旋转。以下是形状旋转或翻转的示例。

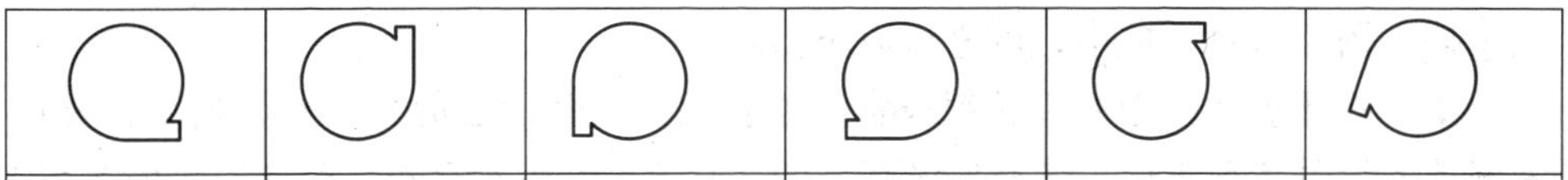

原形状	向左旋转 90°	向右旋转 90°	水平翻转	垂直翻转	自由旋转

（5）设置大小：选定形状后，可用以下方法设置大小。

❖ 在【大小】逻辑组的【高度】数值框 1.7 厘米 中，输入或调整一个高度值，选定的形状设置为该高度。

❖ 在【大小】逻辑组的【宽度】数值框 2.91 厘米 中，输入或调整一个宽度值，选定的形状设置为该宽度。

另外，通过尺寸控点也可设置形状的大小，把鼠标指针移动到形状的尺寸控点上，鼠标指针变为 ↔、↕、↗、↖ 形状，拖动鼠标可改变形状的大小。拖动鼠标有以下方式。

❖ 直接拖动鼠标，以默认步长按相应方向缩放形状。

❖ 按住 Alt 键拖动鼠标，以小步长按相应方向缩放形状。

❖ 按住 Shift 键拖动鼠标，在水平和垂直方向按相同比例缩放形状。

❖ 按住 Ctrl 键拖动鼠标，以形状中心点为中心，在 4 个方向上按相同比例缩放形状。

（6）设置形态：选定可改变形态的形状后，形状中会出现形态控点，把鼠标指针移动到形状的形态控点上，鼠标指针变为 ▷ 形状，拖动鼠标，可改变自选形状的形态。图 3-52 所示为一个形状改变形态前后的示例。

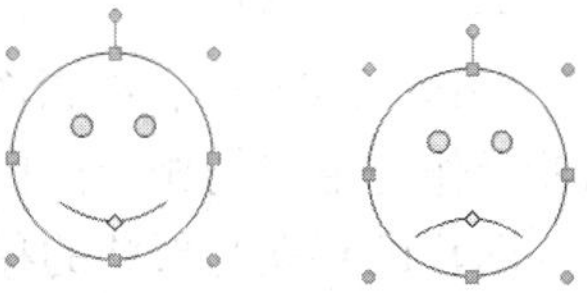

图3-52　自选形状改变形态

3.6.2　处理图片

在 Word 2007 中，可以将各种图片插入到文档中。Word 2007 提供的图片操作有：插入图片、编辑图片和设置图片。

1. 插入图片

在【插入】选项卡的【插图】逻辑组中，单击【图片】按钮，打开如图 3-53 所示的【插入图片】对话框。

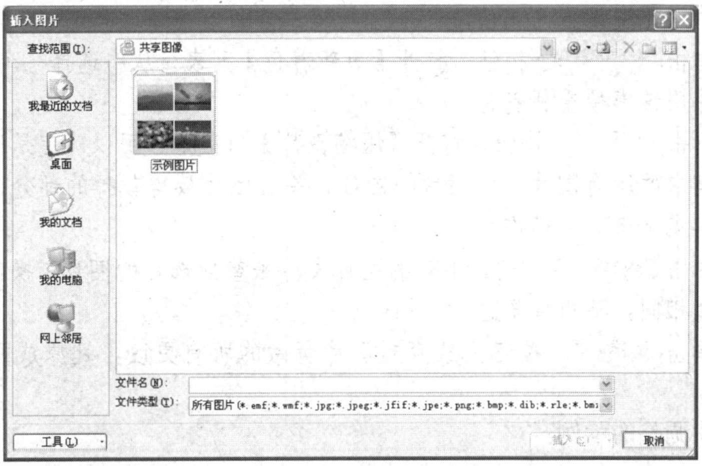

图3-53　【插入图片】对话框

117

在【插入图片】对话框中，可进行以下操作。

❖ 在【查找范围】下拉列表框中选择图片文件所在的文件夹，也可在窗口左侧的预设位置列表中，选择要保存到的文件夹。文件列表框（窗口右边的区域）中列出该文件夹中图片和子文件夹的图标。

❖ 在文件列表框中，双击一个文件夹图标，打开该文件夹。

❖ 在文件列表框中，单击一个图片文件图标，选择该图片。

❖ 在文件列表框中，双击一个图片文件图标，插入该图片。

❖ 单击 插入(S) 按钮，插入所选择的图片。

插入一个图片后，图片被插入到光标处，图片默认的环绕方式是"嵌入型"。

图片插入后立即被选定，功能区中自动增加一个【格式】选项卡，图片周围出现浅蓝色的小圆圈和小方块各 4 个，称为尺寸控点，顶部出现一个绿色小圆圈，称为旋转控点，如图 3-54 所示。

图3-54 图片的尺寸控点和旋转控点

2. 编辑图片

Word 2007 中，编辑图片常用的操作有选定图片、复制图片、移动图片和删除图片，这些操作与形状的相应操作大致相同。

图片的移动与形状的移动略有不同，由于图片默认的环绕方式是"嵌入型"，因此，选定图片后，图片可作为一个字符来移动，具体方法参见"3.2.4 复制与移动"一节。

3. 设置图片

图片的设置包括调整图片、设置图片样式、设置排列和设置大小。图片的设置通常使用【格式】选项卡的逻辑组中的工具，为了叙述方便，在本小节中所涉及的工具，如果没有特别说明，皆指【格式】选项卡的逻辑组中的工具。

（1）调整图片：选定图片后，可用以下方法调整图片。

❖ 单击 亮度 按钮，打开【亮度】列表，从中选择一个亮度值，所选定图片的亮度设置为该值。

❖ 单击 对比度 按钮，打开【对比度】列表，从中选择一个对比度值，所选定图片的对比度设置为该值。

❖ 单击 重新着色 按钮，打开【重新着色】列表，从中选择一个着色类型，选定的图片用该类型重新着色。

❖ 单击 压缩图片 按钮，打开【压缩图片】对话框，用以确定是压缩当前图片还是文档中的所有图片。压缩后的图片，除去图片被剪裁掉的部分。有关图片的剪裁，参见本节的后续内容。

❖ 单击 更改图片 按钮，用新的图片文件来替换选定的图片，操作方法与插入图片大致相同，不再重复。

❖ 单击 重设图片 按钮，放弃对图片所做的所有更改，还原成刚插入时的图片。

以下是图片调整的示例。

原图片	黑白图片	增加对比度	增加亮度
灰度图片	冲蚀图片	降低对比度	降低亮度

（2）设置图片样式：Word 2007 预设了许多常用的图片样式，我们可以对图片自动套用某一种样式，以简化图片的设置。【图片样式】逻辑组的【图片样式】列表中，包含近30 种图片样式，这些样式统一设置了图片的形状、边框和效果。另外，还可以单独设置图片的形状、边框和效果。选定图片后，可用以下方法设置样式。

❖ 单击【图片样式】逻辑组的【图片样式】列表中的一种图片样式，所选定图片的格式自动套用该样式。

❖ 单击【图片样式】逻辑组中的 图片形状 按钮，打开【图片形状】列表，选择其中的一种形状，图片由原来的矩形改变为所选择的形状。

❖ 单击【图片样式】逻辑组中的 图片边框 按钮，打开【图片边框】列表，从中可选择边框颜色、边框线粗细、边框线型，为图片加上相应的边框。

❖ 单击【图片样式】逻辑组中的 图片效果 按钮，打开【图片效果】列表，选择其中的一种效果，图片设置成相应的效果。

以下是将图 3-54 所示图片设置样式后的效果。

图片效果 1	图片效果 2

（3）设置排列：图片的排列设置操作与形状的排列设置操作类似，不再重复。需要注意的是，图片的默认文字环绕方式是"嵌入型"，这时不能设置图片的叠放次序，也不能组合图片，不能对多个图片矩形对齐和分布设置。如果图片非文字环绕方式设置为非"嵌入型"，都可以进行以上设置。

（4）设置大小：图片的大小设置操作与形状的大小设置操作类似，不再重复。需要注意的是，图片还有剪裁操作。单击【大小】逻辑组中的【剪裁】按钮，鼠标指针变成形状，把鼠标指针移动到图片的一个尺寸控点上拖动鼠标，虚框内的图片是剪裁后的图片，对一幅图片可多次剪裁。

3.6.3 处理剪贴画

Word 2007 提供了一个剪辑库，其中包含数百个各种各样的剪贴画，内容包括建筑、卡通、通信、地图、音乐、人物等。我们可以使用剪辑库提供的查找工具进行浏览，找到合适的图形后，可将其插入到文档中。

在【插入】选项卡的【插图】逻辑组中，单击【剪贴画】按钮，打开如图 3-55 所示的【剪贴画】任务窗格，可进行以下操作。

❖ 在【搜索文字】文本框内输入所需要剪贴画的名称或类别。

❖ 在【搜索范围】下拉列表框中，选择所要搜索的文件夹。

❖ 在【结果类型】下拉列表框中，选择所要搜索剪贴画的类型。

❖ 单击 搜索 按钮，在任务窗格中列出所搜索到的剪贴画的图标，单击某一图标，该剪贴画插入到文档中。

图3-55 【剪贴画】任务窗格

如同图片一样，剪贴画也被插入到光标处，默认的文字环绕方式是"嵌入型"。剪贴画的编辑和剪贴画的设置与图片完全相同，这里不再重复。

3.7 Word 2007 的其他功能

Word 2007 除了提供文字处理、表格处理和插图处理功能外，还有其他功能，包括文本框操作、艺术字操作、公式操作和邮件合并等。

3.7.1 文本框操作

文本框是文档中用来标记一块文档的方框。插入文本框的目的是为了在文档中形成一块独立的文本区域。在【插入】选项卡的【文字】逻辑组中，单击【文本框】按钮，打开如图 3-56 所示的【文本框】列表，可进行以下操作。

❖ 单击一种文本框样式图标，在文档的相应位置插入相应大小的空白文本框，并且设置了相应的文字环绕方式。

❖ 选择【绘制文本框】命令，鼠标指针变为"+"形状，拖动鼠标，绘制相应大小的横排空白文本框。

❖ 选择【绘制竖排文本框】命令，鼠标指针变为"+"形状，拖动鼠标，绘制相应大小的竖排空白文本框。

图3-56 【文本框】列表

用第一种方法插入的文本框，文本框自动设置相应的环绕方式，用后两种方法绘制的文本框，默认的文字环绕方式是"浮于文字上方"。插入或绘制文本框后，文本框处于编辑状态，这时文本框被浅蓝色虚线边框包围，虚线边框上有浅蓝色的小圆圈和小方块各 4 个，称为尺寸控点，如图 3-57 所示。

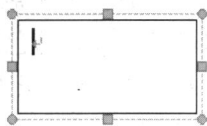

图3-57　编辑状态的文本框

文本框处于编辑状态时，内部有一个光标，可以在其中输入文字，还可以设置文字格式。文本框被选定或处于编辑状态时，功能区中自动增加一个【格式】选项卡。

移动鼠标指针到文本框的边线上单击鼠标，可选定该文本框，文本框边线上有浅蓝色的小圆圈和小方块各 4 个，称为尺寸控点，如图 3-58 所示。

图3-58　选定状态的文本框

文本框的编辑和设置操作与形状的相应操作大致相同，不再重复。与形状不同，文本框还可设置链接。如果多个文本框建立了链接，那么当一个文本框中的内容满了以后，其余的内容自动移到下一个文本框中。文本框处于选定或编辑状态时，单击【格式】逻辑组中的 创建链接 按钮，鼠标指针变成 形状，单击一个空文本框，将其作为当前文本框的后继链接，这时鼠标指针恢复原状。有后继链接的文本框处于选定或编辑状态时，单击【格式】逻辑组中的 断开链接 按钮，可断开与后继文本框的链接。

3.7.2　艺术字操作

通常，Word 2007 中的字体没有艺术效果，而实际应用中经常要用到艺术效果较强的字，通过插入艺术字可满足这种需要。

在【插入】选项卡的【文字】逻辑组中，单击【艺术字】按钮，打开如图 3-59 所示的【艺术字样式】列表，从中单击一种艺术字样式，弹出如图 3-60 所示的【编辑艺术字文字】对话框。

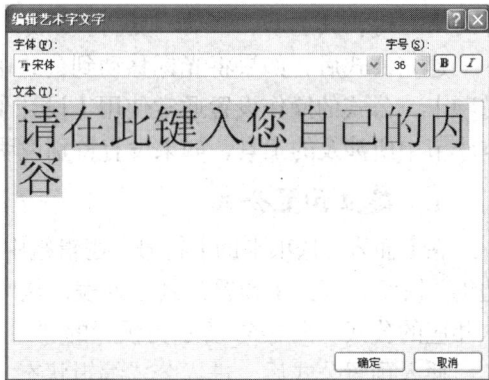

图3-59　【艺术字样式】列表　　　　图3-60　【编辑艺术字文字】对话框

在【编辑艺术字文字】对话框中，输入艺术字的文字，设置艺术字的字体、字号以及字形后，单击 确定 按钮，在光标处插入相应的艺术字，艺术字默认的文字环绕方式是"嵌入型"。

插入艺术字后，艺术字被选定。将鼠标指针移动到艺术字上单击鼠标，也可选定艺术字。艺术字选定后，功能区中将自动增加一个【格式】选项卡。

文字环绕方式是"嵌入型"的艺术字被选定后，艺术字被浅蓝色虚线边框包围，虚线边框上有 8 个浅蓝色的小圆圈，称为尺寸控点，如图 3-61 所示。文字环绕方式不是"嵌入型"的艺术字被选定后，艺术字周围出现浅蓝色的小圆圈和小方块各 4 个，称为尺寸控点，顶部出现一个绿色小圆圈，称为旋转控点。有的艺术字，还会出现一个黄色的菱形框，称为形态制点，如图 3-62 所示。

图3-61 选定嵌入型艺术字　　　　　　　　图3-62 选定非嵌入型艺术字

艺术字的编辑和设置操作与形状的相应操作大致相同，不同的是，利用【格式】选项卡的【文字】逻辑组中的按钮，可对艺术字进行如下文字设置。

❖ 单击【间距】，打开【间距】列表，从中选择一种间距类型可设置相应的文字间距。

❖ 单击 Aa 按钮，在字母等高和不等高之间转换。

❖ 单击 ab 按钮，在横排艺术字和竖排艺术字之间转换。

❖ 单击 ≡ 按钮，打开【对齐】列表，从中选择一种对齐方式可设置多行艺术字中文字的对齐方式。

3.7.3 公式操作

Word 2007 提供了强大的公式编辑功能。Word 2007 预置了许多常用的公式，我们可直接在文档中插入这些公式。对于一些不常用的公式，可利用 Word 2007 提供的公式功能手工建立。

Word 2007 建立的公式默认的文字环绕方式为"嵌入型"，因此可把整个公式作为一个字符来对待，其选定、移动、复制、删除等操作同字符的相应操作一样。

建立公式后，如果将光标移动到公式中或单击公式，功能区中自动增加一个【设计】选项卡，公式的操作设置通常使用【设计】选项卡的逻辑组中的工具，为了叙述方便，在本小节中所涉及的工具，如果没有特别说明，皆指【设计】选项卡的逻辑组中的工具。

1. 建立预置公式

在【插入】选项卡的【符号】逻辑组中，单击 π 公式 按钮右边的▼按钮，打开【预置公式】列表，从中选择一个，即可插入相应的公式。图 3-63 所示为预置的"二项式定理"公式。

$$(x+a)^n = \sum_{k=0}^{n} \binom{n}{k} x^k a^{n-k}$$

图3-63 "二项式定理"公式

插入预置公式后，进入公式编辑状态，我们还可以进一步修改公式。在公式外单击鼠标，退出公式编辑状态。在公式上单击鼠标，即可进入公式编辑状态。

2. 手工建立公式

在【插入】选项卡的【符号】逻辑组中，单击 π 公式 按钮，文档中自动插入如图 3-64 所示的空白公式，包含一个空白公式插槽，有"在此处建立公式。"字样。在公式插槽中可插入

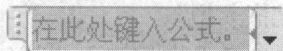

在此处键入公式。

图3-64 空白公式

符号，也可插入结构。建立公式时，如果有多个公式插槽，浅蓝色底色的公式插槽是当前公式插槽，当前公式插槽中有一个光标（空白公式插槽例外）。

（1）插入符号：通过键盘可插入公式中的字母或符号，不能通过键盘输入的字母或符号，可通过【符号】逻辑组中的按钮来插入。单击【符号】逻辑组的【符号】列表中的一个符号，可在当前插槽中插入相应的符号。单击【符号】列表中的 ▲ 按钮，符号上翻一页。单击【符号】列表中的 ▼ 按钮，符号下翻一页。单击【符号】列表中的 ▾ 按钮，打开如图 3-65 所示的【符号】对话框，可进行以下操作。

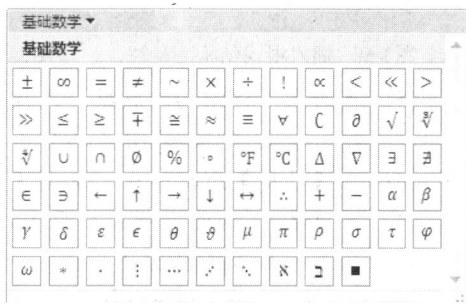

图3-65　【符号】对话框

❖　单击符号列表中的一个按钮，当前插槽中插入相应的符号。

❖　单击位于对话框顶部的下拉列表框（基础数学▼），打开一个下拉列表，可从中选择符号的类别，同时符号列表中显示该类别所有的数学符号。符号类别有基础数学、希腊字母、字母类符号、运算符、箭头、求反关系运算符、手写体等。

（2）插入结构：结构就是公式的模板，其中包含一个或多个公式插槽，公式插槽或者是空白的，或者是包含数学符号的。结构被组织在【结构】逻辑组中，有分数、上下标、根式、积分、大型运算符、括号、函数、导数符号、极限和对数、运算符、矩阵等几类。

单击一个结构按钮，弹出相应的结构列表，图 3-66 所示为【分数结构】列表。单击一个结构，可在当前公式插槽中插入相应的结构。

在建立公式时，通过光标键可把光标移动到当前公式插槽的不同位置，也可把光标移动到不同的插槽中。用鼠标单击某一公式插槽，如果是非空白公式插槽，可使光标直接移动到该公式插槽中，否则选定该公式插槽。

图3-66　【分数结构】列表

下面介绍如何来建立图 3-67 所示的公式。

(1) 在【插入】选项卡的【符号】逻辑组中，单击 π 公式 按钮，文档中插入一个空白公式。

$$\sqrt{ab+\frac{a^3-b^3}{a-b}}=|a+b|$$

图3-67　要建立的公式

(2) 在【结构】逻辑组中，单击【根式】按钮，在打开的【根式结构】列表中单击 √ 按钮，结果如图 3-68 所示。

(3) 单击根式结构中的公式插槽，从键盘上输入"ab+"，在【结构】逻辑组中，单击【分数】按钮，在打开的【分数结构】列表中单击 ▭ 按钮，结果如图 3-69 所示。

(4) 单击分数结构的分母公式插槽，输入"a−b"，单击分数结构的分母公式插槽，在【结构】逻辑组中，单击【上下标】按钮，在打开的【上下标结构】列表中单击 ▭ 按钮，结果如图 3-70 所示。

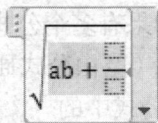

图3-68 插入根式结构　　　　　图3-69 插入分数结构　　　　　图3-70 插入上下标结构

(5) 单击上下标结构的底数公式插槽，输入"a"，单击上下标结构的指数公式插槽，输入"3"，在分式的分子插槽末尾单击鼠标，输入"－"。

(6) 在【结构】逻辑组中，单击【上下标】按钮，在打开的【上下标结构】列表中单击□按钮，结果如图 3-71 所示。

(7) 用类似步骤(5)的方法，建立"b³"，结果如图 3-72 所示。

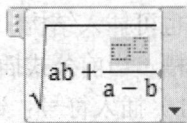

图3-71 插入上下标结构　　　　　　　　图3-72 插入完根式

(8) 在整个公式插槽的末尾单击鼠标，输入"=|a + b|"，然后，在公式外单击鼠标，完成图 3-67 所示公式的建立。

3.7.4　邮件合并

实际应用中，经常会把一些内容相同的通知、信函等发给不同的个人或单位，如果手工建立文档，不仅费时费力，而且容易出错。Word 2007 提供了邮件合并功能，可以很方便地完成这类操作。

邮件合并是把数据源（即名单文档，通常是一个表格）和主文档（即信函文档，仅包含公共内容）合并成一个新文档，对所有名单或部分名单，在新文档中生成相应的内容。

例如要生成准考证，先建立数据源，文档文件名为"考生名单.doc"，内容如下所示。

考号	姓名	性别	专业	考点	场次	考场	座号	日期	时间
20020102	赵东梅	男	会计	第一中学	1	301	1	10 月 22 日	8:00~10:00
20020203	钱南兰	女	旅游	第一中学	1	301	2	10 月 22 日	8:00~10:00
20030301	孙西竹	男	英语	第一中学	2	301	1	10 月 22 日	13:30~15:30
20030412	李北菊	女	中文	第一中学	2	301	2	10 月 22 日	13:30~15:30
……	……	……	……	……	……	……	……	……	……

再建立主文档，文档文件名为"准考证.doc"，内容如下所示。

计算机应用基础考试
准考证

考号：　　　　　　　考点：

考生姓名：　　　　　场次：

性别：　　　　　　　考场：

专业：　　　　　　　座号：

考试时间：

下面，以生成以上准考证为例，介绍邮件合并的步骤。

(1) 在 Word 2007 中打开先前建立的文档"准考证.doc"。

(2) 在【邮件】选项卡的【开始邮件合并】逻辑组中，单击【选择收件人】按钮，在打开的菜单中选择【使用现有列表】命令，弹出如图 3-73 所示的【选取数据源】对话框。

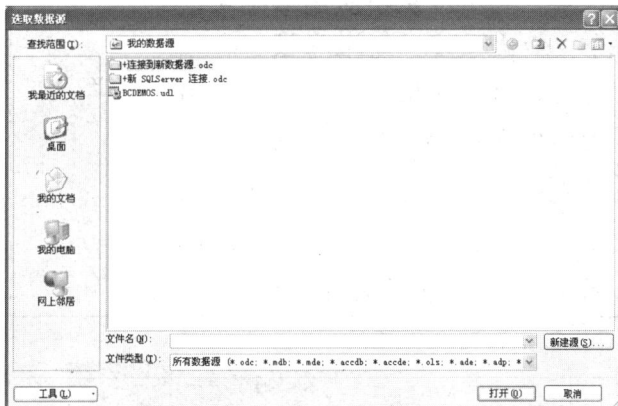

图3-73 【选取数据源】对话框

(3) 在【选取数据源】对话框中，在【查找范围】下拉列表框中选择"考生名单.doc"所在的文件夹，在文件列表中双击"考生名单.doc"文件图标。

(4) 把光标定位到文档的"考号"文字后，在【邮件】选项卡的【编写和插入域】逻辑组中，单击【插入合并域】按钮，打开如图 3-74 所示的【合并域】列表，选择【考号】，"考号"域被插入。

(5) 用类似步骤(4)的方法，插入其他域。文档内容如图 3-75 所示。

图3-74 【合并域】列表

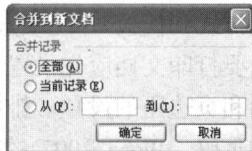

图3-75 插入合并域后的文档内容

(6) 在【邮件】选项卡的【预览结果】逻辑组中，单击【预览结果】按钮，文档中的各个合并域被数据源（考生名单.doc）中第一条记录中的相应数据替代。再次单击该按钮，还原到原来的情况。

(7) 在【邮件】选项卡的【完成】逻辑组中，单击【完成并合并】按钮，在打开的菜单中选择【编辑单个文档】命令，弹出如图 3-76 所示的【合并到新文档】对话框。

图3-76 【合并到新文档】对话框

(8) 在【合并到新文档】对话框中，根据要求选择数据源（考生名单.doc）中记录的范围（本例中选择【全部】），单击 确定 按钮后，产生一个合并后的文档，默认的文档名是"信函1"。

125

(9) 保存"准考证.doc"和"信函1"文档。

在第(8)步中，从数据源中选择了多少记录，在新文档中主文档（准考证.doc）的内容就被复制多少份，并且用数据源中的数据替代主文档中的相应的合并域，以下是与"名单.doc"中第一条记录相对应的合并效果。

计算机应用基础考试
准考证

考号：20020102　　　　考点：第一中学

考生姓名：赵东梅　　　　场次：1

性别：男　　　　　　　考场：301

专业：会计　　　　　　座号：1

考试时间：10 月 22 日　8:00~10:00

小结

　　Word 2007 是文档编辑排版软件，使用时必须先启动它。Word 2007 启动后出现 Word 2007 窗口，Word 2007 窗口由标题栏、功能区、文档区和状态栏 4 部分组成。Word 2007 有 5 种视图方式：页面视图、阅读版式视图、Web 版式视图、大纲视图和普通视图，其中最常用的视图方式是页面视图。Word 2007 常用的文档操作有：新建文档、保存文档、打开文档、关闭文档等。退出 Word 2007 前应先保存建立的文档，以避免不必要的损失。

　　文本编辑是 Word 2007 最基础的操作。编辑文本离不开移动光标，用键盘和鼠标都可移动光标，应掌握使用键盘快速移动光标的方法，以提高编辑效率。Word 2007 的许多工作需要选定文本，用键盘和鼠标都可选定文本。插入、删除与改写是基本的文本编辑操作，键盘上不能直接输入的字符应掌握其插入方法。编辑文本时，应时刻注意当前是插入状态还是改写状态，以免出差错。复制与移动文本也是文本编辑的常用操作，用剪贴板完成复制与移动文本是常用的方法。查找、替换与定位是文本编辑的高级操作，要掌握相关对话框的操作。

　　文档排版是 Word 2007 的基本的操作，包括置字符格式、设置段落格式、设置项目符号和编号等操作。基本的字符格式设置可通过功能区【字体】逻辑组中的工具来完成，基本的段落格式设置以及设置项目符号和编号，可通过功能区【段落】逻辑组中的工具来完成。样式和模板主要用来快速排版，我们可利用 Word 2007 预置的样式和模板，也可自己建立样式和模板。自己建立的样式和模板，使用方法与 Word 2007 预置的样式和模板一样。

　　要打印文档应先设置页面，包括设置纸张和排版页面。设置纸张包括纸张大小、纸张方向和页边距的设置。排版页面包括设置页面背景、插入分隔符、设置分栏、插入页眉页脚和页码。Word 2007 的分隔符有多个，它们的含义和作用要理解清楚。分栏是一种重要的排版方式，要掌握如何设置分栏、如何使文档的内容从新的一栏开始、如何使各栏的高度相同。页眉、页脚和页码在排版过程中会经常遇到，要掌握如何插入及设置它们。打印文档前应先打印预览，完全满足要求时再打印。

　　表格处理是 Word 2007 的重要功能，常用的操作有建立表格、编辑表格和设置表格。建立表格有多种方法，建立完表格后，还要编辑表格中的文本。编辑表格的常用操作包括选定、插入、删除、合并、拆分等操作，还有绘制斜线表头。设置表格的常用操作包括设置数据对齐、设置行高和列宽、设置位置和大小、设置对齐和环绕、设置边框和底纹、套用表格样式、设置自动重复标题行等。

　　在 Word 2007 中，形状、图片和剪贴画统称为插图，它们的处理包括：插入、编辑和设置。形状通过功能区可直接插入或绘制，图片需要通过对话框插入，剪贴画则通过任务窗格插入。形状、图片和剪贴画的编辑操作很相似，包括选定、复制、移动、删除等操作。设置形状包括样式、阴影效果、三维效果、排列、大小、形态等设置操作。设置图片和剪贴画包括调整图片、设置图片样式、设置排列、设置大小等操作。

　　文本框和艺术字常用的操作有插入、编辑和设置。Word 2007 提供了强大的公式编辑功能，通过组合公式的结构和符号，可插入所需要的公式。邮件合并是把数据源和主文档合并成一个新文档，在这里合并域是一个关键概念，需要正确理解。

习题

一、判断题

1. 在 Word 2007 的普通视图中可看到页眉和页脚。　　　　　　　　　　　（　　）
2. Word 2007 中，鼠标指针的形状在文本区和空白编辑区是相同的。　　（　　）
3. 一个字符可同时设置为加粗和倾斜。　　　　　　　　　　　　　　　（　　）
4. Word 2007 默认的段前间距和段后间距都是 1 行。　　　　　　　　　（　　）
5. 项目编号是固定不变的。　　　　　　　　　　　　　　　　　　　　（　　）
6. 不能使页码位于页眉中。　　　　　　　　　　　　　　　　　　　　（　　）
7. 打印文档时，可打印指定的若干页。　　　　　　　　　　　　　　　（　　）
8. 表格自动重复标题行的行数只能是 1 行。　　　　　　　　　　　　　（　　）
9. 形状既可浮于文字上方，也可衬于文字下方。　　　　　　　　　　　（　　）
10. 文本框中的文字只能横排，不能竖排。　　　　　　　　　　　　　　（　　）

二、选择题

1. 保存文档的按键是（　　　）。
   A. Ctrl + S 　　　　B. Alt + S 　　　　C. Shift + S 　　　　D. Shift + Alt + S
2. 将光标移动到文档开始的按键是（　　　）。
   A. Home 　　　　B. Alt + Home 　　　　C. Shift + Home 　　　　D. Ctrl + Home
3. 在文本选择区三击鼠标，可选定（　　　）。
   A. 一句 　　　　B. 一行 　　　　C. 一段 　　　　D. 整个文档
4. Word 2007 中，五号字的大小与（　　　）磅字的大小相同。
   A. 5 　　　　B. 10.5 　　　　C. 15 　　　　D. 15.5
5. 设置分栏的命令按钮位于功能区的（　　　）选项卡中。

A. 开始　　　B. 插入　　　C. 视图　　　D. 页面布局

6. 建立公式的命令按钮位于功能区的（　　）选项卡中。

A. 开始　　　B. 插入　　　C. 视图　　　D. 页面布局

7. 打印文档时，以下页码范围（　　）有 4 页。

A. 2-6　　　B. 1,3-5,7　　　C. 1-2,4-5　　　D. 1,4

8. 以下表格操作（　　）没有对应的命令。

A. 插入表格　　B. 删除表格　　C. 合并表格　　D. 拆分表格

9. 按住（　　）键绘制图形会以起始点为中心绘制图形。

A. Ctrl　　　B. Alt　　　C. Shift　　　D. Alt + Shift

10. 与形状、图片、艺术字相比，以下（　　）是文本框特有的设置。

A. 边框颜色　　B. 环绕　　C. 阴影　　D. 链接

三、填空题

1. 在文本区内选定文本时，拖动鼠标，选定＿＿＿＿＿＿，双击鼠标，选定＿＿＿＿＿＿，快速单击鼠标 3 次，选定＿＿＿＿＿＿，按住 Ctrl 键单击鼠标，选定＿＿＿＿＿＿，按住 Alt 键拖动鼠标，选定＿＿＿＿＿＿。

2. 选定文本后，把鼠标指针移动到选定的文本上拖动鼠标会＿＿＿＿选定的文本，把鼠标指针移动到选定的文本上按住 Ctrl 键拖动鼠标会＿＿＿＿选定的文本。

3. 选定默认格式的文本后，按 Ctrl+B 组合键，设置选定文本为＿＿＿效果，按 Ctrl+I 组合键，设置选定文本为＿＿＿效果，按 Ctrl+U 组合键，设置选定文本为＿＿＿效果。

4. Word 2007 中段落的对齐方式有＿＿＿、＿＿＿、＿＿＿和＿＿＿4 种。

5. Word 2007 中段落的缩进方式有＿＿＿、＿＿＿、＿＿＿和＿＿＿4 种。

6. 设置形状的叠放次序有＿＿＿、＿＿＿、＿＿＿、＿＿＿、＿＿＿和＿＿＿6 种类型。

四、问答题

1. 文档有哪几种视图方式？各有什么特点？如何切换？

2. 在文档中移动光标有哪些方法？选定文本哪些操作？编辑文本有哪些操作？

3. 在文档中设置文本格式有哪些操作？设置文本段落有哪些操作？设置页面有哪些操作？

4. 在文档中插入表格有哪些方法？编辑表格有哪些操作？设置表格有哪些操作？

5. 在文档中插入文本框有哪些方法？编辑文本框有哪些操作？设置文本框有哪些操作？

6. 在文档中插入形状有哪些操作？编辑形状有哪些操作？设置形状有哪些操作？

7. 在文档中插入图片有哪些操作？编辑图片有哪些操作？设置图片有哪些操作？

8. 在文档中插入艺术字有哪些操作？编辑艺术字有哪些操作？设置艺术字有哪些操作？

第4章 电子表格软件 Excel 2007

Excel 2007 是微软公司开发的办公软件 Office 2007 中的一个组件,利用它可以方便地制作电子表格。在电子表格中可输入文字或数字,进行公式计算、数据管理与分析,是电脑办公的得力工具。

> **学习目标**
>
> 掌握 Excel 2007 的基本操作。
> 掌握 Excel 2007 工作表的编辑方法。
> 掌握 Excel 2007 的工作表格式化。
> 掌握 Excel 2007 的公式计算。
> 掌握 Excel 2007 数据管理与分析的方法。
> 掌握 Excel 2007 的页面设置与打印。

4.1 Excel 2007 的基本操作

本节介绍 Excel 2007 启动和退出的方法,Excel 2007 窗口的组成,工作簿的操作以及工作表的管理。

4.1.1 Excel 2007 的启动

启动 Excel 2007 有多种方法,用户可根据自己的习惯或喜好选择一种。以下是启动 Excel 2007 常用的方法。

❖ 选择【开始】/【程序】/【Microsoft Office】/【Microsoft Office Excel 2007】命令。

❖ 如果建立了 Excel 2007 的快捷方式,双击该快捷方式。
   Excel 2007 的应用程序文件是"Excel.exe",通常存放在系统盘的"\Program Files\Microsoft Office\"文件夹中。建立快捷方式的方法详见"2.5.7 创建快捷方式"一节。

❖ 打开一个 Excel 工作簿文件(Excel 工作簿文件的图标是🖼)。

使用前两种方法启动 Excel 2007 后,系统自动建立一个名为"Book1"的空白工作簿,使用最后一种方法启动 Excel 2007 后,系统自动打开相应的工作簿。

4.1.2 Excel 2007 窗口的组成

Excel 2007 启动后的窗口，称作 Excel 2007 应用程序窗口。在该窗口中还包含一个子窗口——工作簿窗口。当工作簿窗口被最大化后（见图 4-1），工作簿窗口的标题栏并到 Excel 2007 应用程序窗口的标题栏中，这时，单击菜单栏右边的 ⊡ 按钮把工作簿窗口恢复为原来的大小，就能很清楚地区分应用程序窗口和工作簿窗口。

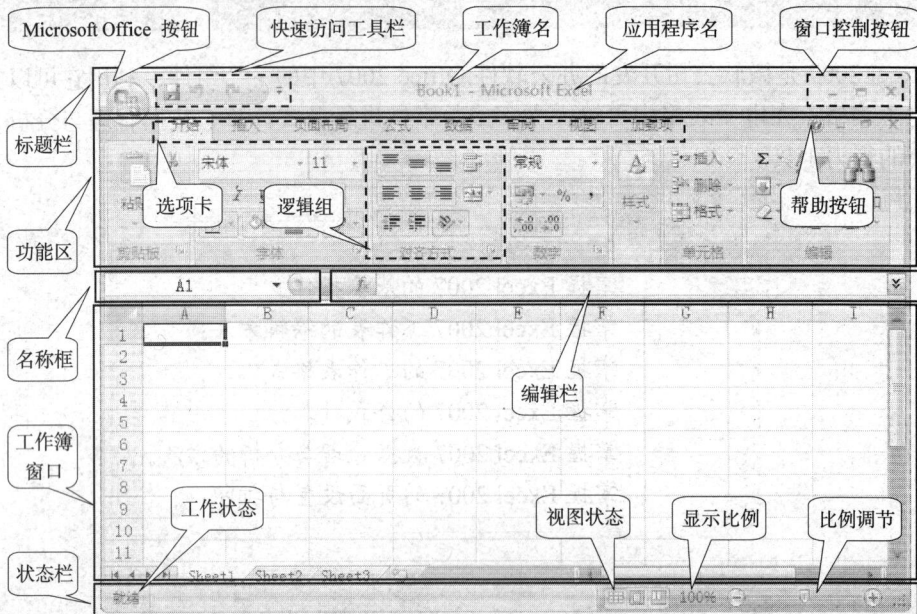

图4-1 Excel 2007 应用程序窗口

1. 应用程序窗口

Excel 2007 应用程序窗口的标题栏、功能区、状态栏等与 Word 2007 应用程序窗口类似，不同的是，Excel 2007 应用程序窗口有名称框和编辑栏。

❖ 名称框：名称框位于功能区下方的左面，用来显示活动单元格的名称。如果单元格被命名，则显示其名称，否则显示单元格的地址。

❖ 编辑栏：编辑栏位于功能区下方的右面，用来显示、输入或修改活动单元格中的内容，当单元格的内容为公式时，在编辑栏中可显示单元格中的公式。当输入或修改活动单元格中内容时，编辑栏的左侧会出现 ✓ 和 ✕ 按钮。

2. 工作簿窗口

Excel 2007 的工作簿窗口包含在应用程序窗口中，工作簿窗口没有最大化时（见图 4-2），各部分功能如下。

❖ 标题栏：标题栏位于工作簿窗口的顶端，包括控制菜单按钮 ⊞、窗口名称（如：Book1）、窗口控制按钮 _ ▢ ✕。工作簿窗口最大化后，标题栏消失，窗口名并到 Excel 2007 应用程序窗口的标题栏中，窗口的控制按钮并到菜单栏的最右边。

❖ 行号按钮：行号按钮在工作簿窗口的左面，顺序依次为数字 1、2、3 等。

❖ 列号按钮：列号按钮位于标题栏的下面，顺序依次为字母 A、B、C 等。

❖ 全选按钮：全选按钮位于列号 A 之左行号 1 之上的位置，单击它可选定整个工作表。

❖ 单元格：行号和列号交叉的方框为单元格。每个单元格对应一个行号和列号。

❖ 工作表标签：工作表标签位于标签滚动按钮右侧，代表各工作表的名称。底色为白色的标签所对应的工作表为当前工作表（如图 4-2 中的"Sheet1"）。

❖ 插入工作表按钮🔲：插入工作表按钮位于工作表标签右侧，单击该按钮，可插入一个空白工作表。

❖ 标签滚动按钮◄ ◄ ► ►►：标签滚动按钮位于工作簿窗口底部的左侧。当工作簿窗口中不能显示所有的工作表标签时，可用标签滚动按钮滚动工作表标签。

❖ 水平滚动条：水平滚动条位于工作簿窗口底部的右侧，用来水平滚动工作表，显示工作簿窗口外的工作表列的内容。

❖ 垂直滚动条：垂直滚动条位于工作簿窗口的右边，用来垂直滚动工作表，显示工作簿窗口外的工作表行的内容。

❖ 水平拆分条：水平拆分条位于垂直滚动条的上方，拖动它能把工作表窗口水平分成两部分。

❖ 垂直拆分条：垂直拆分条位于水平滚动条的右侧，拖动它能把工作表窗口垂直分成两部分。

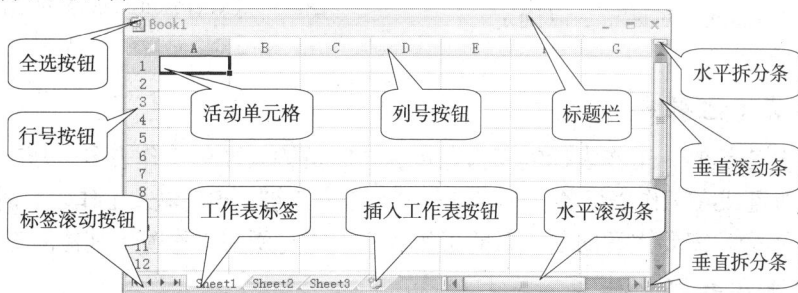

图4-2 Excel 2007 的工作簿窗口

4.1.3 Excel 2007 的工作簿操作

工作簿是用 Excel 2007 创建的文件，用来存储用户建立的工作表。一个工作簿对应一个文件，Excel 2007 先前版本工作簿文件的扩展名是".xls"，Excel 2007 工作簿文件的扩展名是".xlsx"，该类文件的图标是🔲。

一个工作簿由若干个工作表组成，最多可包括 255 个工作表。在 Excel 2007 新建的工作簿中，默认包含 3 个工作表，名字分别是"Sheet1"、"Sheet2"、"Sheet3"。

在 Excel 2007 中，常用的工作簿操作包括新建工作簿、保存工作簿、打开工作簿、关闭工作簿，这些操作与 Word 2007 中文档的操作类似，不同之处介绍如下。

❖ 工作簿与 Word 文档一样，也是基于模板的。默认情况下，新建的工作簿是基于"空工作簿"模板。

❖ 当 Excel 2007 打开了多个工作簿时，工作簿窗口位于不同的应用程序窗口中，关闭一个工作簿会关闭相应的应用程序窗口，但关闭了最后一个工作簿后，不会关闭应用程序窗口。

4.1.4　Excel 2007 的工作表管理

工作表隶属于工作簿，由若干行和列组成，行号和列号交叉的方框称为单元格。一个工作表最多有 65536 行和 256 列，行号依次是 1，2，3，…，65536，列号依次是 A，B，C，…，Y，Z，AA，AB，…，IV。

每个工作表有一个名字，显示在工作表标签上。工作表标签底色为白色的工作表是当前工作表，任何时候只有一个工作表是当前工作表。

1.　插入工作表

单击工作簿窗口中工作表标签右侧的 按钮，在最后一个工作表之后插入一个空白工作表，名称为 "Sheet4"（如果以前插入过工作表，工作表名中的序号依次递增），并自动将其作为当前工作表。

2.　删除工作表

右击工作表标签，在弹出的快捷菜单中选择【删除工作表】命令，可删除该工作表。如果该工作表不是空白工作表，系统会弹出如图 4-3 所示的【Microsoft Excel】对话框，以确定是否真正删除。

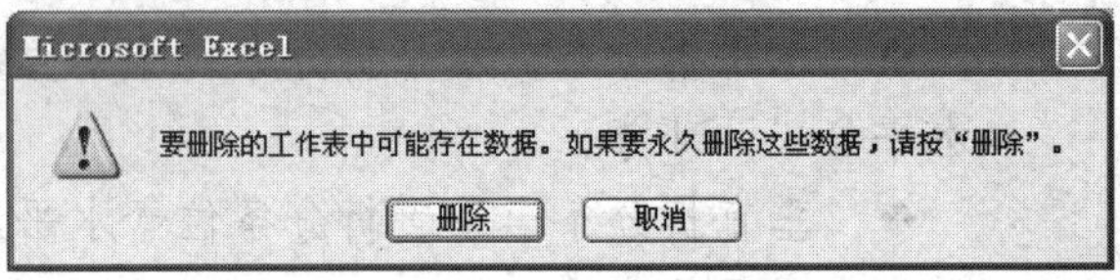

图4-3　【Microsoft Excel】对话框

3.　重命名工作表

双击工作表标签，工作表标签变为黑色，这时可输入新的工作表名。新工作表名输入完后，按回车键或在工作表标签外单击鼠标，工作表名被更改。输入工作表名时按 Esc 键，则工作表名不变。需要注意的是，新的工作表名不能与所在工作簿中其他的工作表重名。

4.　复制或移动工作表

按住 Ctrl 键拖动当前工作表标签到某位置，复制当前工作表到目的位置，新的工作表名为原来的工作表名再加上一个空格和用括号括起来的序号，如 "Sheet1 (2)"。拖动当前工作表标签到目的位置，该工作表即移动到相应的位置。

5.　切换工作表

单击工作表标签，相应的工作表成为当前工作表。按 Ctrl+Page Up 组合键，上一工作表成为当前工作表，按 Ctrl+Page Down 组合键，下一工作表成为当前工作表。

4.1.5　Excel 2007 的退出

关闭 Excel 2007 窗口即可退出 Excel 2007，关闭窗口的方法详见 "2.3.3 窗口的操作方法" 一节。

退出 Excel 2007 时，系统会关闭所打开的工作簿。如果工作簿改动过而没有保存，系统会弹出如图 4-4 所示的【Microsoft Excel】对话框（以 "Book1" 为例），以确定是否保存。

图4-4　【Microsoft Office Excel】对话框

4.2 Excel 2007 的工作表编辑

工作表编辑的常用操作包括激活与选定单元格、向单元格中输入数据、向单元格中填充数据、编辑单元格中的内容、插入与删除单元格、复制与移动单元格等。

4.2.1 激活与选定单元格

对某一单元格进行操作，必须先激活该单元格，被激活的单元格称为活动单元格。要对某些单元格统一处理（如设置字体、字号等），需要选定这些单元格。

1. 激活单元格

活动单元格是当前对其进行操作的单元格，其边框比其他单元格的边框粗黑（见图4-2）。新工作表默认 A1 单元格为激活单元格。用鼠标单击一个单元格，该单元格即成为活动单元格。利用键盘上的光标移动键可以移动活动单元格的位置，具体操作如表 4-1 所示。

表 4-1　　　　　　　　　　　　移动活动单元格的光标移动键

按键	功能	按键	功能	按键	功能	按键	功能
↑	上移一格	↓	下移一格	←	左移一格	→	右移一格
Shift+Enter	上移一格	Enter	下移一格	Shift+Tab	左移一格	Tab	右移一格
PageUp	上移一屏	PageDown	下移一屏	Home	到本行 A 列	Ctrl+Home	到 A1 单元格

2. 选定单元格区域

被选定的单元格区域被粗黑边框包围，有一个单元格的底色为白色，其余单元格的底色为浅蓝色（见图4-5），底色为白色的单元格是活动单元格。

用以下方法可选定一个矩形单元格区域。

❖ 按住 Shift 键移动光标，选定以开始单元格和结束单元格为对角的矩形区域。

❖ 拖动鼠标从一个单元格到另一个单元格，选定以这两个单元格为对角的矩形区域。

❖ 按住 Shift 键单击一个单元格，选定以活动单元格和单击单元格为对角的矩形区域。

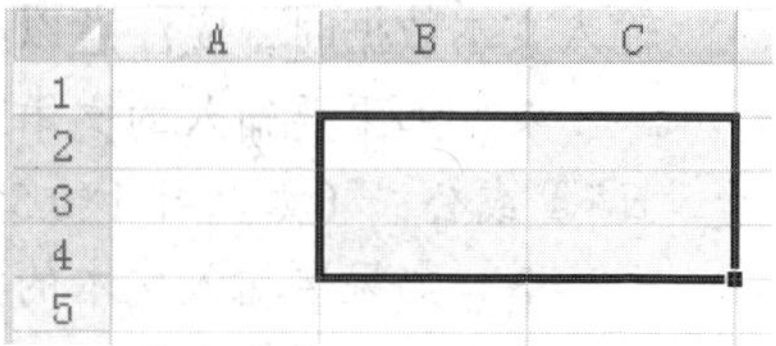

图4-5　选定单元格

用以下方法可选定一整行（列），或若干相邻的行（列）。

❖ 单击工作表的行（列）号，选定该行（列）。

❖ 按住 Shift 键单击工作表的行（列）号，选定从当前行（列）到单击行（列）之间的行（列）。

❖ 拖动鼠标从一行（列）号到另一行（列）号，选定两行（列）之间的行（列）。

此外，按 Ctrl+A 组合键或单击全选按钮可以选定整个工作表。选定单元格区域后，单击工作表的任意一个单元格，或按键盘上的任一光标移动键，即可取消所做的选定操作。

4.2.2 向单元格中输入数据

在向单元格内输入内容前，应先激活或选定单元格。向单元格内输入数据有不同的方式。单元格内输入的数据有若干类型。

1. 数据输入方式

向单元格内输入数据有 3 种不同的方式：在活动单元格内输入数据、在选定的单元格区域内输入数据、在不同单元格内一次输入相同的数据。

（1）在活动单元格内输入数据：当激活一个单元格后，即可在单元格内输入数据。所输入的数据在单元格和编辑栏内同时显示。当输入完数据后，可以进行以下操作。

❖ 用光标移动键改变活动单元格的位置（见表 4-1），接受输入的内容，活动单元格做相应改变。

❖ 按 Esc 键，取消输入的内容，活动单元格不变。

❖ 单击编辑栏左边的 ✓ 按钮，接受输入的内容，活动单元格做相应改变。

❖ 单击编辑栏左边的 ✗ 按钮，取消输入的内容，活动单元格不变。

（2）在选定单元格区域内输入数据：当选定单元格区域后，如果输入数据时只用 Tab 键和 Enter 键移动活动单元格，则活动单元格不会超越选定的单元格区域，到达单元格区域边界后，光标自动移动到单元格区域内下一行或下一列的开始处。

（3）在不同单元格内输入相同数据：在若干单元格内输入同样的数据时，无须逐个输入，可以在这些单元格内一次输入完成，方法是：先选定这些单元格，然后输入数据，输入完后，再按 Ctrl+Enter 组合键，这样所选定的单元格内的数据都是刚输入的数据。

2. 不同类型数据的输入方法

数据有文本型、数值型和日期时间型，每种类型都有各自的格式，只要按相应的格式输入，系统就会自动辨认并自动转换。

（1）输入文本数据：文本数据用来表示一个名字或名称，可以是汉字、英文字母、数字、空格等用键盘输入的字符。文本数据仅供显示或打印用，不能进行算术运算。

输入文本数据时，应注意以下特殊情况。

❖ 如果要输入的文本可视作数值数据（如"12"）、日期数据（如"3 月 5 日"）或公式（如"=A1*0.5"），应先输入一个英文单引号（′），再输入文本。

❖ 如果要输入文本的第 1 个字符是英文单引号（′），则应连续输入两个。

❖ 如果要输入分段的文本，输入完一段后要按 Alt+Enter 组合键，再输入下一段。

文本数据在单元格内显示时有以下特点。

❖ 文本数据在单元格内自动左对齐。

❖ 有分段文本的单元格，单元格高度根据文本高度自动调整。

❖ 当文本的长度超过单元格宽度时，如果右边单元格中无数据，文本扩展到右边单元格中显示，否则文本根据单元格宽度截断显示。

图 4-6 所示为文本"计算机应用基础"在不同单元格中的显示情况。

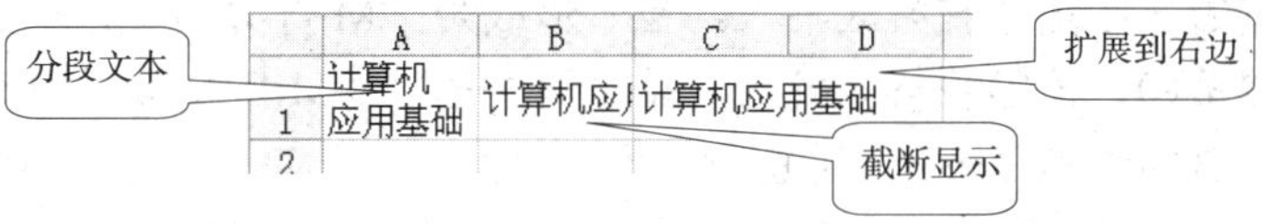

图4-6 文本的显示

（2）输入数值数据：数值数据表示一个有大小值的数，可以进行算术运算，可以比较大小。Excel 2007 中，数值数据可以用以下 5 种形式输入。

❖ 整数形式（如 100）。

❖ 小数形式（如 3.14）。

❖ 分数形式（如 1 1/2，等于 1.5。注意，在这里两个 1 之间有空格）。

❖ 百分数形式（如 10%，等于 0.1）。

❖ 科学记数法形式（如 1.2E3，等于 1200）。

对于整数和小数，输入时还可以带千分位（如 10,000）或货币符号（如$100）。输入数值数据时，应注意以下特殊情况。

❖ 如果输入一个用英文小括号括起来的正数，系统会将其当作有相同绝对值的负数对待。例如输入 "（100）"，系统将其作为 "-100"。

❖ 如果输入的分数没有整数部分，系统将其作为日期数据或文本数据对待，只要将 "0" 作为整数部分加上，就可避免这种情况。如输入 "1/2"，系统将其作为 "1 月 2 日"，而输入 "0 1/2"，系统将其作为 0.5。

数值数据在单元格内显示时有以下特点。

❖ 数值数据在单元格内自动右对齐。

❖ 当数值的长度超过 12 位时，自动以科学记数法形式表示。

❖ 当数值的长度超过单元格宽度时，如果未设置单元格宽度，单元格宽度自动增加，否则以科学记数法形式表示。

❖ 如果科学记数法形式仍然超过单元格的宽度，则单元格内显示 "####"，只要将单元格增大到一定宽度（详见 "4.3.2 格式化单元格表格" 一节），就能将其正确显示。

图4-7 数的显示

图 4-7 所示为数 "12345678" 在不同宽度单元格中的显示情况。

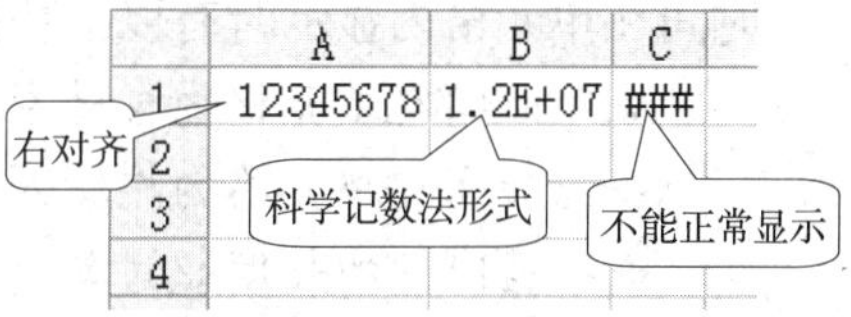

（3）输入日期：输入日期有以下 6 种格式。

①M/D（如 3/14）　　　　　　　　④Y/M/D（如 2007/3/14）

②M-D（如 3-14）　　　　　　　　⑤Y-M-D（如 2007-3-14）

③M 月 D 日（如 3 月 14 日）　　　⑥Y 年 M 月 D 日（如 2007 年 3 月 14 日）

输入日期时，应注意以下情况。

❖ 按①～③这 3 种格式输入，则默认的年份是系统时钟的当前年份。

❖ 按④～⑥ 3 种格式输入，则年份可以是两位（系统规定，00～29 表示 2000—2029，30～99 表示 1930—1999），也可以是 4 位。

❖ 按 Ctrl+; 组合键，则输入系统时钟的当前日期。

日期在单元格内显示时有以下特点。

❖ 日期在单元格内自动右对齐。

❖ 按①~③这3种格式输入，显示形式是"M月D日"，不显示年份。

❖ 按第④、第⑤种格式输入，显示形式是"Y-M-D"，其中年份显示4位。

❖ 按第⑥种格式输入，则显示形式是"Y年M月D日"，其中年份显示4位。

❖ 按 Ctrl + ; 组合键，输入系统的当前日期，显示形式是"Y-M-D"，年份显示4位。

❖ 当日期的长度超过单元格宽度时，如果未设置单元格宽度，单元格宽度自动增加，否则单元格内显示"####"。只要将单元格增大到一定宽度（详见"4.3.2 格式化单元格表格"一节），就能将其正确显示。

图4-8所示为日期"2002年3月14日"在不同输入形式下的显示情况。

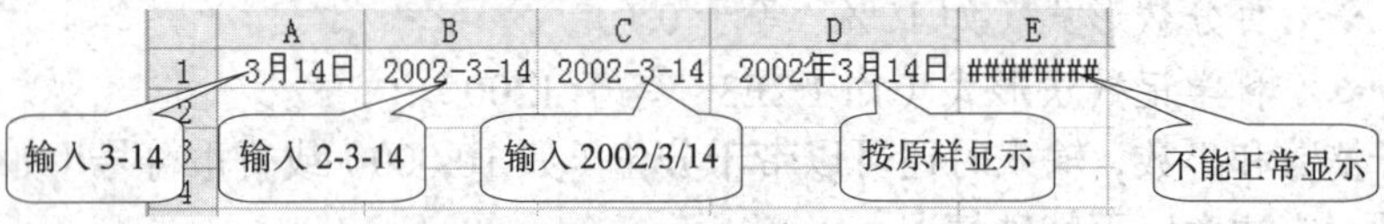

图4-8 日期的显示

（4）输入时间：输入时间有以下6种格式。

①H:M   ④H:M:S

②H:M AM   ⑤H:M:S AM

③H:M PM   ⑥H:M:S PM

输入时间时，应注意以下情况。

❖ 时间格式中的"AM"表示上午，"PM"表示下午，它们前面必须有空格。

❖ 带"AM"或"PM"的时间，H的取值范围从"0"~"12"。

❖ 不带"AM"或"PM"的时间，H的取值范围从"0"~"23"。

❖ 按 Ctrl + Shift + ; 组合键，输入系统时钟的当前时间，显示形式是"H:M"。

❖ 如果输入时间的格式不正确，则系统当作文本数据对待。

时间在单元格内显示时有以下特点。

❖ 时间在单元格内自动右对齐。

❖ 时间在单元格内按输入格式显示，"AM"或"PM"自动转换成大写。

❖ 当时间的长度超过单元格宽度时，如果未设置单元格宽度，单元格宽度自动增加，否则单元格内显示"####"，只要将单元格增大到一定宽度（详见"4.3.2 格式化单元格表格"一节），就能将其正确显示。

图4-9所示为时间"20点30分"在不同输入形式下的显示情况。

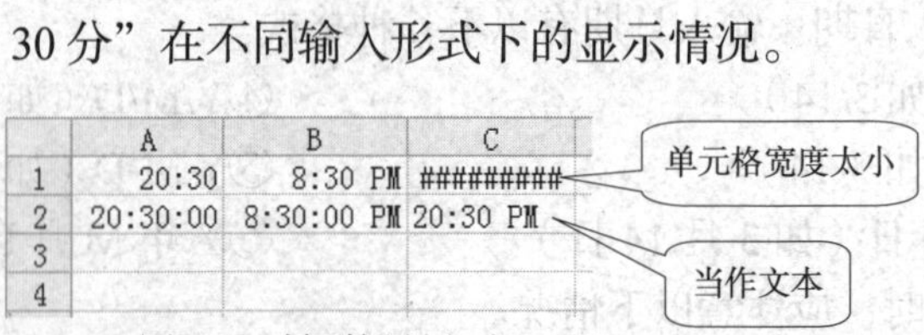

图4-9 时间的显示

4.2.3　向单元格中填充数据

如果要输入到某行或某列的数据有规律，可使用自动填充功能来完成数据输入。自动填充有两种常用方法：利用填充柄填充和填充单元格区域。

1. 利用填充柄填充

填充柄是活动单元格或选定单元格区域右下角的黑色小方块（见图 4-10），将鼠标指针移动到填充柄上面时，鼠标指针变成➕状，在这种状态下拖动鼠标，拖动所覆盖的单元格被相应的内容填充。

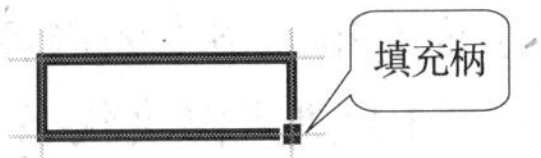

图4-10 填充柄

利用填充柄进行填充时，有以下不同情况。

❖ 如果当前单元格中的内容是数，则该数被填充到所覆盖的单元格中。

❖ 如果当前单元格中的内容是文字，并且该文字的开始和最后都不是数字，该文字被填充到所覆盖的单元格中。

❖ 如果当前单元格中的内容是文字，并且文字的最后是阿拉伯数字，填充时文字中的数自动增加，步长是 1（如"零件 1"、"零件 2"、"零件 3"等）。

❖ 如果当前单元格中的内容是文字，且文字的开始是阿拉伯数字，最后不是数字，填充时文字中的数自动增加，步长是 1（如"1 班"、"2 班"、"3 班"等）。

❖ 如果当前单元格中的内容是日期，公差为 1d 的日期序列依次被填充到所覆盖的单元格中。

❖ 如果当前单元格中的内容是时间，公差为 1h 的时间序列依次被填充到所覆盖的单元格中。

❖ 如果当前单元格中的内容是公式，填充方法详见"4.4.3 填充、复制与移动公式"一节。

2. 填充单元格区域

选定一个单元格区域后，可在单元格区域中进行填充，其方法是，在功能区【开始】选项卡的【编辑】逻辑组中，单击 按钮，在打开的菜单中选择一个命令，按相应的方式填充所选定的单元格。菜单中各命令的功能如下。

❖ 【向上】命令，单元格区域最后一行中的数据填充到其他行中。

❖ 【向下】命令，单元格区域第一行中的数据填充到其他行中。

❖ 【向左】命令，单元格区域最右一列中的数据填充到其他列中。

❖ 【向右】命令，单元格区域最左一列中的数据填充到其他列中。

图 4-11 所示为单元格区域填充的示例。

图4-11 单元格区域填充的示例

4.2.4 编辑单元格中的内容

向单元格中输入内容后，可以对单元格的内容进行编辑，常用的编辑操作有修改、删除、查找、替换等。

1. 修改内容

要对单元格中的内容进行修改，通常有以下过程。

（1）进入修改状态：

❖ 单击要修改的单元格，再单击编辑栏，光标出现在编辑栏内。

❖ 单击要修改的单元格，再按 F2 键，光标出现在单元格内。

❖ 双击要修改的单元格，光标出现在单元格内。

（2）移动光标：

❖ 在编辑栏或单元格内某一点单击鼠标，光标定位到该位置。

❖ 用键盘上的光标移动键也可移动光标，常用的移动光标按键如表 4-2 所示。

表 4-2 　　　　　　　　　　　　　常用的移动光标按键

按键	移动到	按键	移动到	按键	移动到
←	左侧一个字符	Ctrl+←	左侧一个词	Home	当前行的行首
→	右侧一个字符	Ctrl+→	右侧一个词	End	当前行的行尾
↑	上一行	Ctrl+↑	前一个段落	Ctrl+Home	单元格内容的开始
↓	下一行	Ctrl+↓	后一个段落	Ctrl+End	单元格内容的结束

（3）插入与删除：

❖ 在改写状态下（光标是黑色方块），输入的字符将覆盖方块上的字符。在插入状态下（光标是竖线），输入的字符将插入到光标处。按 Insert 键可切换插入／改写状态。

❖ 按 Backspace 键，可删除光标左边的一个字符或选定的字符，按 Delete 键，可删除光标右边的一个字符或选定的字符。

（4）确认或取消修改：

❖ 单击编辑栏左边的 ✓ 按钮，所做修改有效，活动单元格不变。

❖ 单击编辑栏左边的 ✕ 按钮或按 Esc 键，取消所做的修改，活动单元格不变。

❖ 按 Enter 键，所做修改有效，本列下一行的单元格为活动单元格。

❖ 按 Tab 键，所做修改有效，本行下一列的单元格为活动单元格。

2. 删除内容

用以下方法可以删除活动单元格或所选定单元格中的所有内容。

❖ 按 Delete 键或 Backspace 键。

❖ 单击【编辑】逻辑组中的 ✐ 按钮，在打开的菜单中选择【清除内容】命令。

单元格中的内容被删除后，单元格以及单元格中内容的格式仍然保留，以后再往此单元格内输入数据时，数据采用原来的格式。

3. 查找内容

查找和替换都是从当前活动单元格开始搜索整个工作表，若只搜索工作表的一部分，应先选定相应的区域。

按 Ctrl+F 组合键，或单击【编辑】逻辑组中的【查找和选择】按钮，在打开的菜单中选择【查找】命令，弹出【查找和替换】对话框，当前选项卡是【查找】选项卡，如图4-12所示。在【查找】选项卡中可进行以下操作。

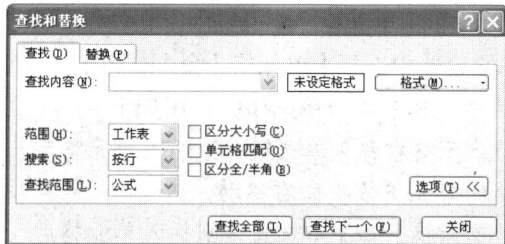

图4-12 【查找】选项卡

❖ 在【查找内容】下拉列表框中，输入或选择要查找的内容。

❖ 单击 格式(M)... 按钮，打开一个菜单，可从中选择一个命令，用来设置要查找文本的格式。查找过程中，将查找内容与格式都相同的文本。

❖ 在【范围】下拉列表框中，如果选择"工作表"，则在当前工作表中查找。如果选择"工作簿"，则在工作簿中的所有工作表中查找。

❖ 在【搜索】下拉列表框中，如果选择"按行"，则逐行搜索工作表。如果选择"按列"，则逐列搜索工作表。

❖ 在【查找范围】下拉列表框中，如果选择"公式"，则查找时仅与公式比较。如果选择"值"，则查找时与数据或公式的计算结果比较。

❖ 选择【区分大小写】复选框，则查找时将区分大小写字母。

❖ 选择【单元格匹配】复选框，则只查找与查找内容完全相同的单元格。

❖ 选择【区分全/半角】复选框，则查找时区分全角和半角字符。

❖ 单击 查找下一个(F) 按钮，开始按所做设置查找。如果搜索成功，则搜索到的单元格为活动单元格，否则弹出一个对话框，提示没找到。

4. 替换内容

按 Ctrl+H 组合键，或单击【编辑】逻辑组中的【查找和选择】按钮，在打开的菜单中选择【替换】命令，弹出【查找和替换】对话框，当前选项卡是【替换】选项卡（见图4-13），【替换】选项卡与【查找】选项卡的不同部分解释如下。

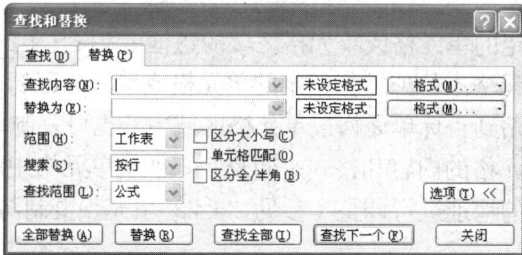

图4-13 【替换】选项卡

❖ 在【替换为】下拉列表框中输入要替换成的内容。

❖ 单击 查找下一个(F) 按钮，查找被替换的内容。

❖ 单击 替换(R) 按钮，将【替换为】下拉列表框中的内容替换查找到的内容，并自动查找下一个被替换的内容。

❖ 单击 全部替换(A) 按钮，全部替换所有查找到的内容。

4.2.5 插入与删除单元格

1. 插入单元格

在功能区【开始】选项卡的【单元格】逻辑组中，单击 插入 按钮右边的 按钮，在打开的菜单中选择【单元格】命令，弹出如图4-14所示的【插入】对话框，其中4个单选钮的作用如下。

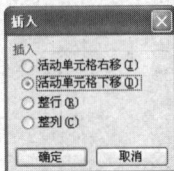

图4-14 【插入】对话框

❖ 选择【活动单元格右移】单选钮，则插入单元格后，活动单元格及其右侧的单元格依次向右移动。

❖ 选择【活动单元格下移】单选钮，则插入单元格后，活动单元格及其下方的单元格依次向下移动。

❖ 选择【整行】单选钮，则插入一行后，当前行及其下方的行依次向下移动。

❖ 选择【整列】单选钮，则插入一列后，当前列及其右侧的列依次向右移动。

2. 删除单元格

在功能区【开始】选项卡的【单元格】逻辑组中，单击 删除 按钮右边的 按钮，在打开的菜单中选择【单元格】命令，弹出如图4-15所示的【删除】对话框，其中4个单选钮的作用如下。

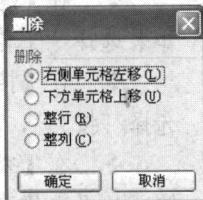

图4-15 【删除】对话框

❖ 选择【右侧单元格左移】单选钮，则删除活动单元格后，右侧的单元格依次向左移动。

❖ 选择【下方单元格上移】单选钮，则删除活动单元格后，下方的单元格依次向上移动。

❖ 选择【整行】单选钮，则删除活动单元格所在的行后，下方的行依次向上移动。

❖ 选择【整列】单选钮，则删除活动单元格所在的列后，右侧的列依次向左移动。

4.2.6 复制与移动单元格

1. 复制单元格

把鼠标指针放到选定的单元格或单元格区域的边框上，按住 Ctrl 键的同时拖动鼠标到目标单元格，可复制单元格。另外，把选定的单元格或单元格区域的内容复制到剪贴板，再将剪贴板上的内容粘贴到目标单元格或单元格区域中，也可复制单元格。

复制单元格时，单元格的内容和格式一同复制。如果单元格中的内容是公式，复制后的公式根据目标单元格的地址进行调整（参见"4.4.3 填充、复制与移动公式"一节）。

2. 移动单元格

把鼠标指针放到选定的单元格或单元格区域的边框上，拖动鼠标到目标单元格，可移动单元格。另外，把选定的单元格或单元格区域的内容剪切到剪贴板，再把剪贴板上的内容粘贴到目标单元格或单元格区域中，也可移动单元格。

移动单元格时，单元格的内容和格式一同移动。如果单元格中的内容是公式，移动后的公式不根据目标单元格的地址进行调整（参见"4.4.3 填充、复制与移动公式"一节）。

4.3 Excel 2007 工作表的格式化

工作表中的数据和单元格表格采用默认格式，若要改变它们的格式，常用操作包括格式化单元格数据、格式化单元格表格和使用高级格式化。在对单元格格式化时，如果选定了单元格，则格式化所选定单元格，否则格式化当前单元格。

4.3.1 格式化单元格数据

单元格内数据的格式化主要包括：设置字符格式、设置数字格式、设置对齐与方向、设置缩进等。

1. 设置字符格式

通过功能区【开始】选项卡的【字体】逻辑组中的命令按钮，可以很容易地设置数据的字符格式，这些设置与 Word 2007 中的几乎相同，不再重复。

与 Word 2007 不同的是，Excel 2007 不支持中文的"号数"，只支持"磅值"。"号数"和"磅值"的换算关系详见"3.3.1 设置字符格式"一节。

2. 设置数字格式

利用功能区【开始】选项卡的【数字】逻辑组，可进行以下数字格式设置操作。

❖ 单击【数字样式】下拉列表框（位于【数字】逻辑组的顶部）中的 ▾ 按钮，打开【数字样式】列表，可从中选择一种数字样式。

❖ 单击 按钮，设置数字为中文（中国）货币样式（数值前加"￥"符号，千分位用","分隔，保留两位小数）。单击 按钮右边的 ▾ 按钮，在打开的列表中可选择其他语言（国家）的货币样式。

❖ 单击 % 按钮，设置数字为百分比样式（如 1.23 变为 123%）。

❖ 单击 按钮，为数字加千分位（如 123456.789 变为 123,456.789）。

❖ 单击 按钮，增加小数位数。单击 按钮，减少小数位数（4 舍 5 入）。

❖ 单击【数字】逻辑组右下角的 按钮，弹出如图 4-16 所示的【设置单元格格式】对话框，当前选项卡是【数字】选项卡。在【分类】列表中选择一种数字类型，右侧会出现该类型的说明、示例和若干选项，可根据需要对这些选项进行设置，单击 确定 按钮，按所做的选择设置数字格式。

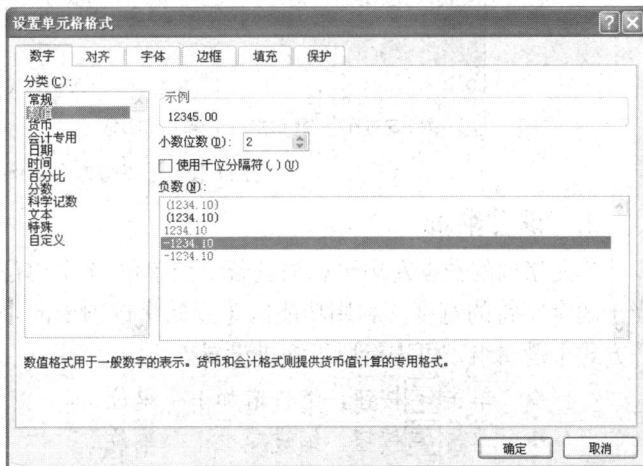

图4-16 【设置单元格格式】对话框

图 4-17 所示为数 123456.789 的各种数字格式的示例。

	A	B
1	123456.789	常规（不包含任何数字格式）
2	123456.79	数值（默认2位小数，可重设）
3	￥123,456.79	货币（默认￥货币符号，带千分位，2位小数，可重设）
4	￥	会计（默认￥货币符号，2位小数，可重设；
5	￥ 123,456.79	含千分位，对一列数值进行货币符号和小数位对齐）
6	12345678.90%	百分比（默认2位小数，可重设）
7	123456 15/19	分数（小数部分用分数表示，分母选2位）
8	123456 703/891	分数（小数部分用分数表示，分母选3位）
9	1.23E+05	科学记数（默认2位小数，可重设）
10	123456.789	文本（数字作为文本处理，自动左对齐）
11	123457	特殊-邮政编码（转换位邮政编码，取前7位）
12	一十二万三千四百五十六.七八九	特殊-中文小写数字（转换为中文小写数字）
13	壹拾贰万叁仟肆佰伍拾陆.柒捌玖	特殊-中文大写数字（转换为中文大写数字）

图4-17 数字格式示例

3. 设置对齐与方向

利用功能区【开始】选项卡的【对齐方式】逻辑组，可进行以下对齐方式设置。

- ❖ 单击 ▤ 按钮，设置垂直靠上对齐。
- ❖ 单击 ▤ 按钮，设置垂直中部对齐。
- ❖ 单击 ▤ 按钮，设置垂直靠下对齐。
- ❖ 单击 ▤ 按钮，设置水平左对齐。
- ❖ 单击 ▤ 按钮，设置水平居中对齐。
- ❖ 单击 ▤ 按钮，设置水平右对齐。
- ❖ 单击 ◈▾ 按钮，打开【文字方向】列表，可从中选择一种文字方向。
- ❖ 单击【对齐方式】逻辑组右下角的 ▫ 按钮，弹出【设置单元格格式】对

话框，当前选项卡是【对齐】选项卡，可在【对齐】选项卡中设置对齐方式和文字方向。

图 4-18 所示为各种对齐与方向的示例。

	A	B	C	D	E	F
1	靠上左对齐	靠上居中	靠上右对齐	垂直居左	垂直居中	垂直居右
2	中部左对齐	中部居中	中部右对齐	转动45°	转动60°	转动90°
3	靠下左对齐	靠下居中	靠下右对齐	转动-45°	转动-60°	转动-90°

图4-18 对齐与方向示例

4. 设置缩进

单元格内的数据左边可以缩进若干个单位，1 个单位相当于两个字符的宽度。利用功能区【开始】选项卡的【对齐方式】逻辑组，可进行以下缩进设置。

- ❖ 单击 ▤ 按钮，缩进增加 1 个单位。
- ❖ 单击 ▤ 按钮，缩进减少 1 个单位。

图 4-19 所示为不同缩进的示例。

	A
1	无缩进
2	缩进1个单位
3	缩进2个单位
4	缩进3个单位

图4-19 不同缩进示例

4.3.2 格式化单元格表格

单元格表格的格式化常用的操作包括：设置行高、设置列宽、设置边框、设置合并居中等。

1. 设置行高

改变某一行或某些行的高度，有以下方法。

❖ 将鼠标指针移动到要调整行高的行分隔线上（该行行号按钮的下边线），鼠标指针成 ✛ 状（见图 4-20），垂直拖动鼠标，即可改变行高。

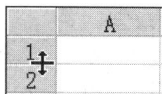

图4-20 行分隔线

❖ 选定若干行，用前面的方法调整其中一行的高度，则其他各行设置成同样高度。

❖ 在功能区【开始】选项卡的【单元格】逻辑组中，单击 格式 按钮，在打开的菜单中选择【行高】命令，弹出如图 4-21 所示的【行高】对话框。在【行高】文本框中输入数值，单击 确定 按钮，将当前行或被选定的行设置成相应的高度。

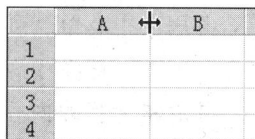

图4-21 【行高】对话框

2. 设置列宽

改变某一列或某些列的宽度，有以下方法。

❖ 将鼠标指针移动到要调整列宽的列分隔线上（该列列号按钮的右边线），鼠标指针成 ✛ 状（见图 4-22），水平拖动鼠标，即可改变列宽。

图4-22 列分隔线

❖ 选定若干列，用上面的方法调整其中一列的宽度，则其他各列设置成同样宽度。

❖ 在功能区【开始】选项卡的【单元格】逻辑组中，单击 格式 按钮，在打开的菜单中选择【列宽】命令，弹出如图 4-23 所示的【列宽】对话框。在【列宽】文本框中输入数值，单击 确定 按钮，将当前列或被选定的列设置成相应的宽度。

图4-23 【列宽】对话框

3. 设置边框

利用功能区【开始】选项卡的【字体】逻辑组，可进行以下边框设置。

❖ 单击 按钮右边的 ▼ 按钮，在打开的边框列表中选择一种列表类型，可将活动单元格或选定单元格的边框设置成相应格式。

❖ 单击 按钮右边的 ▼ 按钮，在打开的边框列表中选择【线条颜色】命令，在打开的【线条颜色】列表中选择一种颜色，这时鼠标指针变为 ✐ 状，在工作表中拖动鼠标，鼠标所经过的边框设置成相应颜色，边框的线型为最近使用过的边框线型。

❖ 单击 按钮右边的 ▼ 按钮，在打开的边框列表中选择【线型】命令，在打开的【线型】列表中选择一种线型，这时鼠标指针变为 ✐ 状，在工作表中拖动鼠标，鼠标所经过的边框设置成相应线型，边框的颜色为最近使用过的边框颜色。

❖ 单击 ▦ 按钮右边的 ▾ 按钮，在打开的边框列表中选择【绘图边框】命令，这时鼠标指针变为 ✐ 状，在工作表中拖动鼠标，绘制鼠标所经过的单元格的外围边框，边框颜色为最近使用过的边框颜色，边框线型为最近使用过的边框线型。

❖ 单击 ▦ 按钮右边的 ▾ 按钮，在打开的边框列表中选择【绘图边框网格】命令，这时鼠标指针变为 ✐ 状，在工作表中拖动鼠标，绘制鼠标所经过的单元格的内部网格，边框颜色为最近使用过的边框颜色，边框线型为最近使用过的边框线型。

❖ 单击 ▦ 按钮右边的 ▾ 按钮，在打开的边框列表中选择【擦除边框】命令，这时鼠标指针变为 ⬗ 状，在工作表中拖动鼠标，鼠标所经过的边框被擦除。

以上绘制或擦除边框的操作完成后，鼠标指针没还原成原来的形状，还可以继续绘制或擦除边框。

再次单击 ▦ 按钮（注意，该按钮随操作的不同而改变），或按 Esc 键，鼠标指针还原成原来的形状。

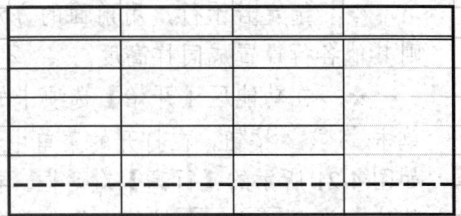

图 4-24 所示为边框设置示例。

图4-24 边框设置示例

4. 设置合并居中

在功能区【开始】选项卡的【对齐方式】逻辑组中，单击 ▦ 按钮右边的 ▾ 按钮，打开【合并居中】菜单。利用【合并居中】菜单，可进行以下合并居中设置。

❖ 选择【合并后居中】命令，把选定的单元格区域合并成一个单元格，合并后单元格的内容为最左上角非空单元格的内容，并且该内容水平居中对齐。

❖ 选择【跨越合并】命令，把选定单元格区域的第一行合并成一个单元格，合并后单元格的内容为最左上角非空单元格的内容。跨越合并只能水平合并一行，既不能合并多行，也不能垂直合并。

❖ 选择【合并单元格】命令，把选定的单元格区域合并成一个单元格，合并后单元格的内容为最左上角非空单元格的内容。

❖ 选择【取消单元格合并】命令，把已合并的单元格还原成合并前的单元格，最左上角单元格的内容为原单元格的内容。

合并居中非常适合设置表格的标题，对于水平标题，合并居中后即可完成，由于单元格中内容默认的文字方向是水平，因此，要设置垂直标题，合并居中后还需要设置文字方向为"竖排"。图 4-25 所示为合并居中的示例。

图4-25 合并居中示例

4.3.3 使用高级格式化

利用功能区【开始】选项卡的【样式】逻辑组中的命令按钮，可以实现高级格式化。高级格式化操作包括：套用表格格式、套用单元格样式、设置条件格式。

1. 套用表格格式

Excel 2007 预置了 60 种表格格式，这些格式既对单元格数据进行了格式化，又对单元格表格进行了格式化。套用某种格式，可以快速格式化表格，无须对单元格逐一进行格式化。预置表格格式按色彩分成 3 类：浅色、中等深浅和深色。套用表格格式的步骤如下。

(1) 选定要套用格式的单元格区域。

(2) 单击【样式】逻辑组中的【套用表格格式】按钮，打开【表格格式】列表，从中选择一种格式，弹出如图 4-26 所示的【套用表格式】对话框。

(3) 在【套用表格式】对话框中，根据需要修改文本框中单元格区域的地址（有关地址的概念详见"4.4.1 公式的基本概念"一节），根据需要选择【表包含标题】复选框，单击 确定 按钮。

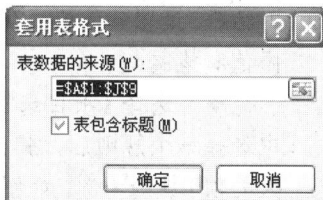

图4-26 【套用表格式】对话框

套用表格格式后，Excel 2007 自动把表格设置为自动筛选状态（有关筛选的概念详见"4.5.3 数据筛选"一节），标题行的每个标题上都带有下拉箭头（见图 4-27），如果要取消自动筛选状态，

	A	B	C	D	E	F	G	H	I	J
1	学号	语文	数学	英语	物理	化学	生物	历史	地理	体育
2	990001	90	85.5	99.3	67	100	85.5	100	90	89
3	990002	100	90	89	90	85.5	99.3	88	70	79.5
4	990003	67	100	85.5	100	90	89	67	100	85.5
5	990004	100	100	89	89	70	85.5	83	72	77.5
6	990005	97	90	85	80	94	82	61	70	89.5
7	990006	88	70	79.5	90	85.5	99.3	88	70	79.5
8	990007	97	86	79	67	100	85.5	100	90	89
9	990008	56	67	68	69	70	71	72	73	74

图4-27 套用表格格式后的单元格区域

只需在功能区【数据】选项卡的【排序和筛选】逻辑组中单击【筛选】按钮即可。

2. 套用单元格样式

Excel 2007 预置了 40 多种单元格样式，这些格式对单元格数据的字体、字号、字颜色、底色、边框、对齐等格式进行了设置。套用某种样式，可以快速格式化单元格，无须对每项逐一进行设置。

选定要套用格式的单元格或单元格区域，单击【样式】逻辑组中的【单元格样式】按钮，打开如图 4-28 所示的【单元格样式】列表，从中选择一种样式，选定的单元格或单元格区域即设置成相应的格式。

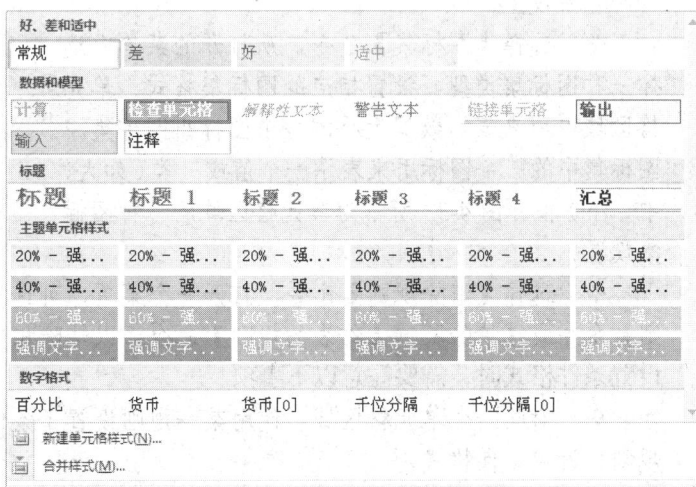

图4-28 【单元格样式】列表

3. 设置条件格式

条件格式是指单元格中数据的格式依赖于某个条件，当条件的值为真时，数据的格式为指定的格式，否则为原来的格式。

选定要条件格式化的单元格或单元格区域，单击【样式】逻辑组中的【条件格式化】按钮，打开【条件格式化】菜单，可进行以下条件格式化。

❖ 选择【突出显示单元格规则】命令，从打开的菜单中选择一个规则后，弹出一个对话框（以"大于"规则为例，如图 4-29 所示），通过该对话框，设置条件格式化所需要的界限值和格式。

图4-29 【大于】对话框

❖ 选择【项目选取规则】命令，从打开的菜单中选择一个规则后，弹出一个对话框（以"10 个最大的项"规则为例，如图 4-30 所示），通过该对话框，设置条件格式化所需要的项目数和格式。

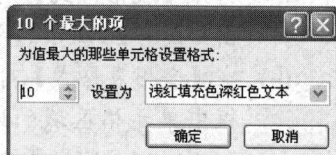

图4-30 【10 个最大的项】对话框

❖ 选择【数据条】命令，从打开的菜单中选择一种数据条的颜色类型，设置相应的数据条格式。单元格区域中用来表示数据大小的彩条叫数据条。数据条越长，表示数据在单元格区域中越大。图 4-31 所示为单元格区域的一种数据条设置。

图4-31 数据条设置

❖ 选择【色阶】命令，从打开的菜单中选择一种色阶的颜色类型，设置相应的色阶格式。单元格区域中用来表示数值大小的双色或三色渐变的底色叫色阶。色阶的颜色深浅不同，表示数值在单元格区域中的大小不同。图 4-32 所示为单元格区域的一种色阶设置。

图4-32 色阶设置

❖ 选择【图标集】命令，从打开的菜单中选择一种图标集类型，设置相应的图标集格式。单元格区域中用来表示数据大小的多个图标叫图标集。图标集中的一个图标用来表示一个值或一类（如大、中、小）值。图 4-33 所示为单元格区域的一种图标集设置。

图4-33 图标集设置

❖ 选择【清除规则】命令，打开一个菜单，可选择【清除所选单元格的规则】命令或【清除所选工作表的规则】命令，以清除相应的条件格式。

设置条件格式时，需要注意以下事项。

❖ 对同一个单元格区域，使用某一规则设置了条件格式后，还可使用其他规则再设置条件格式。

❖ 除了【突出显示单元格规则】以外，多次设置的其他规则，仅最后一次生效。

4.4 Excel 2007 的公式计算

Excel 2007 的一个强大功能是可以在单元格内输入公式，系统自动在单元格内显示计算结果。公式中除了使用一些数学运算外，还可以使用系统提供的强大的数据处理函数。

4.4.1 公式的基本概念

Excel 2007 公式涉及的基本概念有：常量、单元格地址与单元格区域地址、运算符和内部函数。

1. 常量

常量是一个固定的值，从字面上就能知道该值是什么或它的大小是多少。公式中的常量有数值型常量、文本型常量和逻辑常量。

❖ 数值型常量：数值型常量可以是整数、小数、分数、百分数，不能带千分位和货币符号。例如 100、2.8、1 1/2、15%等都是合法的数值型常量，2A、1,000、$123 等都是非法的数值型常量。

❖ 文本型常量：文本型常量是用英文双引号（""）引起来的若干字符，但其中不能包含英文双引号。例如"平均值是"、"总金额是"等都是合法的文本型常量。

❖ 逻辑常量：逻辑常量只有 TRUE 和 FALSE 这两个值，分别表示真和假。

2. 单元格地址与单元格区域地址

单元格地址也叫单元格引用，有相对地址、绝对地址和混合地址 3 种类型。

❖ 相对地址：相对地址仅包含单元格的列号与行号（列号在前，行号在后），如 A1、B2。相对地址是 Excel 2007 默认的单元格引用方式。在复制或填充公式时，系统根据目标位置自动调节公式中的相对地址。例如 C2 单元格中的公式是"=A2+B2"，如果将 C2 单元格中的公式复制或填充到 C3 单元格，则 C3 单元格中的公式自动调整为 "=A3+B3"，即公式中相对地址的行坐标加 1。

❖ 绝对地址：绝对地址是在列号与行号前均加上 "$" 符号，如$A$1、$B$2。在复制或填充公式时，系统不改变公式中的绝对地址。例如 C2 单元格中的公式是 "=$A$2+$B$2"，如果将 C2 单元格中的公式复制或填充到 C3 单元格，则 C3 单元格的公式仍然为 "=$A$2+$B$2"。

❖ 混合地址：混合地址是在列号和行号中的一个之前加上 "$" 符号，如$A1、B$2。在复制或填充公式时，系统改变公式中的相对部分（不带 "$" 者），不改变公式中的绝对部分（带 "$" 者）。例如 C2 单元格中的公式是 "=$A2+B$2"，如果把它复制或填充到 C3 单元格，则 C3 单元格中的公式变为 "=$A3+C$2"。

单元格区域地址也叫单元格区域引用，包括单元格区域左上角的单元格地址、英文冒号 ":" 和单元格区域右下角的单元格地址三部分，如 A1:F4、B2:E10。单元格区域左上角（或右下角）的单元格地址可以是相对地址，也可以是绝对地址。

3. 运算符

公式中表示运算的符号叫运算符。运算符根据参与运算数值的个数分为单目运算符和双目运算符。单目运算符只有一个数值参与运算，双目运算符有两个数值参与运算。运算符根据运算的性质分为算术运算符、比较运算符和文字连接符 3 类。

（1）算术运算符：算术运算符用来表示算术运算，算数运算的结果还是数值。算术运算符共有 7 个，它们的含义如表 4-3 所示。

表 4-3　　　　　　　　　　　　　　算术运算符

算术运算符	类型	含义	示例
−	单目	求负	−A1（等于−1* A1）
+	双目	加	3+3
−	双目	减	3−1
*	双目	乘	3*3
/	双目	除	3/3
%	单目	百分比	20%（等于 0.2）
^	双目	乘方	3^2（等于 3*3）

算术运算的优先级由高到低为：−（求负）、%、^、*和/、+和−。如果优先级相同（如*和/），则按从左到右的顺序计算。例如，运算式"1+2%−3^4/5*6"的计算顺序是：%、^、/、*、+、−，计算结果是−96.18。

（2）比较运算符：比较运算符用来表示比较运算，参与比较运算的数据必须是同一类型，文本、数值、日期、时间都可继续比较。比较运算的结果是一个逻辑值（TRUE 或 FALSE）。比较运算的优先级比算术运算符的低。比较运算符及其含义如表 4-4 所示。

表 4-4　　　　　　　　　　　　　　比较运算符

比较运算符	含义	比较运算符	含义
=	等于	>=	大于等于
>	大于	<=	小于等于
<	小于	<>	不等于

各种类型数据的比较规则如下。

❖　数值型数据的比较规则是：按照数值的大小进行比较。

❖　日期型数据的比较规则是：昨天<今天<明天。

❖　时间型数据的比较规则是：过去<现在<将来。

❖　文本型数据的比较规则是：按照字典顺序比较。

字典顺序的比较规则如下。

❖ 从左向右进行比较，第 1 个不同字符的大小就是两个文本数据的大小。

❖ 如果前面的字符都相同，则没有剩余字符的文本小。

❖ 英文字符<中文字符。

❖ 英文字符按在 ASCII 码表中的顺序（参见 "1.2.3 字符编码" 一节）进行比较，位置靠前的小。从 ASCII 码表中不难看出：空格<数字<大写字母<小写字母。

❖ 汉字的大小按字母顺序，即汉字的拼音顺序，如果拼音相同则比较声调，如果声调相同则比较笔画。如果一个汉字有多个读音，或者一个读音有多个声调，则系统选取最常用的拼音和声调。

例如："12"<"3"、"AB"<"AC" 、 "A"<"AB"、"AB"<"ab"、"AB"<"中"、"美国"<"中国" 的结果都为 TRUE。

（3）文字连接符：文字连接符只有一个 "&"，是双目运算符，用来连接文本或数值，结果是文本类型。文字连接符的优先级比算术运算符的低，但比比较运算符的高。以下是文字连接的示例。

❖ "计算机" & "应用"，其结果是"计算机应用"。

❖ "总成绩是" & 543，其结果是"总成绩是 543"。

❖ "总分是" & 87+88+89，其结果是"总分是 264"。

4. 常用的内部函数

内部函数是 Excel 2007 预先定义的计算公式或计算过程。按要求传递给函数一个或多个数据（称为参数），就能计算出一个唯一的结果。例如 SUM(1,3,5,7)的结果是 16。

使用内部函数时，必须以函数名称开始，后面是圆括号括起来的参数，参数之间用逗号分隔，如 SUM(1,3,5,7)。参数可以是常量、单元格地址、单元格区域地址、运算式或其他函数，给定的参数必须符合函数的要求，如 SUM 函数的参数必须是数值型数据。

Excel 2007 提供了近 200 个内部函数，以下是 8 个常用的内部函数。

（1）SUM 函数：SUM 函数用来将各参数累加，求它们的和。参数可以是一个数值常量，也可以是一个单元格地址，还可以是一个单元格区域引用。下面是 SUM 函数的例子。

❖ SUM(1,2,3)：计算 1+2+3 的值，结果为 6。

❖ SUM(A1,A2,A3)：求 A1、A2、A3 单元格中数的和。

❖ SUM(A1:F4)：求 A1:F4 单元格区域中数的和。

（2）AVERAGE 函数：AVERAGE 函数用来求参数中数值的平均值，其参数要求与 SUM 函数的一样。下面是 AVERAGE 函数的例子。

❖ AVERAGE(1,2,3)：求 1、2、3 的平均值，结果为 2。

❖ AVERAGE(A1,A2,A3)：求 A1、A2、A3 单元格中数的平均值。

❖ AVERAGE (A1:F4)：求 A1:F4 单元格区域中数的平均值。

（3）COUNT 函数：COUNT 函数用来统计参数中数值项的个数，只有数值类型的数据才被计数。下面是 COUNT 函数的例子。

❖ COUNT (A1,B2,C3,E4)：统计 A1、B2、C3、E4 单元格中数值项的个数。

❖ COUNT (A1:A8)：统计 A1:A8 单元格区域中数值项的个数。

（4）MAX 函数：MAX 函数用来求参数中数值的最大值，其参数要求与 SUM 函数的一样。下面是 MAX 函数的例子。

❖ MAX(1,2,3)：求 1、2、3 中的最大值，结果为 3。

❖ MAX(A1,A2,A3)：求 A1、A2、A3 单元格中数的最大值。

❖ MAX (A1:F4)：求 A1:F4 单元格区域中数的最大值。

（5）MIN 函数：MIN 函数用来求参数中数值的最小值，其参数要求与 SUM 函数的一样。下面是 MIN 函数的例子。

❖ MIN(1,2,3)：求 1、2、3 中的最小值，结果为 1。

❖ MIN(A1,A2,A3)：求 A1、A2、A3 单元格中数的最小值。

❖ MIN (A1:F4)：求 A1:F4 单元格区域中数的最小值。

（6）LEFT 函数：LEFT 函数用来取文本数据左面的若干个字符。它有两个参数，第 1 个是文本常量或单元格地址，第 2 个是整数，表示要取字符的个数。在 Excel 2007 中，系统把一个汉字当作一个字符处理。下面是 LEFT 函数的例子。

❖ LEFT("Excel 2007",3)：取"Excel 2007"左边的 3 个字符，结果为"Exc"。

❖ LEFT("计算机",2)：取"计算机"左边的 2 个字符，结果为"计算"。

（7）RIGHT 函数：RIGHT 函数用来取文本数据右面的若干个字符，参数与 LEFT 函数相同。下面是 RIGHT 函数的例子。

❖ RIGHT("Excel 2007",3)：取"Excel 2007"右边的 3 个字符，结果为"007"。

❖ RIGHT("计算机",2)：取"计算机"右边的 2 个字符，结果为"算机"。

（8）IF 函数：IF 函数检查第 1 个参数的值是真还是假，如果是真，则返回第 2 个参数的值，如果是假，则返回第 3 个参数的值。此函数包含 3 个参数：要检查的条件、当条件为真时的返回值和条件为假时的返回值。下面是 IF 函数的例子。

❖ IF(1+1=2, "天才", "奇才")：因为"1+1=2"为真，所以结果为"天才"。

❖ IF(B5<60, "不及格", "及格")：如果 B5 单元格中的值小于 60，则结果为"不及格"，否则结果为"及格"。

5. 公式的组成规则

Excel 2007 公式的组成规则如下。

❖ 公式必须以英文等于号 "=" 开始，然后再输入计算式。

❖ 常量、单元格引用、函数名、运算符等必须是英文符号。

❖ 参与运算数据的类型必须与运算符相匹配。

❖ 使用函数时，函数参数的数量和类型必须和要求的一致。

❖ 括号必须成对出现，并且配对正确。

4.4.2 输入与编辑公式

在 Excel 2007 中，可在单元格中输入公式，也可编辑已输入的公式。

1. 输入公式

输入公式有两种方式：直接输入公式和插入常用函数。

（1）直接输入公式：直接输入公式的过程与向单元格中输入数据的过程大致相同（参见 "4.2.2 向单元格中输入数据"一节），不同之处是公式必须以英文等于号 "=" 开始。如果输入的公式中有错误，系统会弹出如图 4-34 所示的【Microsoft Excel】对话框。

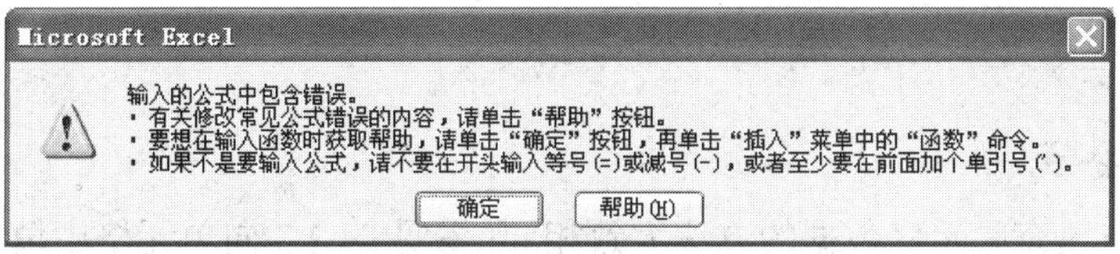

图4-34 【Microsoft Excel】对话框

输入公式后，如果公式运算出现错误，会在单元格中显示错误信息代码，以下是常见的错误代码及其错误原因。

❖ #DIV/0：除数为 0。

❖ #N/A：公式中无可用数值或缺少函数参数。

❖ #NAME?：使用了 Excel 不能识别的名称。

❖ #NULL!：使用了不正确的区域运算或不正确的单元格引用。

❖ #NUM!：在需要数值参数的函数中使用了不能接受的参数或结果数值溢出。

❖ #REF!：公式中引用了无效的单元格。

❖ #VALUZ!：需要数值或逻辑值时输入了文本。

如果公式中有单元格地址，当相应单元格中的数据变化时，公式的计算结果也随之变化。图 4-35 所示为不同的计算总分方式在单元格中的显示情况。图 4-36 所示为数据变化后公式计算结果的显示情况。

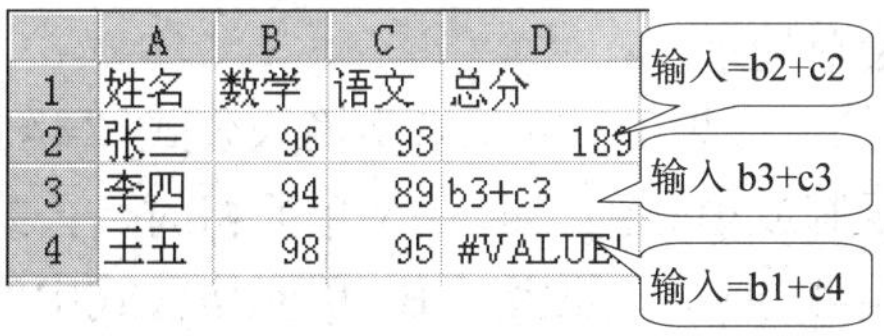

图4-35 公式输入说明

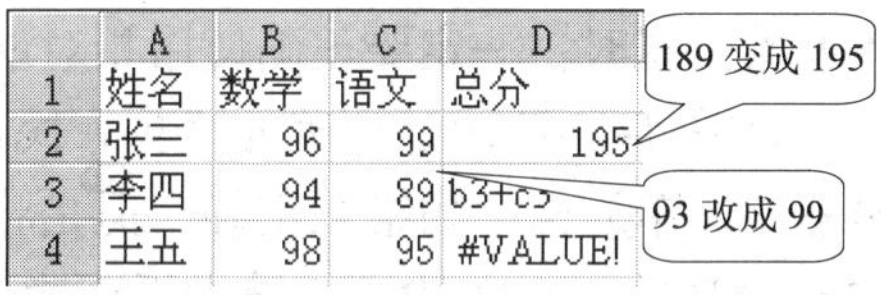

图4-36 计算结果同步更新

（2）插入常用函数：在功能区【开始】选项卡的【编辑】逻辑组中单击 Σ 按钮，当前单元格中出现一个包含 SUM 函数的公式，同时出现被虚线方框围住的用于求和的单元格区域，如图 4-37 所示。如果要改变求和的单元格区域，用鼠标选定所需的区域，然后按回车键或 Tab 键，或单击编辑栏中的 ✓ 按钮，即可完成公式的输入。单击 Σ 按钮右边的 ▾ 按钮，在打开的菜单中选择一种常用函数，用类似的方法可插入相应的公式。

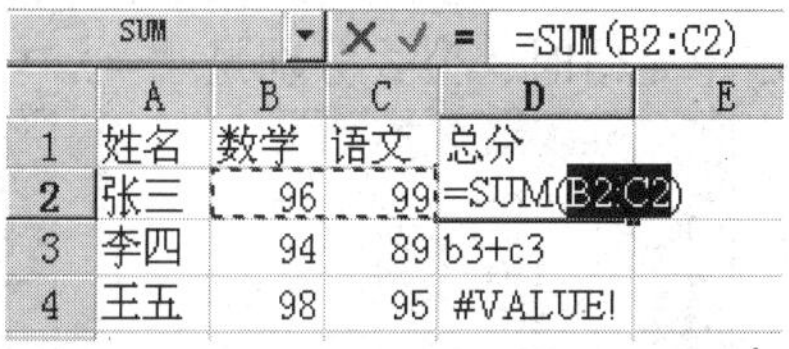

图4-37 SUM 函数与单元格区域

2. 编辑公式

通常，在单元格中只能看到公式的计算结果。单击相应的单元格，在编辑框内就可看到相应的公式，如图 4-38 所示。双击单元格，单元格和编辑框内都可看到相应的公式，并且在单元格内可编辑其中的公式，如图 4-39 所示。

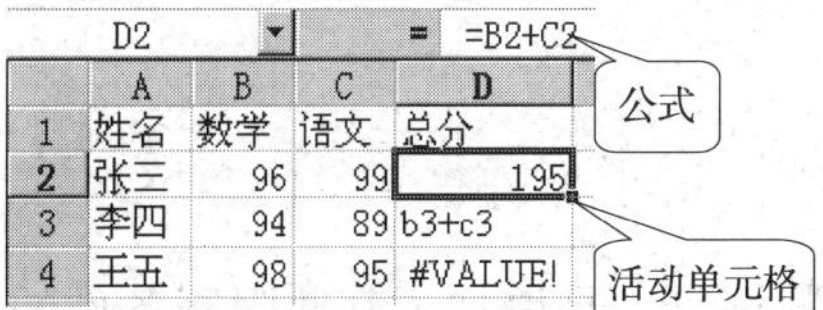

图4-38 查看公式

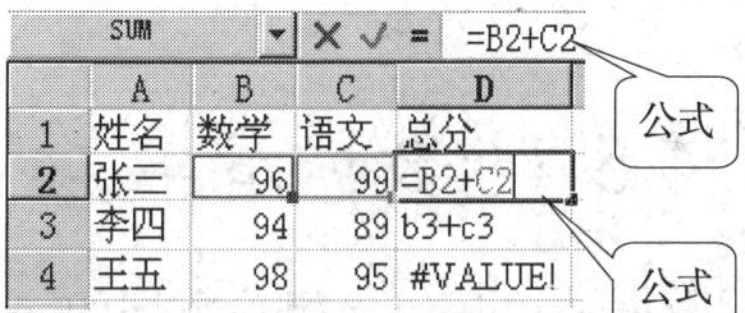

图4-39 编辑公式

4.4.3 填充、复制与移动公式

1. 填充公式

填充公式与填充单元格数据的方法大致相同（参见“4.2.3 向单元格中填充数据”一节），不同的是，填充的公式根据目标单元格与原始单元格的位移，自动调整原始公式中的相对地址或混合地址的相对部分，并且填充公式后，填充的单元格或单元格区域中显示公式的计算结果。

2. 复制公式

复制公式的方法与复制单元格的方法大致相同（参见“4.2.6 复制与移动单元格”一节），不同的是，复制的公式根据目标单元格与原始单元格的位移，自动调整原始公式中的相对地址或混合地址的相对部分，并且复制公式后，复制的单元格或单元格区域中显示公式的计算结果。

3. 移动公式

移动公式的方法与移动单元格的方法大致相同（参见“4.2.6 复制与移动单元格”一节）。与复制公式不同的是，移动公式不自动调整原始公式。

由于填充和复制的公式仅调整原始公式中的相对地址或混合地址的相对部分，因此输入原始公式时，一定要正确使用相对地址和绝对地址。

以图 4-40 所示计算美元换算人民币值为例，如果 B3 单元格中输入公式 “=A3*B1”，虽然 B3 单元格中的结果正确，但是将公式复制或填充到 B4、B5 单元格时，公式分别是 “=A4*B2”、“=A5*B3”，结果不正确，如图 4-41 所示。原因是 B3 单元格公式中的汇率采用相对地址 B1，填充公式后，公式中的汇率不再是 B1 了，因而出现错误。

如果 B3 单元格输入公式 “=A3*$B$1”，即汇率使用绝对地址，再将公式填充到 B4、B5 单元格时，公式分别是 “= A4*$B$1”、“= A5*$B$1”，结果正确，如图 4-42 所示。

	A	B
1	汇率	8.7
2	美元	人民币
3	100	
4	200	
5	300	

图4-40　计算人民币

	A	B
1	汇率	8.7
2	美元	人民币
3	100	870
4	200	#VALUE!
5	300	261000

=A3*B1

图4-41　错误的原始公式

	A	B
1	汇率	8.
2	美元	人民币
3	100	870
4	200	1740
5	300	2610

=A3*$B$1

图4-42　正确的原始公式

4.5 Excel 2007 的数据管理与分析

Excel 2007 具有强大的数据管理功能，它的数据管理通常基于数据清单。数据管理功能包括：数据排序、数据筛选、分类汇总和图表表现等。

4.5.1 数据清单

数据清单是包含相关数据的一系列工作表数据行，是增加了某些限制条件的工作表，也称为工作表数据库。按照以下规则建立的工作表即为数据清单。

❖ 每列必须有一个标题，称为列标题，列标题必须唯一，并且不能重复。

❖ 各列标题必须在同一行上，称为标题行，标题行必须在数据的上方。

❖ 每列中的数据必须是基本的，不能再分，并且是同一种类型。

❖ 不能有空行或空列，也不能有空单元格。

❖ 与非数据清单中的数据之间必须留出一个空行和空列。

数据清单的一列称为一个字段，列标题名为字段名，数据清单的一行为一条记录。图 4-43 所示为一个数据清单。

	A	B	C	D	E	F	G
1							
2	姓名	系别	性别	英语	计算机	体育	总分
3	赵东春	数学	男	52	78	84	214
4	钱南夏	中文	男	69	74	43	186
5	孙西秋	数学	女	83	92	88	263
6	李北冬	中文	女	72	56	69	197
7	周前梅	数学	男	76	83	84	243
8	吴后兰	中文	女	79	67	77	223
9	郑左竹	中文	男	84	78	46	208
10	王右菊	数学	女	54	93	64	211

图4-43 数据清单

4.5.2 数据排序

实际应用中，往往需要按数据清单中的某个字段排序，以便对照分析。把活动单元格移到数据清单中要排序的列，在功能区【数据】选项卡的【排序和筛选】逻辑组中，单击 ↓ 按钮则按从小到大排序，单击 ↓ 按钮则按从大到小排序。数据清单排序有以下特点。

❖ 排序时数值、日期、时间的大小比较，参见"4.4.1 公式的基本概念"一节。

❖ 文本数据的大小比较有两种方式：字母顺序和笔画顺序，排序时采用最近使用过的方式，默认方式是按字母顺序排序。

❖ 如果当前列或选定单元格区域的内容是公式,则按公式的计算结果进行排序。

❖ 如果两个关键字段的数据相同，则原来在前面的数据排序后仍然排在前面，原来在后面的数据排序后仍然排在后面。

排序的字段称为关键字段，以上方法仅能对一个关键字段排序。对多个关键字段排序时，如果第 1 关键字段的值相同，则比较第 2 关键字段，依此类推。Excel 2007 最多可对 64 个关键字段排序。

在功能区【数据】选项卡的【排序和筛选】逻辑组中，单击【排序】按钮，弹出如图 4-44 所示的【排序】对话框。

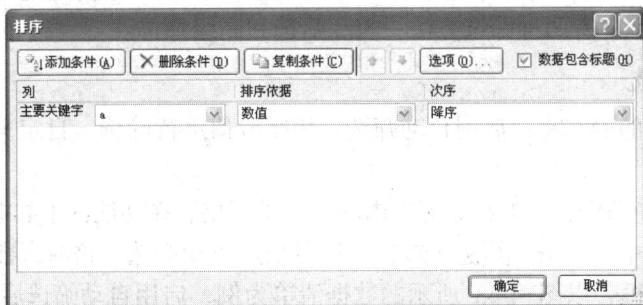

图4-44 【排序】对话框

在【排序】对话框中，可进行以下操作。

❖ 在【主要关键字】下拉列表框中选择排序的主要关键字。

❖ 在【排序依据】下拉列表框中选择排序的依据，通常选择"数值"，即按数据的大小排序。

❖ 在【次序】下拉列表框中选择排序的方式，主要有"升序"、"降序"和"自定义序列" 3 种方式。

❖ 如果还要按其他关键字排序，单击 添加条件(A) 按钮，添加一个条件行，从【主要关键字】、【排序依据】和【次序】下拉列表框中做相应选择，方法同前。这一操作可进行多次，但不能超过 64 个条件行。

❖ 单击 × 删除条件(D) 按钮，删除当前的条件行。

❖ 单击 复制条件(C) 按钮，复制当前的条件行。

❖ 单击 按钮，当前条件行上升一级。

❖ 单击 按钮，当前条件行下降一级。

❖ 选择【数据包含标题】复选框，则认为工作表有标题行。

❖ 单击 确定 按钮，按所做设置进行排序。

在【排序】对话框中单击 选项(O)... 按钮，将弹出如图 4-45 所示的【排序选项】对话框。可进行以下排序设置操作。

❖ 选择【区分大小写】复选框，则排序时字母区分大小写。

❖ 选择【按列排序】单选钮，则按数据清单列中数据的大小对数据清单中的各行排序。

❖ 选择【按行排序】单选钮，则按数据清单行中数据的大小对数据清单中的各列排序。

❖ 选择【字母排序】单选钮，则汉字的排序方式是按拼音字母的顺序。

图4-45 【排序选项】对话框

❖ 选择【笔划排序】单选钮，则汉字的排序方式是按笔画数的多少。

❖ 单击 确定 按钮，所做的设置生效，同时关闭该对话框，返回【排序】对话框。

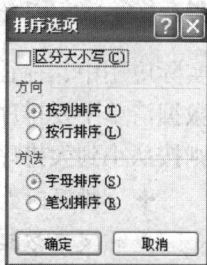

4.5.3 数据筛选

数据筛选是只显示那些满足条件的记录，隐藏其他记录。数据筛选并不删除数据清单中的记录。Excel 2007 有两种筛选方法：自动筛选和高级筛选。

1. 自动筛选

自动筛选常用的操作有：启用自动筛选、用字段值进行筛选、自定义筛选、多次筛选和取消筛选。

（1）启用自动筛选：单击数据清单内的一个单元格，在功能区【数据】选项卡的【排序和筛选】逻辑组中，单击【筛选】按钮，即可启用自动筛选。这时，数据清单中各字段名称变成下拉列表框，以图 4-43 所示的数据清单为例，启用自动筛选后的结果如图 4-46 所示。启用自动筛选后，数据清单中的记录不变。

图4-46 自动筛选

（2）用字段值进行筛选：在自动筛选状态下，单击字段下拉列表框，打开如图 4-47 所示的【自动筛选】列表（以"系别"字段为例）。

【自动筛选】列表的下半部分是字段值复选框组，默认的方式是所有字段值全选，如果取消选择某字段值，则筛选掉该字段值的所有记录。

以图 4-43 所示的数据清单为例，在【系别】下拉列表框中选择"数学"，结果如图 4-48 所示。

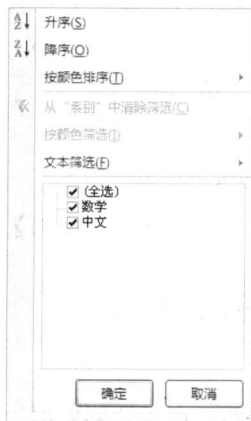

图4-47 【自动筛选】列表

	A	B	C	D	E	F	G
1							
2	姓名	系别	性别	英语	计算机	体育	总分
3	赵东春	数学	男	52	78	84	214
5	孙西秋	数学	女	83	92	88	263
7	周前梅	数学	男	76	83	84	243
10	王右菊	数学	女	54	93	64	211

图4-48 根据字段值的筛选结果

（3）自定义筛选：有时需要按某个条件进行筛选，可在【自动筛选】列表中选择【文本筛选】命令（对于数值字段，则是【数值筛选】命令），在打开的菜单中选择【自定义】命令，则弹出如图 4-49 所示的【自定义自动筛选方式】对话框。

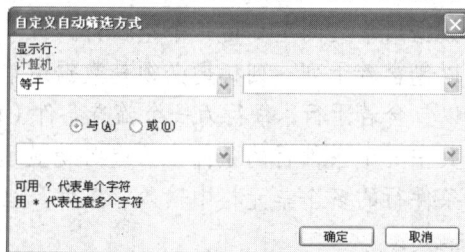

图4-49 【自定义自动筛选方式】对话框

在图 4-46 所示的数据清单中，在打开的"计算机"字段的【自动筛选】列表中，选择【数值筛选】命令，在打开的菜单中选择【自定义】命令，则弹出如图 4-49 所示【自定义自动筛选方式】对话框。

在【自定义自动筛选方式】对话框中，可进行以下操作。

❖ 在第 1 个条件的左边下拉列表框中选择一种比较方式。

❖ 在第 1 个条件的右边下拉列表框中输入或选择一个值。

❖ 选择【与】单选钮，则筛选出同时满足两个条件的记录。

❖ 选择【或】单选钮，则筛选出满足任何一个条件的记录。

❖ 如果必要，在第 2 个条件的左边下拉列表框中选择一种比较方式，在第 2 个条件的右边下拉列表框中输入或选择一个值。

❖ 单击 确定 按钮，按所做设置进行筛选。

在图 4-49 中，如果第 1 个条件为"大于""70"，第 2 个条件为"小于""90"，选择【与】单选钮，筛选结果如图 4-50 所示。

图4-50 自定义条件的筛选结果

（4）多次筛选：对一个字段筛选完后，还可以用以上方法对其他字段再次筛选。例如，在图4-50所示的筛选结果基础上，再筛选体育分大于80的记录，结果如图4-51所示。

图4-51 多次筛选

（5）取消筛选：取消某一次筛选或取消所有筛选的方法如下。

❖ 在某个字段的【自动筛选】列表的字段值复选框组中，选择【全部】复选框，取消对该字段的筛选。

❖ 单击【排序和筛选】逻辑组中的【筛选】按钮，取消所有筛选。

2. 高级筛选

高级筛选的筛选条件不是在字段的【自动筛选】列表中定义，而是在数据清单所在工作表的条件区域中定义筛选条件，Excel 2007根据条件区域中的条件进行筛选。

高级筛选常用的操作有：定义条件区域、启用高级筛选和取消高级筛选。

（1）定义条件区域：条件区域是一个矩形单元格区域，用来表达高级筛选的筛选条件，它有以下要求。

❖ 条件区域与数据清单之间至少留一个空白行。

❖ 条件区域可以包含若干列，列标题必须是数据清单中某列的列标题。

❖ 条件区域可以包含若干行，每行为一个筛选条件（称为条件行），数据清单中的记录只要满足其中一个条件行的条件，筛选时就显示。

❖ 如果在一个条件行的多个单元格中输入了条件，当这些条件都满足时，该条件行的条件才算满足。

❖ 条件行单元格中条件的格式是在比较运算符后面跟一个数据（如>60）。无运算符表示=（如60表示等于60），无数据表示0（如>表示大于0）。

条件区域中的条件有以下几种常见情况。

❖ 单列上具有多个条件行。如图4-52所示的条件区域，只有1个列（"姓名"），该列有2个条件行（"钱南夏"和"周前梅"）。该条件区域的作用是：显示"姓名"列中有"钱南夏"或者"周前梅"的行。

姓名
钱南夏
周前梅

图4-52 条件1

❖ 多列上具有单个条件行。如图4-53所示的条件区域，有2个列（"系别"和"英语"），只有1个条件行（"数学"和"<60"在一行上）。该条件区域的作用是：显示"系别"列中为"数学"并且"英语"列中的值小于60的行。

系别	英语
数学	<60

图4-53 条件2

❖ 多列上具有多个简单条件行。如图4-54所示的条件区域，有2个列（"系别"和"英语"），有2个条件行（"数学"为一行、"<60"为一行），该条件区域的作用是：显示"系别"列中为"数学"或者"英语"列中的值小于60的行。

系别	英语
数学	
	<60

图4-54 条件3

❖ 多列上具有多个复杂条件行。如图 4-55 所示的条件区域，有 2 个列（"系别"和"英语"），有 2 个条件行（"数学"和">80"为一行、"中文"和">75"为一行）。该条件区域的作用是：显示"系别"列中为"数学"并且"英语"列中的值大于 80 的行，也显示"系别"列中为"中文"并且"英语"列中的值大于 75 的行。

系别	英语
数学	>80
中文	>75

图4-55 条件 4

❖ 多个相同列。如图 4-56 所示条件区域，有 2 个"英语"列。该条件区域的作用是：显示"英语"列中的值大于等于 80 并且小于 90 的行，也显示小于 60 的行。

英语	英语
>=80	<90
<60	

图4-56 条件 5

（2）启用高级筛选：设定好条件区域后，在功能区【数据】选项卡的【排序和筛选】逻辑组中，单击 高级 按钮，弹出如图 4-57 所示的【高级筛选】对话框，可进行以下操作。

❖ 选择【在原有区域显示筛选结果】单选钮，则筛选结果在原有区域显示。

❖ 选择【将筛选结果复制到其他位置】单选钮，则将筛选结果复制到其他位置，位置在【复制到】文本框内输入或在工作表中选择。

❖ 在【列表区域】文本框内输入或在工作表中选择筛选数据的区域。

❖ 在【条件区域】文本框内输入或在工作表中选择筛选条件的区域。

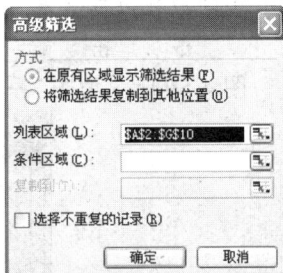

图4-57 【高级筛选】对话框

❖ 如果选择【选择不重复的记录】复选框，重复记录只显示一条，否则全部显示。

❖ 单击 确定 按钮，按所做设置进行高级筛选。

（3）取消高级筛选：进行了高级筛选后，在功能区【数据】选项卡的【排序和筛选】逻辑组中，单击 清除 按钮，取消所做的高级筛选，数据清单恢复到筛选以前的状态。

4.5.4 分类汇总

将数据清单中同一类别的数据放在一起，求出它们的总和、平均值或个数等，称为分类汇总。对同一类数据分类汇总后，还可以对其中的另一类数据再分类汇总，称为多级分类汇总。

Excel 2007 在分类汇总前，必须先按分类的字段进行排序，否则分类汇总的结果不是所要求的结果。

1. 单级分类汇总

按分类字段（如系别）排序（不限升序和降序），再将活动单元格移动到数据清单中，在功能区【数据】选项卡的【分级显示】逻辑组中，单击【分类汇总】按钮，弹出如图 4-58 所示的【分类汇总】对话框（以图 4-43 所示的数据清单为例），可进行以下操作。

❖ 在【分类字段】下拉列表框中，选择一个分类

图4-58 【分类汇总】对话框

字段，这个字段必须是排序时的关键字段。

❖ 在【汇总方式】下拉列表框中，选择一种汇总方式，有"求和"、"平均值"、"计数"、"最大值"、"最小值"等选项。

❖ 在【选定汇总项】列表框中，选择按【汇总方式】进行汇总的字段名，可以选择多个字段名。

❖ 选择【替换当前分类汇总】复选框，则先前的分类汇总结果被删除，以最新的分类汇总结果取代，否则再增加一个分类汇总结果。

❖ 选择【每组数据分页】复选框，则分类汇总后，在每组数据后面自动插入分页符，否则不插入分页符。

❖ 选择【汇总结果显示在数据下方】复选框，则汇总结果放在数据下方，否则放在数据上方。

❖ 单击 确定 按钮，按所做设置进行分类汇总。

图 4-59 所示为按"系别"对各科成绩求平均值的结果，行标左侧是分类汇总控制区域。

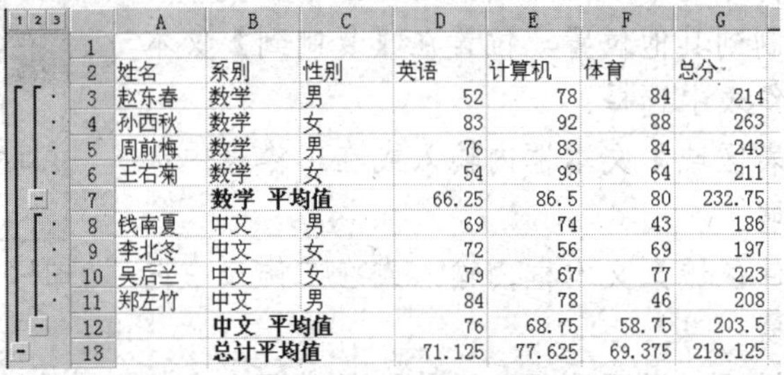

图4-59 分类汇总结果

2. 多级分类汇总

要进行多级分类汇总，必须按分类汇总级别进行排序。比如要按系别求平均成绩，每个系再按性别求平均成绩，则必须以"系别"为第 1 关键字排序，以"性别"为第 2 关键字排序，然后再分类汇总。多级分类汇总时先分类汇总的关键字为第 1 关键字，后分类汇总的关键字分别为第 2、第 3 关键字。

用前面的方法先增加第 1 级分类汇总结果，再增加第 2 级分类汇总结果，这样就完成了多级分类汇总。图 4-60 所示为多级分类汇总的示例。

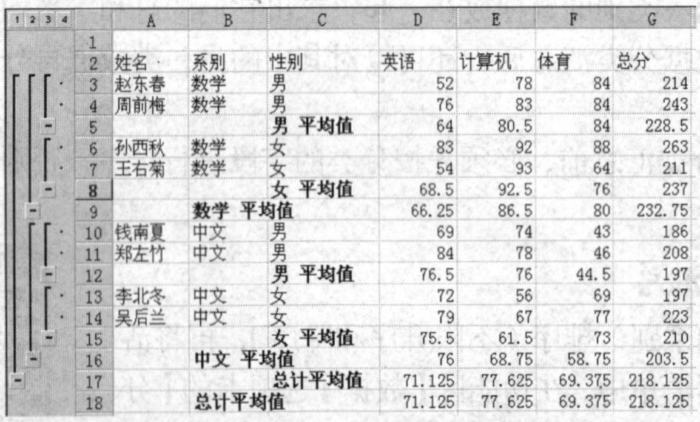

图4-60 多级分类汇总

3. 分类汇总控制

分类汇总完成后，可以利用分类汇总控制区域中的按钮，折叠或展开数据清单中的数据，还可以删除全部分类汇总结果，恢复到分类汇总前的状态。

（1）折叠或展开数据：分类汇总后，利用分类汇总控制区域的按钮，可折叠或展开数据，常用的操作如下。

　❖　单击 − 按钮，折叠该组中的数据，只显示分类汇总结果，同时该按钮变成 + 。

　❖　单击 + 按钮，展开该组中的数据，显示该组中的全部数据，同时该按钮变成 − 。

　❖　单击分类汇总控制区域顶端的数字按钮，只显示该级别的分类汇总结果。

在图 4-60 所示的分类汇总结果中，单击第 2 级的第 1 个 − 按钮，折叠该组数据，结果如图 4-61 所示。

1 2 3 4		A	B	C	D	E	F	G
	1							
	2	姓名	系别	性别	英语	计算机	体育	总分
	9		数学 平均值		66.25	86.5	80	232.75
	10	钱南夏	中文	男	69	74	43	186
	11	郑左竹	中文	男	84	78	46	208
	12			男 平均值	76.5	76	44.5	197
	13	李北冬	中文	女	72	56	69	197
	14	吴后兰	中文	女	79	67	77	223
	15			女 平均值	75.5	61.5	73	210
	16		中文 平均值		76	68.75	58.75	203.5
	17			总计平均值	71.125	77.625	69.375	218.125
	18		总计平均值		71.125	77.625	69.375	218.125

图4-61　折叠一组数据

（2）删除分类汇总：删除全部分类汇总结果，恢复到分类汇总前的状态的方法是：把活动单元格移动到数据清单中，再次单击【分类汇总】按钮，这时弹出如图 4-58 所示的【分类汇总】对话框，在该对话框中，单击 全部删除(R) 按钮，即可删除全部分类汇总结果。

4.5.5　图表表现

图表表现就是将数据清单中的数据以各种图表的形式显示，使得数据更加直观。图表具有较好的视觉效果，可方便用户比较数据、预测趋势。利用【插入】选项卡【图表】逻辑组中的工具，可以方便地创建图表，还可以设置图表。

1.　图表的概念

工作表中的数据除了以文字的形式表现外，还可以用图的形式表现，这就是图表。图表有多种类型，每一种类型又有若干子类型。图表和工作表是密切相关的，当工作表中的数据发生变化时，图表也随之变化。图 4-62 所示为一个图表的示例。

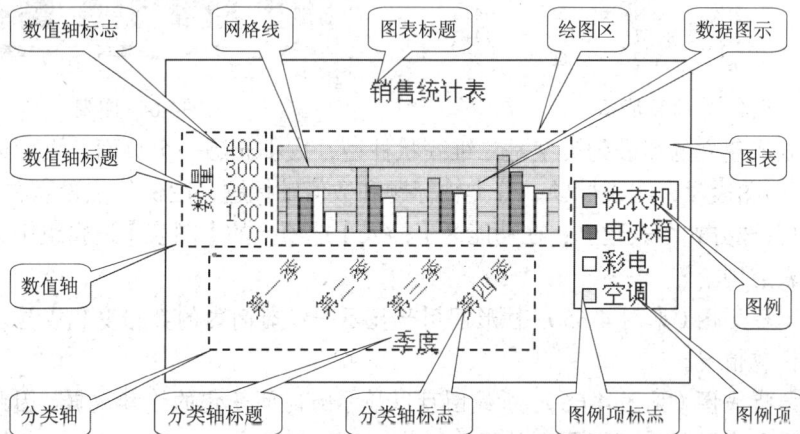

图4-62　图表示例

图表由图表标题、数值轴、分类轴、绘图区和图例 5 部分组成。

（1）图表标题：图表标题在图表的顶端，用来说明图表的名称、种类或性质。

（2）绘图区：绘图区是图表中数据的图形显示，包括网格线和数据图示。

❖ 网格线：把数值轴或分类轴分成若干相同部分的横线或竖线。

❖ 数据图示：根据数据的大小和分类，显示相应高度的图例项标志。

（3）数值轴：数值轴是图表中的垂直轴，用来区分数据的大小。

❖ 数值轴标题：在图表左边，用来说明数据数值的种类。

❖ 数值轴标志：数据数值大小的刻度值。

（4）分类轴：分类轴是图表的水平轴，用来区分数据的类别。

❖ 分类轴标题：在图表底端，用来说明数据分类种类。

❖ 分类轴标志：数据的各分类名称。

（5）图例：图例用于区分数据各系列的彩色小方块和名称。

❖ 图例项：数据的系列名称。

❖ 图例项标志：代表某一系列的彩色小方块。

2. 创建图表

Excel 2007 提供了两种建立图表的方法：按默认方式建立图表和用自选方式建立图表。默认方式建立一个默认类型的图表，建立的图表放置在一个新工作表中。自选方式建立一个自选类型的图表，建立的图表嵌入到当前的工作表中。

（1）以默认方式建立图表：建立默认图表的方法是：首先激活数据清单（以图 4-63 所示的数据清单为例）中的一个单元格，然后按 F11 键，则 Excel 2007 自动产生一个工作表，工作表名为"Chart1"（如果前面创建过图表工作表，名称中的序号依次递增），工作表的内容是该数据清单的图表，如图 4-64 所示。

图4-63 数据清单

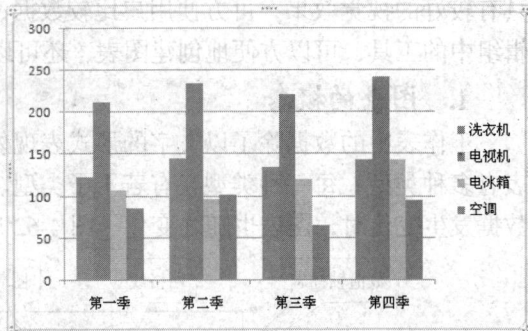

图4-64 图表

按默认方式建立的图表的类型是二维簇状柱型，大小充满一个页面，页面设置自动调整为"横向"。图表没有图表标题、分类轴标题和数值轴标题，图例的位置靠右。

（2）以自选方式图表建立：在功能区【插入】选项卡的【图表】逻辑组中，包含了以下常用的图表类型。

❖ 柱形图（见图 4-65）：柱形图用于显示一段时间内的数据变化或显示各项之间的比较情况。

❖ 折线图（见图 4-66）：折线图可以显示随时间变化的连续数据，因此非常适用于显示在相等时间间隔下数据的趋势。

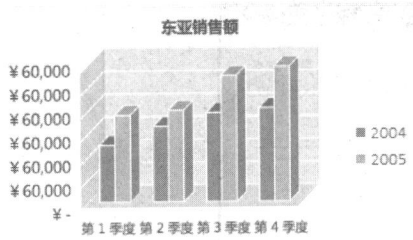

图4-65 柱形图

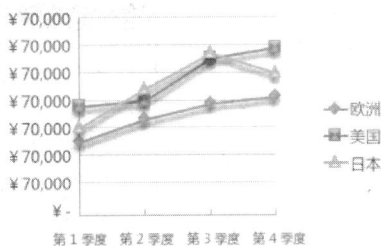

图4-66 折线图

❖ 饼图（见图 4-67）：饼图显示一个数据系列中各项的大小与各项总和的比例。

❖ 条形图（见图 4-68）：条形图显示各个项目之间的比较情况。

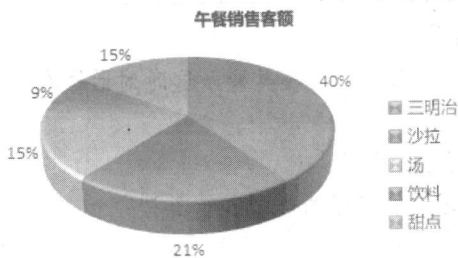

图4-67 饼图

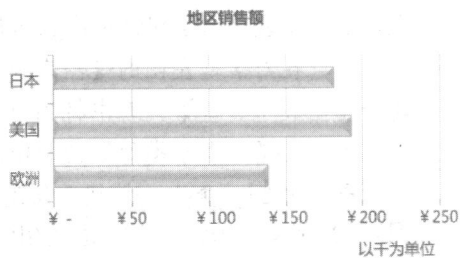

图4-68 条形图

❖ 面积图（见图 4-69）：面积图强调数量随时间而变化的程度，也可用于引起人们对总值趋势的注意。

❖ 散点图（见图 4-70）：散点图显示若干数据系列中各数值之间的关系。散点图通常用于显示和比较数值，例如科学数据、统计数据和工程数据。

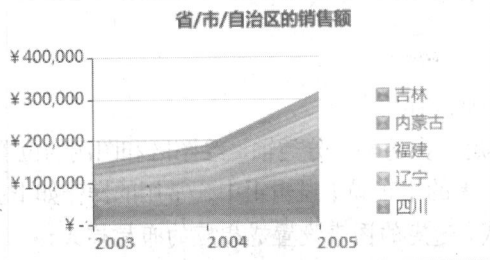

图4-69 面积图

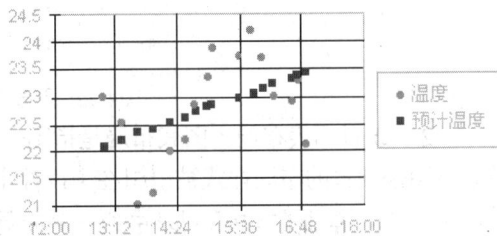

图4-70 散点图

选定要建立图表的单元格区域后，单击其中一个图表类型按钮，打开该类图表的一个列表，从图表列表中选择一种图表子类型，则在当前工作表中，为当前数据清单建立相应类型及其子类型的图表。

单击图表，图表被选定，同时功能区中会增加【设计】、【布局】和【格式】3 个选项卡，通过这些选项卡的逻辑组中的命令按钮，可设置图表。

3. 图表的总体设置

图表的总体设置包括：设置图表类型、图表布局、图表样式、图表位置和图表大小。图表的总体设置通常使用【设计】选项卡的逻辑组中的命令按钮。

（1）设置图表类型：建立图表后，还可以更改图表的类型和子类型。首先选定图表，然后单击【设计】选项卡中【图表】逻辑组中的【更改图表类型】按钮，弹出如图 4-71 所示的【更改图表类型】对话框。

图4-71　【更改图表类型】对话框

在【更改图表类型】对话框中，可进行以下操作。

❖　在对话框左侧的【图表类型】列表中选择一种图表类型，这时对话框右侧的【图表子类型】列表中将列出所有的子类型。

❖　在【图表子类型】列表中选择一种图表子类型。

❖　单击 确定 按钮，所选定的图表设置成相应的类型和子类型。

图4-72所示为更改图表类型后的图表。

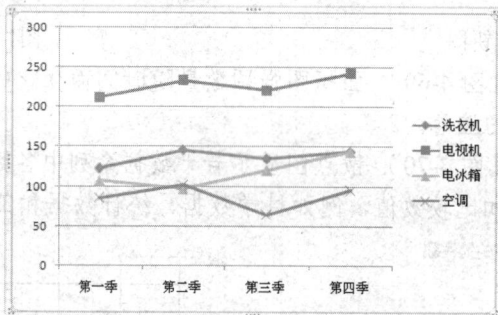

图4-72　更改图表类型后的图表

（2）设置图表布局：图表布局是指图表的标题、数值轴、分类轴、绘图区和图例的位置关系。图表预置的布局样式被组织在【设计】选项卡的【布局】逻辑组中，常用的操作如下。

❖　单击【布局】列表中的一种布局样式，选定的图表设置成相应的布局样式。

❖　单击【布局】列表中的 ▲ 按钮，布局样式上翻一页。

❖　单击【布局】列表中的 ▼ 按钮，布局样式下翻一页。

❖　单击【布局】列表中的 按钮，打开一个【布局样式】列表，从中选择一种样式，选定的图表则设置成相应的布局样式。

图4-73所示为更改布局后的图表。

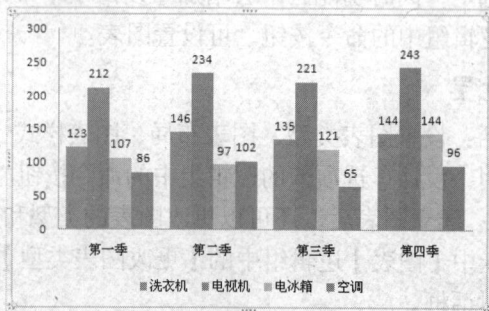

图4-73　更改布局后的图表

（3）设置图表样式：图表样式是指图表绘图区中网格线和数据图示的大小、形状和颜色。图表预置的图表样式被组织在【设计】选项卡的【图表样式】逻辑组中，常用的操作如下。

❖ 单击【图表样式】列表中的一种图表样式，所选定的图表设置成相应的图表样式。

❖ 单击【图表样式】列表中的▲按钮，图表样式上翻一页。

❖ 单击【图表样式】列表中的▼按钮，图表样式下翻一页。

❖ 单击【图表样式】列表中的⬒按钮，打开一个【图表样式】列表，从中选择一种样式，所选定的图表则设置成相应的图表样式。

图 4-74 所示为更改图表样式后的图表。

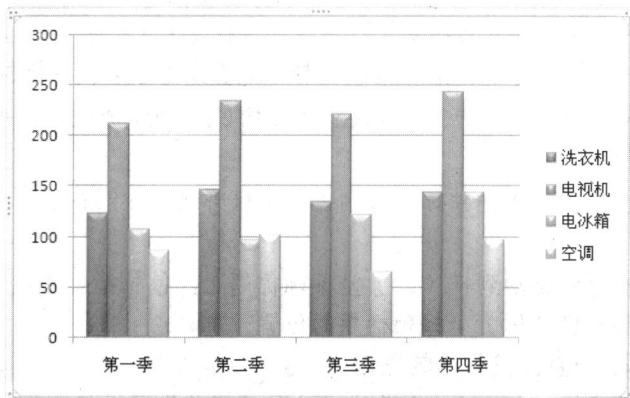

图4-74 更改图表样式后的图表

（4）设置图表位置：单击【设计】选项卡的【位置】逻辑组中的【移动图表】按钮，弹出如图 4-75 所示的【移动图表】对话框，可进行以下操作。

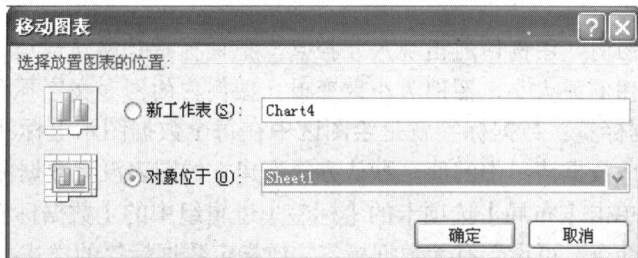

图4-75 【移动图表】对话框

❖ 选择【新工作表】单选钮，并在其右边的文本框中输入一个工作表名，则图表将移动到这个新建的工作表中。

❖ 选择【对象位于】单选钮，并在其右边的下拉列表框中选择一个工作表名，则图表将移动到这个已有的工作表中。

❖ 单击 确定 按钮，按所做的设置移动工作表。

将鼠标指针移动到图表的空白区域，鼠标指针变成 状，拖动图表，同时有一个虚框随之移动，松开鼠标左键，图表就移动到相应的位置。

（5）设置图表大小：单击图表，图表四周出现 8 个黑点组，称为图表的尺寸控点。将鼠标指针移动到图表的尺寸控点上，鼠标指针变成↕、↔、↖、↗状，拖动鼠标就可以改变图表的大小。图表的大小改变时，图表内的图也随之改变。

4. 图表的局部设置

图表的局部设置包括：设置图表标题、坐标轴标题、图例、数据标签、数据表、坐标轴和网格线。图表的局部设置通常使用【布局】选项卡的逻辑组中的命令按钮。

（1）设置图表标题：设置图表标题常用的操作如下。

❖ 选定图表后，单击【布局】选项卡的【标签】逻辑组中的【图表标题】按钮，在打开的菜单中选择一个命令，可设置有无图表标题，或指定图表标题的样式。

❖ 选定图表标题后，再单击标题，标题内出现光标，这时可编辑标题。

❖ 把鼠标指针移动到图表标题上，鼠标指针变成形状，这时拖动鼠标，可移动图表标题的位置。

（2）设置坐标轴标题：设置坐标轴标题常用的操作如下。

❖ 选定图表后，单击【布局】选项卡中【标签】逻辑组中的【坐标轴标题】按钮，在打开的菜单中选择【主要横坐标轴标题】或【主要纵坐标轴标题】命令，再从打开的菜单中选择一个命令，可设置有无横（纵）坐标轴标题，或指定横（纵）坐标轴标题的样式。

❖ 选定横（纵）坐标轴标题后，再单击该标题，标题内出现光标，这时可编辑标题。

❖ 把鼠标指针移动到横（纵）坐标轴标题上，鼠标指针变成形状，这时拖动鼠标，可移动横（纵）坐标轴标题的位置。

（3）设置图例：设置图例常用的操作如下。

❖ 选定图表后，单击【布局】选项卡的【标签】逻辑组中的【图例】按钮，在打开的菜单中选择一个命令，可设置有无图例，或指定图例的样式。

❖ 把鼠标指针移动到图例上，鼠标指针变成形状，这时拖动鼠标，可移动图例的位置。

❖ 单击图例，图例四周出现尺寸控点，把鼠标指针移动到尺寸控点上，拖动鼠标可改变图例的大小。图例大小改变时，图例内的图和文字不改变。

（4）设置数据标签：数据标签就是绘图区中在每个数据图示上标注的数值，这个值就是该数据图示对应数据清单中的值。默认方式下建立的图表没有数据标签。

选定图表后，单击【布局】选项卡的【标签】逻辑组中的【数据标签】按钮，在打开的菜单中选择一个命令，可设置有无数据标签，或指定数据标签的样式。图4-76所示为添加了数据标签后的图表。

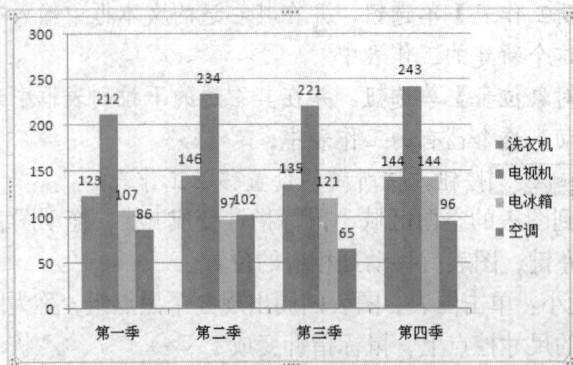

图4-76 添加数据标签后的图表

（5）设置数据表：数据表就是在图表中同时显示数据清单中的数据。默认方式下建立的图表没有数据表。

选定图表后，单击【布局】选项卡的【标签】逻辑组中的【数据表】按钮，在打开的菜单中选择一个命令，可设置有无数数据表，或指定数据表的样式。图 4-77 所示为添加了数据表后的图表。

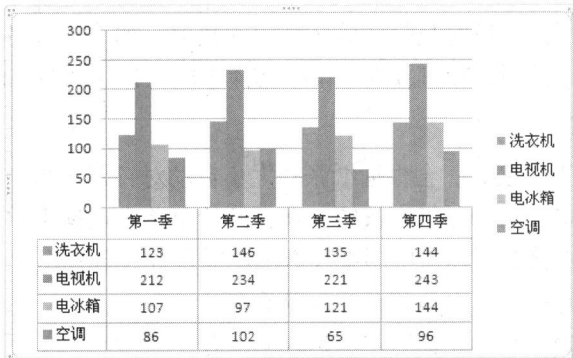

图4-77　添加数据表后的图表

（6）设置坐标轴：选定图表后，单击【布局】选项卡的【坐标轴】逻辑组中的【坐标轴】按钮，在打开的菜单中选择【主要横坐标轴】命令或【主要纵坐标轴】命令，再从打开的菜单中选择一个命令，可设置有无横（纵）坐标轴，或指定横（纵）坐标轴的样式。

（7）设置网格线：网格线就是绘图区中均分数值轴（或分类轴）的横线（或竖线），网格线有主要网格线和次要网格线两种类型，主要网格线之间较疏，次要网格线之间较密。默认方式下建立的图表只有主要横网格线。

选定图表后，单击【布局】选项卡中【坐标轴】逻辑组中的【网格线】按钮，在打开的菜单中选择【主要横网格线】或【主要纵网格线】命令，再从打开的菜单中选择一个命令，可设置有无横（纵）网格线，或指定横（纵）网格线的样式。

4.6　Excel 2007 的页面设置与打印

工作表创建好后，为了便于提交或留存查阅，常常需要把它打印出来。打印前通常需要设置纸张、页面，然后预览打印结果，一切满意后，再在打印机上打印。

设置纸张包括纸张大小、纸张方向和页边距的设置，这些操作与 Word 2007 的相应操作类似，这里不再重复，可参见"3.4.1 设置纸张"一节。

4.6.1　设置页面

Excel 2007 的页面设置包括设置打印区域、插入分页符、设置背景和打印标题。页面设置通常使用功能区【页面布局】选项卡的【页面设置】逻辑组中的命令按钮，为了叙述方便，在本小节中所涉及的命令按钮，如果没有特别说明，皆指【页面设置】逻辑组的命令按钮。

1. 设置打印区域

Excel 2007 打印工作表时，默认情况下打印整个工作表。如果想打印工作表的一部分，需要设置打印区域。要设置工作表的打印区域，首先选定该区域，单击【打印区域】按钮，在打开的菜单中选择【设置打印区域】命令，当选定区域的边框上出现虚线时，表示打印区域已设置好了。

设置好打印区域后，打印时只打印该区域中的数据。如果要取消该打印区域的选定状态，单击【打印区域】按钮，在打开的菜单中选择【取消打印区域】命令即可。

2. 插入分页符

Excel 2007 打印工作表时，会根据纸张的大小自动对打印区域分页，如果要想手工分页，应插入分页符。单击【分隔符】按钮，在打开的菜单中选择【插入分页符】命令，则插入一个分页符，分页符在工作表中用虚线表示。插入分页符有以下几种情况。

- ❖ 如果选定一行，在该行前插入分页符。
- ❖ 如果选定一列，在该列左侧插入分页符。
- ❖ 如果没有选定行或列，则在活动单元格所在行前插入分页符，同时在活

动单元格所在列左侧插入分页符，即原来的 1 页被分成 4 页。

把活动单元格移动到分页符下一行的单元格，或分页符右一列的单元格，单击【分隔符】按钮，在打开的菜单中选择【删除分页符】命令，则删除分页符。

3. 设置背景

默认情况下，工作表没有背景，Excel 2007 允许用一幅图片作为背景。单击【背景】按钮，打开【工作表背景】对话框，可通过该对话框选择一幅图片作为背景。这一操作与 Word 2007 插入图片的相应操作类似，可参见 "3.6.2 处理图片" 一节。

设置了工作表背景后，原来的【背景】按钮就变成了【删除背景】按钮，单击该按钮即可删除工作表背景。

4. 设置打印标题

打印标题是指要在打印页的顶端或左端重复出现的行或列。单击【打印标题】按钮，弹出如图 4-78 所示的【页面设置】对话框，当前选项卡是【工作表】选项卡，可进行以下操作。

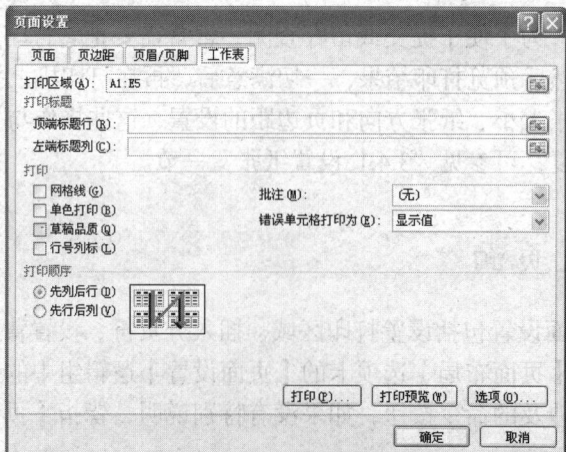

图4-78 【工作表】选项卡

❖ 在【顶端标题行】文本框中输入顶端标题行在工作表中的位置，或者单击右边的 █ 按钮，在工作表中选择顶端标题行。

❖ 在【左端标题列】文本框中输入左端标题列在工作表中的位置，或者单击右边的 █ 按钮，在工作表中选择左端标题列。

❖ 单击 ▢ 确定 ▢ 按钮，完成打印标题的设置。

4.6.2 打印预览与打印

打印预览是在屏幕上显示工作表打印时的效果，一切满意后再打印，这样可避免不必要的浪费。

1. 打印预览

单击 █ 按钮，在打开的菜单中选择【打印】/【打印预览】命令，这时功能区只有【打印预览】选项卡。

Excel 2007 的打印预览功能与 Word 2007 的打印预览功能类似，这里不再重复，可参见"3.4.3 打印预览与打印"一节。

2. 打印文档

在 Excel 2007 中，打印所设置的打印区域有以下 3 种常用方法。

❖ 按 Ctrl+P 组合键。

❖ 单击 █ 按钮，在打开的菜单中选择【打印】/【打印】命令。

❖ 单击 █ 按钮，在打开的菜单中选择【打印】/【快速打印】命令。

最后一种方法按默认方式打印所设置的打印区域一份，用前两种方法则弹出如图 4-79 所示的【打印内容】对话框。

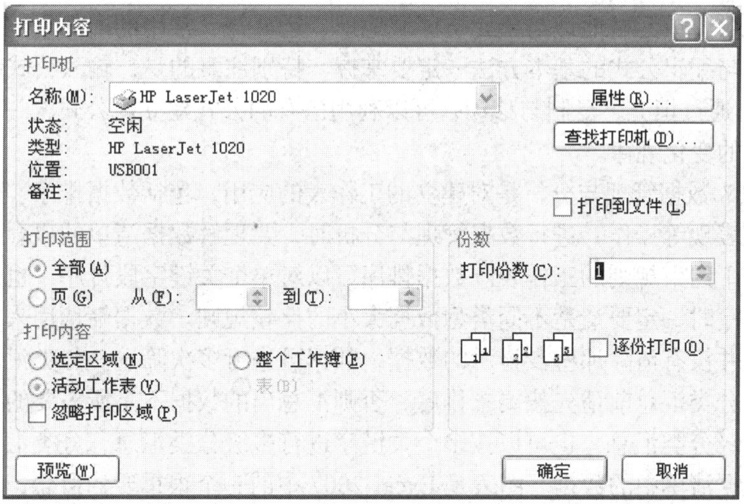

图4-79 【打印内容】对话框

Excel 2007 的【打印内容】对话框与 Word 2007 的【打印】对话框大致相同，除了打印内容可选择【选定区域】、【整个工作簿】和【活动工作表】外，其他操作类似，这里不再重复，可参见"3.4.3 打印预览与打印"一节。

小结

　　Excel 2007 是电子表格软件，使用时必须先启动它。Excel 2007 启动后会出现 Excel 2007 窗口，Excel 2007 窗口由应用程序窗口和工作簿窗口两个窗口组成。应用程序窗口包括标题栏、功能区、状态栏、名称框和编辑栏。工作簿窗口主要由行号、列号、单元格等组成。Excel 2007 常用的工作簿操作有：新建工作簿、保存工作簿、打开工作簿、关闭工作簿等。Excel 2007 常用的工作表管理操作有：插入工作表、删除工作表、重命名工作表、复制工作表、移动工作表、切换工作表等。退出 Excel 2007 前应先保存建立的工作簿，以避免不必要的损失。

　　工作表编辑是 Excel 2007 最基本的操作。工作表编辑离不开激活和选定单元格，用键盘和鼠标都可激活和选定单元格。向单元格中输入数据需要熟练掌握，Excel 2007 的数据类型有多种，在输入时系统会自动识别。向单元格中填充数据是输入有规律数据的一种快捷方法，一定要注意填充过程中数据的变化规律。编辑单元格中内容的常用的操作有：插入、删除、修改、查找和替换。单元格的编辑不仅改变工作表中的单元格，也改变单元格中的数据，常用的操作有：插入、删除、移动、复制等。

　　Excel 2007 的工作表格式化可使工作表更加美观，包括单元格数据格式化、单元格表格格式化、使用高级格式化这 3 类操作。单元格数据格式化包括：设置字符格式、数字格式、对齐与方向和缩进。单元格表格格式化包括：设置行高、列宽、边框以及合并居中。高级格式化是利用 Excel 2007 预置的表格格式或单元格格式进行快速格式化，主要包括：套用表格格式和套用单元格样式。

　　公式计算是 Excel 2007 的重要功能，应熟练掌握。使用公式应理解公式的一些基本概念，包括：常量、单元格地址与单元格区域地址、运算符、常用的内部函数、公式的组成规则等。输入与编辑公式的基本方法一定要掌握，特别注意的是，输入公式时应以英文等号 "=" 开始。通过填充、复制与移动，可以利用已有的公式建立新公式，一定要注意公式中单元格地址的变化规律。

　　Excel 2007 数据管理与分析是对建立的工作表的应用，包括数据排序、数据筛选、分类汇总、图表表现等操作。进行数据管理与分析时，要理解数据清单的概念，数据清单实际上是加了若干约束规则的工作表。数据排序可以对单个关键字段排序，也可对多个关键字段排序，排序时一定要清楚不同类型数据大小的比较规则。数据筛选用来显示用户所关心的数据，但并没有清除那些没显示的数据，数据可进行多次筛选。分类汇总用来统计所需要的数据，分类汇总前请先按要求排序，否则汇总出的数据不是所需要的。可以按一个关键字进行单级分类汇总，也可以按多个关键字进行多级分类汇总，分类汇总后，还可以折叠或展开数据清单中的数据。图表是 Excel 2007 中的一个很重要的概念，以图的形式来表现数据。图表可以按默认方式建立，也可用自选方式建立，建立后的图表还可进行总体设置或局部设置。

　　要打印工作表应先设置页面，包括设置打印区域、插入分页符、设置背景和打印标题。打印工作表前应先打印预览，完全满足要求后再打印。

习题

一、判断题

1. 向单元格内输入数值数据只有整数和小数两种形式。 （　　）
2. 如果单元格内显示"####"，表示单元格中的数据是未知的。 （　　）
3. 在编辑栏内只能输入公式，不能输入数据。 （　　）
4. 在 Excel 2007 中，字体的大小只支持"磅值"。 （　　）
5. 单元格的内容被删除后，原有的格式仍然保留。 （　　）
6. 单元格移动和复制后，单元格中公式中的相对地址都不变。 （　　）
7. 文字连接符可以连接 2 个数值数据。 （　　）
8. 合并单元格只能合并横向的单元格。 （　　）
9. 筛选是只显示满足条件的那些记录，并不更改记录。 （　　）
10. 数据汇总前，必须先按分类的字段进行排序。 （　　）

二、选择题

1. Excel 2007 工作簿文件的扩展名是（　　）。
   A. .xlsx　　　　　B. .xslx　　　　　C. .slxx　　　　　D. .sxlx

2. 如果活动单元格是 B2，按 Tab 键后，活动单元格是（　　）。
   A. B3　　　　　　B. B1　　　　　　C. A2　　　　　　D. C2

3. 如果活动单元格是 B2，按 Enter 键后，活动单元格是（　　）。
   A. B3　　　　　　B. B1　　　　　　C. A2　　　　　　D. C2

4. 在单元格中输入"1-2"后，单元格中数据的类型是（　　）。
   A. 数字　　　　　B. 文本　　　　　C. 日期　　　　　D. 时间

5. 在单元格中输入"1+2"后，单元格中数据的类型是（　　）。
   A. 数字　　　　　B. 文本　　　　　C. 日期　　　　　D. 时间

6. 以下单元格地址中，（　　）是相对地址。
   A. $A$1　　　　　B. $A1　　　　　C. A$1　　　　　D. A1

7. 以下（　　）是合法的数值型常量。
   A. 1000　　　　　B. 1000%　　　　C. -1000　　　　D. 1,000

8. 以下公式中，结果为 FALSE 的是（　　）。
   A. ="a">"A"　　　B. ="a">"3"　　　C. ="12">"3"　　　D. ="优">"劣"

9. 公式=LEFT("计算机",2)的值为（　　）。
   A. "计"　　　　　B. "机"　　　　　C. "计算"　　　　D. "算机"

10. 若活动单元格在数据清单中，按（　　）键会自动生成一个图表。
    A. F9　　　　　　B. F10　　　　　C. F11　　　　　D. F12

三、填空题

1. 一个工作簿最多可包括_____个工作表，在 Excel 2007 新建的工作簿中，默认包含_____个工作表。

2.　一个工作表最多有_____行和_____列，最小行号是_____，最大行号是_____，最小列号是_____，最大列号是_____。

3.　文本数据在单元格内自动_____对齐，数值数据、日期数据和时间数据在单元格内自动_____对齐。

4.　向单元格内输入系统时钟的当前日期应按_____键，输入系统时钟的当前时间应按_____键。

5.　如果活动单元格内的数值数据显示为 12345.67，单击 **%** 按钮则该数据显示为_____，单击 **,** 按钮则该数据显示为_____，单击 按钮则该数据显示为_____，单击 按钮则该数据显示为_____。

6.　公式 "=2*3/4" 的值为_____，公式 "=SUM(1,2,4)" 的值为_____，公式 "=AVERAGE(1,3,5)" 的值为_____。

7.　Excel 2007 最多可对_____关键字段排序，对文本数据排序有按_____排序和按_____顺序这两种方式。

8.　图表由_____、_____、_____、_____和_____等 5 部分组成。

四、问答题

1.　工作簿、工作表和单元格之间是什么关系？

2.　工作表管理有哪些操作？

3.　单元格中的数值、日期、时间数据有哪几种输入形式？

4.　公式中的相对地址、绝对地址和混合地址有什么区别？

5.　单元格中的数字格式有哪几种？如何设置？

6.　单元格中数据的对齐方式有哪几种？如何设置？

7.　什么是条件格式化？如何设置？

8.　工作表增加哪些限制条件才是数据清单？

9.　Excel 2007 数据管理有哪些操作？

10.　有哪些图表设置操作？

第5章 幻灯片软件PowerPoint 2007

PowerPoint 2007 是微软公司开发的办公软件 Office 2007 中的一个组件，利用它可以方便地制作图文并茂、感染力强的幻灯片，是电脑办公的得力工具。

学习目标

掌握 PowerPoint 2007 的基本操作。
掌握 PowerPoint 2007 幻灯片的制作方法。
掌握 PowerPoint 2007 幻灯片的版面设置。
掌握 PowerPoint 2007 幻灯片的放映设置。
掌握 PowerPoint 2007 幻灯片放映、打印与打包。

5.1 PowerPoint 2007 的基本操作

本节介绍 PowerPoint 2007 的启动和退出的方法，PowerPoint 2007 窗口的组成，PowerPoint 2007 的视图方式以及 PowerPoint 2007 中演示文稿的操作。

5.1.1 PowerPoint 2007 的启动

启动 PowerPoint 2007 有多种方法，用户可根据自己的习惯或喜好选择其中一种，以下是一些常用的方法。

❖ 选择【开始】/【程序】/【Microsoft Office】/【Microsoft Office PowerPoint 2007】命令。

❖ 如果建立了 PowerPoint 2007 的快捷方式，双击该快捷方式。
PowerPoint 2007 应用程序文件是 "PowerPnt.exe"，通常存放在系统盘的 "\Program Files\Microsoft Office\" 文件夹中。建立快捷方式的方法详见 "2.5.7 创建快捷方式" 一节。

❖ 打开一个 PowerPoint 演示文稿文件。

用最后一种方法启动 PowerPoint 2007 后，系统将自动打开相应的演示文稿。用前两种方法启动 PowerPoint 2007 后，系统将自动建立一个空白演示文稿，默认的演示文稿名为"演示文稿 1"。

5.1.2　PowerPoint 2007 的窗口组成

启动 PowerPoint 2007 后，出现如图 5-1 所示的窗口。PowerPoint 2007 的窗口由 4 个区域组成：标题栏、功能区、工作区和状态栏。

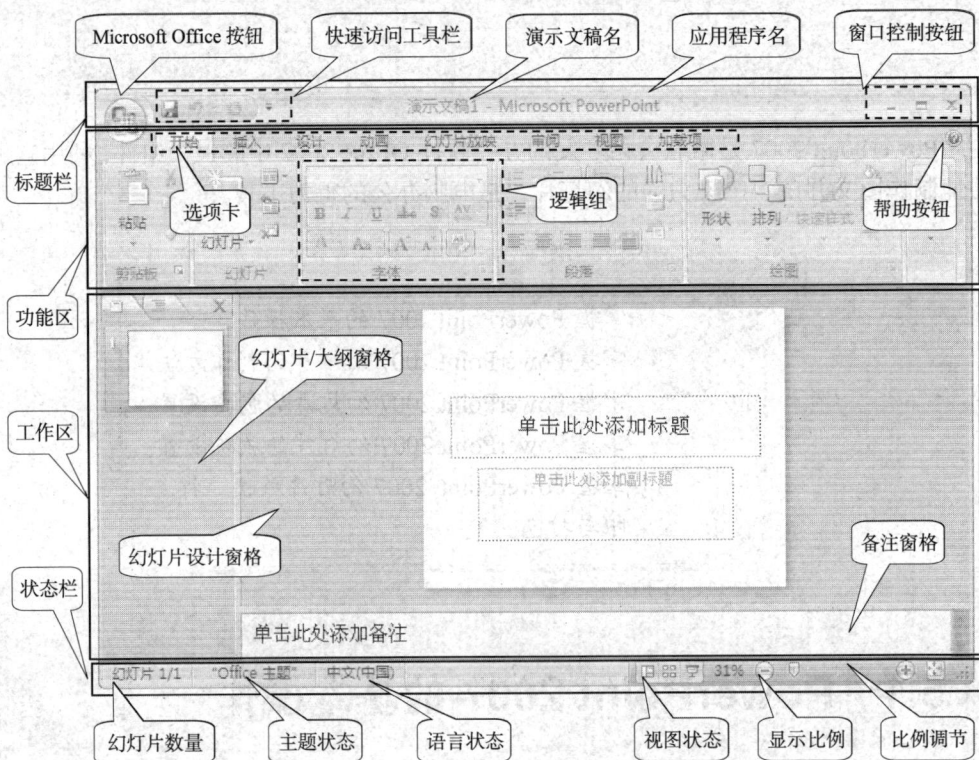

图5-1　PowerPoint 2007 窗口

PowerPoint 2007 的窗口与 Word 2007 的窗口大致相似，不同之处是，PowerPoint 2007 的工作区相当于 Word 2007 的文档区，在不同的视图方式下，工作区是不同的。

5.1.3　PowerPoint 2007 的视图方式

PowerPoint 2007 有 3 种视图方式：普通视图、幻灯片浏览视图和幻灯片放映视图，每种视图都将用户的处理焦点集中在演示文稿的某个要素上。

单击状态栏中的某个视图按钮，或选择功能区【视图】选项卡的【演示文稿视图】逻辑组中的相应视图工具，就会切换到相应的视图方式。

❖　普通视图：普通视图是主要的编辑视图，可用于撰写或设计演示文稿。普通视图包含 3 个窗格：幻灯片/大纲窗格、幻灯片设计窗格和备注窗格。幻灯片/大纲窗格又包含【幻灯片】和【大纲】两个选项卡，用于显示演示文稿中幻灯片的缩略图和演示文稿中幻灯片中文字的大纲。

❖　幻灯片浏览视图：幻灯片浏览视图是以缩略图形式显示幻灯片的视图（见图 5-2）。在幻灯片浏览视图中，可以很容易地添加、删除和移动幻灯片及选择幻灯片的动画切换方式。

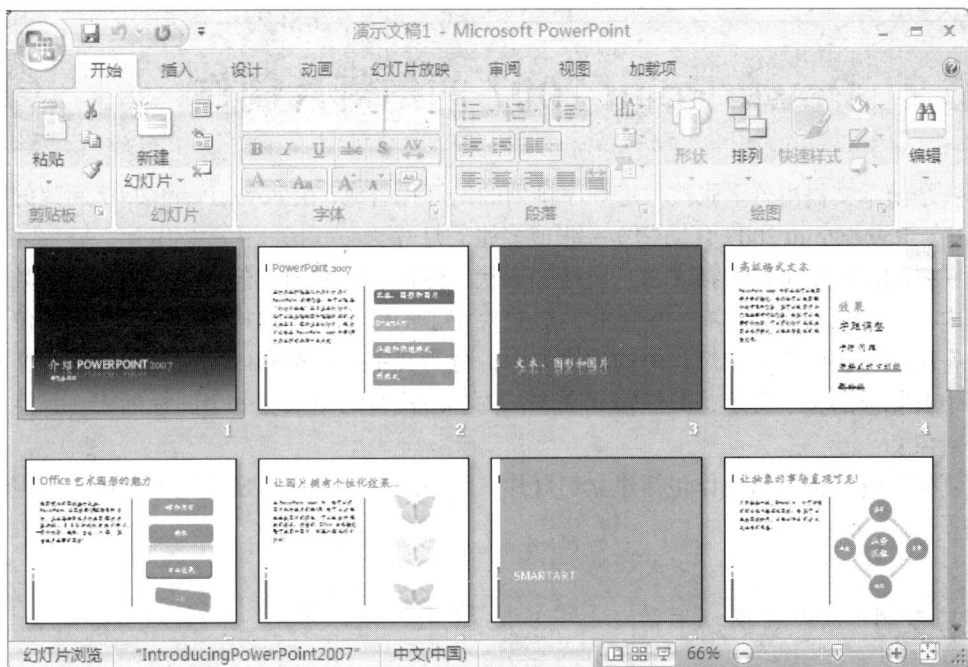

图5-2 幻灯片浏览视图

❖ 幻灯片放映视图：幻灯片放映视图占据整个计算机屏幕，从当前幻灯片开始一幅一幅地放映演示文稿中的幻灯片。

5.1.4 PowerPoint 2007 的演示文稿操作

演示文稿是用 PowerPoint 2007 建立的文件，用来存储用户建立的幻灯片。一个演示文稿对应一个文件，PowerPoint 2007 先前版本演示文稿文件的扩展名是"ppt"或"pps"，PowerPoint 2007 演示文稿文件的扩展名为"pptx"或"ppsx"，该类文件的图标是🔲和🔲。

在 PowerPoint 2007 中，常用的演示文稿操作包括新建演示文稿、保存演示文稿、打开演示文稿和关闭演示文稿，这些操作与 Word 2007 中文档的操作类似，不同之处介绍如下。

❖ 演示文稿与 Word 文档一样，也是基于模板的。默认情况下，新建的演示文稿是基于"空白演示文稿"模板。

❖ 在 PowerPoint 2007 新建的演示文稿中，默认情况下，自动添加一张【标题幻灯片】版式的空白幻灯片。

5.1.5 PowerPoint 2007 的退出

关闭 PowerPoint 2007 窗口即可退出 PowerPoint 2007，关闭窗口的方法详见"2.3.3 窗口的操作"一节。退出 PowerPoint 2007 时，系统会关闭所打开的演示文稿。如果演示文稿创建或改动后没有被保存，系统会弹出如图 5-3 所示的【Microsoft Office PowerPoint】对话框（以"演示文稿 1"为例），以确定是否保存。

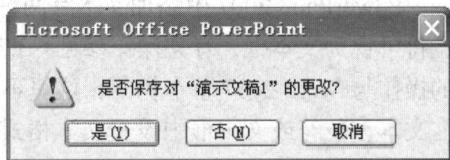

图5-3 【Microsoft Office PowerPoint】对话框

5.2 PowerPoint 2007 的幻灯片制作

一个演示文稿由若干张按一定顺序排列的幻灯片组成，在 PowerPoint 2007 新建的演示文稿中，PowerPoint 2007 自动建立一张或多张幻灯片。

一张幻灯片中可以包括文本、表格、形状、图片、剪贴画、艺术字、图表、音频、视频等内容。每张幻灯片都有一个版式，版式决定了幻灯片内容的排放位置，它们的位置由占位符决定。占位符是幻灯片中的虚线方框，分为文本占位符和内容占位符两类。文本占位符中有相应的文字提示，只能输入文本。内容占位符的中央有一个图标列表，只能插入图形对象。

制作幻灯片常用的操作包括建立幻灯片、添加幻灯片内容、建立超级链接、管理幻灯片等。

5.2.1 建立幻灯片

建立幻灯片有以下方法。

❖ 在功能区【开始】选项卡的【幻灯片】逻辑组中，单击 ▢ 按钮，建立一张空白幻灯片，幻灯片的版式是最近使用过的版式。

❖ 在功能区【开始】选项卡的【幻灯片】逻辑组中，单击【新建幻灯片】按钮，打开一个【幻灯片版式】列表，从中选择一个版式，建立一张该版式的空白幻灯片。

新建立的幻灯片的位置有以下几种情况。

❖ 在普通视图中，在幻灯片设计窗格中制作幻灯片时插入的幻灯片，位于当前幻灯片的后面。

❖ 在幻灯片浏览视图中，如果选定了幻灯片，新幻灯片位于该幻灯片的后面，否则，窗口中会出现一个垂直闪动的光条（称为光标），这时，新幻灯片位于光标处。

5.2.2 添加幻灯片内容

针对幻灯片不同类型的内容，有不同的添加方法。以下介绍这些不同类型内容的添加方法。

1. 添加文本

PowerPoint 2007 中添加文本有两种方式：在文本占位符中添加文本和添加文本框。占位符可视为文本框，有关操作参见"3.7.1 文本框操作"一节。占位符或文本框中编辑文本的操作与 Word 2007 基本相同，这里不再重复，参见"3.2 Word 2007 的文本编辑"一节。在文本占位符或文本框中设置文本格式的操作与 Word 2007 基本相同，这里不再重复，参见"3.3.1 设置字符格式"一节。

2. 添加表格

在功能区【插入】选项卡的【表格】逻辑组中单击【表格】按钮，打开一个表格区，在表格区域拖动鼠标，幻灯片中会出现相应行和列的表格，松开鼠标左键后，即可插入相应的表格。

PowerPoint 2007 表格的操作与 Word 2007 基本相同，这里不再重复，可参见 "3.5 Word 2007 的表格处理" 一节。

3. 添加形状

在功能区【插入】选项卡的【插图】逻辑组中，单击【形状】按钮，打开【形状】列表。在【形状】列表中，单击一个形状图标，鼠标指针变成十状，在幻灯片中拖动鼠标绘制相应的形状。

PowerPoint 2007 形状的操作与 Word 2007 基本相同，这里不再重复，可参见 "3.6.1 处理形状" 一节。

4. 添加图片

在功能区【插入】选项卡的【插图】逻辑组中，单击【图片】按钮，打开【插入图片】对话框，通过该对话框可选择一个图片文件，插入到幻灯片中。

PowerPoint 2007 图片的操作与 Word 2007 基本相同，这里不再重复，可参见 "3.6.2 处理图片" 一节。

5. 添加剪贴画

在功能区【插入】选项卡的【插图】逻辑组中，单击【剪贴画】按钮，窗口中出现【剪贴画】任务窗格，通过该窗格可选择一个图片文件，插入到幻灯片中。

PowerPoint 2007 剪贴画的操作与 Word 2007 基本相同，这里不再重复，可参见 "3.6.3 处理剪贴画" 一节。

6. 添加艺术字

在功能区【插入】选项卡的【文字】逻辑组中，单击【艺术字】按钮，打开【艺术字样式】列表，从中选择一种艺术字样式，再在弹出的【编辑艺术字文字】对话框中输入艺术字文字，在幻灯片中插入相应的艺术字。

PowerPoint 2007 艺术字的操作与 Word 2007 基本相同，这里不再重复，可参见 "3.7.2 艺术字操作" 一节。

7. 添加图表

在功能区【插入】选项卡的【插图】逻辑组中，单击【图表】按钮，打开【图表类型】列表。在【图表类型】列表中，选择一种图表类型及其子类型，幻灯片插入一个默认数据清单的图表，同时打开一个 Excel 2007 窗口。在 Excel 2007 窗口中，可根据需要更改数据清单中的数据，幻灯片中的图表会同步更改。

PowerPoint 2007 图表的操作与 Excel 2007 基本相同，这里不再重复，可参见 "4.5.5 图表表现" 一节。

8. 添加音频

幻灯片中的音频有 3 类：文件中的声音、剪辑管理器的声音和 CD 乐曲。

（1）插入文件中的声音：在功能区【插入】选项卡的【媒体剪辑】逻辑组中，单击【声音】按钮，在打开的菜单中选择【文件中的声音】命令，弹出如图 5-4 所示的【插入声音】对话框，通过该对话框选择一个声音文件，插入到幻灯片中。

（2）插入剪辑管理器中的声音：在功能区【插入】选项卡的【媒体剪辑】逻辑组中，单击【声音】按钮，在打开的菜单中选择【剪辑管理器中的声音】命令，窗口中出现如图 5-5 所示的【剪贴画】任务窗格，可进行以下操作。

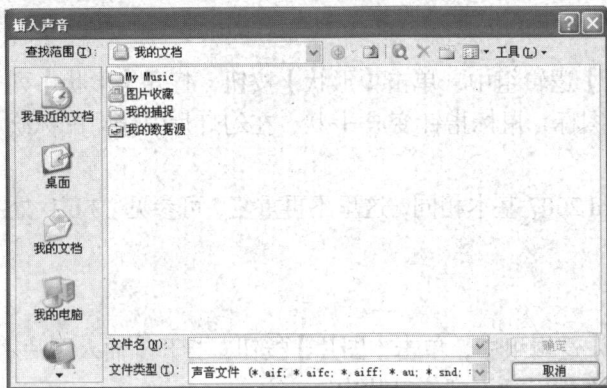

图5-4　【插入声音】对话框　　　　图5-5　【剪贴画】任务窗格

❖　在【搜索文字】文本框内，输入所需要声音的名称或类别。

❖　在【搜索范围】下拉列表框中，选择要搜索的文件夹。

❖　在【结果类型】下拉列表框中，选择要搜索声音的类型。

❖　单击 搜索 按钮，在任务窗格中列出所搜索到的声音文件的图标。

❖　单击某一声音文件图标，该声音插入到幻灯片中。

（3）插入 CD 乐曲：在功能区【插入】选项卡的【媒体剪辑】逻辑组中，单击【声音】按钮，在打开的菜单中选择【播放 CD 乐曲】命令，弹出如图 5-6 所示的【插入 CD 乐曲】对话框，可进行以下操作。

❖　在【开始曲目】数值框中，输入或调整开始的曲目。

❖　在【结束曲目】数值框中，输入或调整结束的曲目。

❖　选择【循环播放，直到停止】复选框，则在播放 CD 乐曲时循环播放。

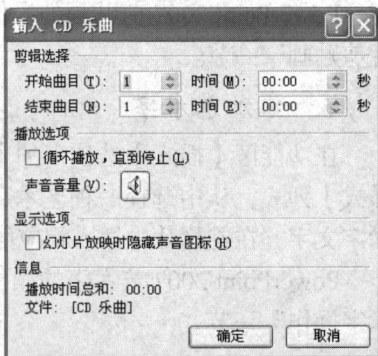

图5-6　【插入 CD 乐曲】对话框

❖　选择【幻灯片放映时隐藏声音图标】复选框，则在幻灯片放映时，不显示声音图标。

❖　单击 确定 按钮，按所做设置在幻灯片中插入 CD 乐曲。

插入文件中的声音或管理器中的声音后，幻灯片中插入声音文件的图标 ，插入 CD 乐曲后，幻灯片中插入 CD 乐曲的图标 。

插入声音文件或 CD 乐曲后，会弹出如图 5-7 所示的【Microsoft Office PowerPoint】对话框，可进行以下操作。

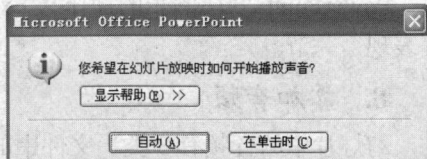

图5-7　【Microsoft Office PowerPoint】对话框

❖ 单击 [自动(A)] 按钮，则在幻灯片放映时，自动播放插入的声音。

❖ 单击 [在单击时(C)] 按钮，则在幻灯片放映时，只有单击声音图标 或 CD
乐曲图标 后才播放声音或 CD 乐曲。

9. 处理视频

幻灯片中的影片包括文件中的影片和剪辑管理器中的影片。

（1）插入文件中的影片：在功能区【插入】选项卡的【媒体剪辑】逻辑组中，单击【影
片】按钮，在打开的菜单中选择【文件中的影片】命令，弹出【插入影片】对话框。通过
该对话框，可选择一个影片文件，插入到幻灯片中。

（2）插入剪辑管理器中的影片：在功能区【插入】选项卡的【媒体剪辑】逻辑组中，
单击【影片】按钮，在打开的菜单中选择【剪辑管理器中的影片】命令，窗口中会出现类
似图 5-5 所示的【剪贴画】任务窗格。通过该任务窗格，可选择一个影片文件，插入到幻
灯片中。

插入影片后，弹出如图 5-8 所示的【Microsoft Office PowerPoint】对话框，可进行以下
操作。

❖ 单击 [自动(A)] 按钮，则在幻灯片放映时，自动播放插入的影片。

❖ 单击 [在单击时(C)] 按钮，则在幻灯片放映时，只有单击声音影片区域，才
播放该影片。

在幻灯片中插入影片后，对影片可进行以下操作。

❖ 将鼠标指针移动到影片上，鼠标指针变成 状，拖动鼠标可改变影片的
位置。

❖ 单击影片将其选定，影片周围出现 8 个尺寸控点，如图 5-9 所示。

图5-8 【Microsoft Office PowerPoint】对话框   图5-9 选定后的影片

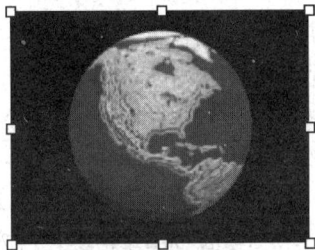

❖ 选定影片后，将鼠标指针移动到影片的尺寸控点上，鼠标指针变成 ↕ 、
↔ 、 ↖ 、 ↗ 状，拖动鼠标可改变影片的大小。

❖ 选定影片后，按 Delete 键或 Backspace 键，可删除该影片。

5.2.3 建立幻灯片链接

幻灯片链接是指幻灯片中的某个对象（称链接对象）与另外对象（被链接对象）的关
联。链接对象可以是幻灯片中的文本、图片等，还可以是 PowerPoint 2007 预置的动作按钮。
被链接对象可以是当前演示文稿中的幻灯片，也可以是其他演示文稿中的某张幻灯片，或
者是 Internet 上的某个网页或电子邮件地址。幻灯片放映时，单击链接对象，会自动跳转到
被链接对象。

1. 建立超链接

PowerPoint 2007 中，只能为文本、文本占位符、文本框和图片建立超链接。在演示文稿中建立超链接有以下方法。

❖ 按 Ctrl+K 组合键。

❖ 在功能区【插入】选项卡的【链接】逻辑组中，单击【超链接】按钮。

用以上任何方法都弹出如图 5-10 所示的【插入超链接】对话框。

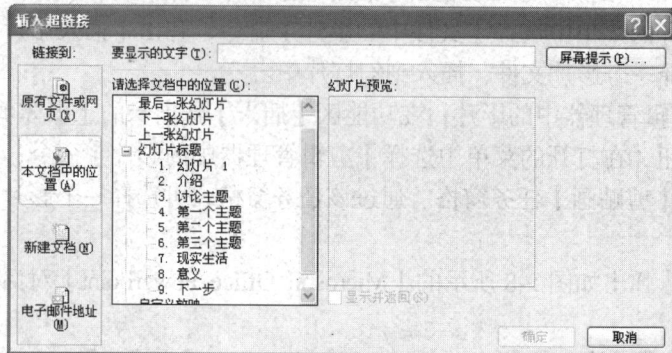

图5-10 【插入超链接】对话框

建立超级链接前，用户选定不同的对象会影响【插入超链接】对话框中【要显示的文字】编辑框的内容，具体有以下 3 种情况。

❖ 如没选定对象，则【要显示的文字】编辑框的内容为空白，并可对其编辑。

❖ 如选定了文本，则【要显示的文字】编辑框的内容为该文本，并可对其编辑。

❖ 如果选定了文本占位符、文本框、图片等，【要显示的文字】编辑框的内容为 "<<在文档中选定的内容>>"，并且不可编辑。

最常用的超级链接是链接到当前演示文稿中的某张幻灯片，即在【插入超链接】对话框中，单击【链接到】组中的【本文档中的位置】链接，如图 5-10 所示。在【插入超链接】对话框中，可进行以下操作。

❖ 如果【要显示的文字】编辑框可编辑，在该编辑框中输入或编辑文本。

❖ 单击 屏幕提示(P)... 按钮，弹出如图 5-11 所示的【设置超级链接屏幕提示】对话框，在该对话框的【屏幕提示文字】编辑框中，可输入用于屏幕提示的文字。在幻灯片放映时，把鼠标指针移动到带链接的文本或图形上时，屏幕上会出现【屏幕提示文字】编辑框中的文字。

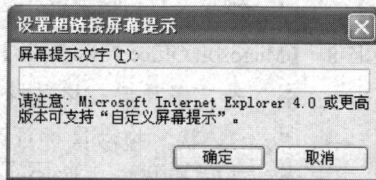

图5-11 【设置超级链接屏幕提示】对话框

❖ 在【请选择文档中的位置】列表框中，可选择【第一张幻灯片】、【最后一张幻灯片】、【下一张幻灯片】、【上一张幻灯片】，指定超链接的相对位置，同时在【幻灯片预览】框内显示所选择幻灯片的预览图。

❖ 单击【幻灯片标题】左边的⊞按钮，展开幻灯片标题，从展开的幻灯片标题中选择一张幻灯片，指定超链接的绝对位置，同时在【幻灯片预览】框内显示所选择幻灯片的预览图。

❖ 单击 确定 按钮，按所做设置创建超链接。

要删除超链接，先选定建立链接的对象，用建立超链接的方法打开【插入超链接】对话框，该对话框比图 5-10 多了一个 [删除链接(R)] 按钮，单击该按钮即可删除超链接。

2. 设置动作

为某一对象设置动作的方法是：选定某对象后，在功能区【插入】选项卡的【链接】逻辑组中，单击【动作】按钮，弹出如图 5-12 所示的【动作设置】对话框。

在【动作设置】对话框中，有【单击鼠标】和【鼠标移过】两个选项卡，这两个选项卡中所设置的动作大致相同。在【单击鼠标】选项卡中所设置的动作，仅当用鼠标单击所选对象时起作用，在【鼠标移过】选项卡中所设置的动作，仅当鼠标指针移过所选对象时起作用。在【动作设置】对话框中，可进行以下操作。

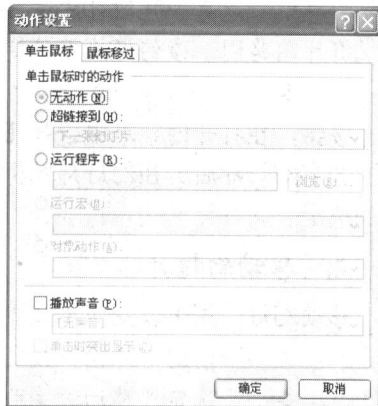

图5-12 【动作设置】对话框

❖ 选择【无动作】单选钮，则所选对象无动作。这一选项用来取消对象已设置的动作。

❖ 选择【超链接到】单选钮，可从其下面的下拉列表框中选择所链接到的幻灯片，或"结束放映"命令。

❖ 选择【运行程序】单选钮，可在其下面的编辑框内输入程序文件名，或者单击 [浏览(B)...] 按钮，从弹出的对话框中指定程序文件。

❖ 选择【播放声音】复选框，可从其下面的下拉列表框中选择所需的声音。

❖ 单击 [确定] 按钮，完成动作设置。

3. 建立动作按钮

动作按钮是系统预置的某些形状（如左箭头和右箭头），这些形状预置了相应的动作。在功能区【插入】选项卡的【插图】逻辑组中，单击【形状】按钮，打开【形状】列表，【形状】列表的最后一组是【动作按钮】组，如图 5-13 所示。

图5-13 【动作按钮】组

在【动作按钮】组中，单击一个动作按钮后，鼠标指针变成十状，如果在幻灯片中拖动鼠标，即可绘出相应大小的动作按钮。如果在幻灯片中单击鼠标，即可绘出默认大小的动作按钮。绘出动作按钮后，自动打开【动作设置】对话框（与图 5-12 类似，不同之处是根据插入的动作按钮，设置了相应的动作），可更改按钮的动作。

如果要删除动作按钮，先单击动作按钮，再按 Delete 键或 Backspace 键即可。

5.2.4 幻灯片管理

PowerPoint 2007 幻灯片管理常用的操作有：选定幻灯片、移动幻灯片、复制幻灯片和删除幻灯片。这些操作在幻灯片选项卡、大纲选项卡和在幻灯片浏览视图中都可完成。

1. 选定幻灯片

选定幻灯片有以下几种常用方法。

❖　单击幻灯片图标或幻灯片缩略图，选定该幻灯片。

❖　选定一张幻灯片后，按住 Shift 键，再单击另一张幻灯片图标或幻灯片缩略图，选定这两张幻灯片间的所有幻灯片。

❖　选定一张幻灯片后，按住 Ctrl 键，再单击另一张未选定幻灯片图标或幻灯片缩略图，该幻灯片被选定。

❖　按 Ctrl+A 键，或在功能区【开始】选项卡的【编辑】逻辑组中，单击 选择 按钮，在打开的菜单中选择【全选】命令，选定所有的幻灯片。

选定幻灯片后，在幻灯片图标或幻灯片缩略图外的任意一点单击鼠标，可取消对幻灯片的选定。

2. 移动幻灯片

移动幻灯片用来改变演示文稿中幻灯片的顺序，常用方法如下。

❖　拖动幻灯片图标或幻灯片缩略图，将幻灯片移动到目标位置。

❖　先选定要移动的多张幻灯片，再拖动所选定幻灯片中某一张幻灯片，将选定的幻灯片移动到目标位置。

❖　先把要移动的幻灯片剪切到剪贴板上，再选定一张幻灯片，然后从剪贴板上将幻灯片粘贴到选定幻灯片的后面。

3. 复制幻灯片

复制幻灯片有以下常用方法。

❖　按住 Ctrl 键拖动幻灯片图标或幻灯片缩略图，在目标位置复制该幻灯片。

❖　先选定要复制的多张幻灯片，再按住 Ctrl 键拖动所选定幻灯片中某一张幻灯片，将选定的幻灯片复制到目标位置。

❖　先把选定的幻灯片复制到剪贴板上，再选定一张幻灯片，然后从剪贴板上将幻灯片粘贴到选定幻灯片的后面。

4. 删除幻灯片

选定幻灯片后，按 Delete 键或 Backspace 键，或把选定的幻灯片剪切到剪贴板上，都可删除所选定的幻灯片。

在大纲选项卡中删除幻灯片（剪切到剪贴板上除外）时，如果幻灯片中包含注释页或图形，会弹出如图 5-14 所示的【Microsoft Office PowerPoint】对话框，让用户确定是否删除。

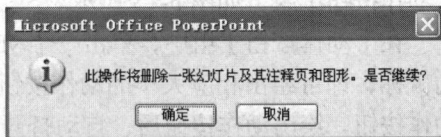

图5-14　【Microsoft Office PowerPoint】对话框

5.3 PowerPoint 2007 的幻灯片设置

为了使幻灯片有更好的演示效果，需要设置幻灯片。可以通过更换版式、更换主题、更换背景或更改母版等方法来设置幻灯片，还可以设置幻灯片的页眉和页脚、动画效果和切换效果，以使幻灯片更有感染力。

5.3.1 更换版式

幻灯片版式是指幻灯片的内容在幻灯片上的排列方式,由占位符组成。制作幻灯片时,首先要指定张幻灯片的版式,制作完幻灯片后,还可以更换幻灯片的版式。

先选定要更换版式的幻灯片,再在功能区【开始】选项卡的【幻灯片】逻辑组中,单击 ▦版式▾ 按钮,打开【版式】列表如图 5-15 所示。在【版式】列表中,单击一个版式图标,即可把当前幻灯片设定为该版式。

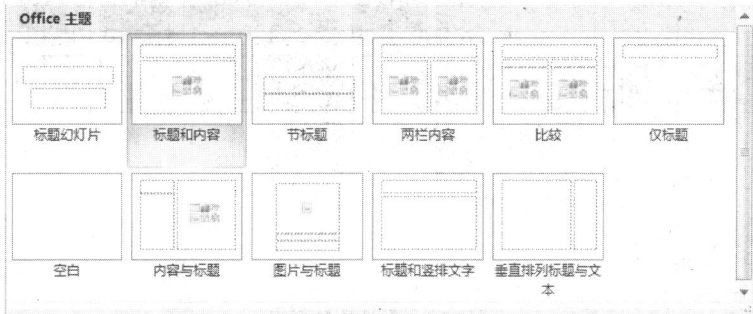

图5-15 【版式】列表

图 5-16 所示为使用"内容与标题"版式的幻灯片,更换为"垂直排列标题与文本"版式后,如图 5-17 所示。

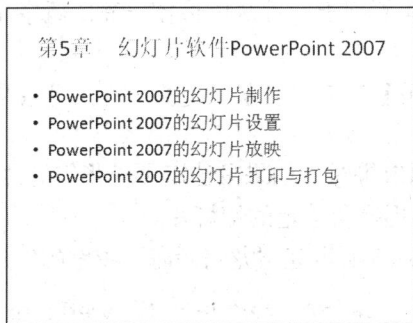

图5-16 "内容与标题"版式的幻灯片

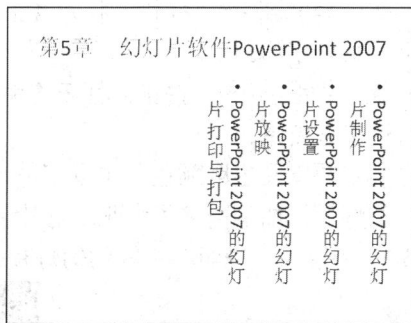

图5-17 "垂直排列标题与文本"版式幻灯片

更换幻灯片版式有以下特点。

❖ 幻灯片内容的格式随版式的更换而更改。

❖ 幻灯片的内容不会因版式的更换而丢失。

❖ 如果新版式中有与旧版式不同的占位符,则幻灯片中自动添加一个空占位符。

❖ 如果旧版式中有与新版式不同的占位符,则原来占位符的位置及其内容不变。

5.3.2 更换主题

文档主题由一组格式选项构成,包括一组主题颜色、一组主题字体以及一组主题效果。PowerPoint 2007 创建的每个演示文稿内都包含一个主题,默认主题是"Office 主题"。

PowerPoint 2007 的预置样式被组织在功能区【设计】选项卡的【主题】逻辑组中,常用的操作如下。

❖ 单击【主题】列表中的一种主题，应用该主题。

❖ 单击【主题】列表中的 ︿ 按钮，主题上翻一页。

❖ 单击【主题】列表中的 ﹀ 按钮，主题下翻一页。

❖ 单击【主题】列表中的 ⊽ 按钮，打开【主题】列表（见图 5-18），可从中
选择一种主题，应用该主题。

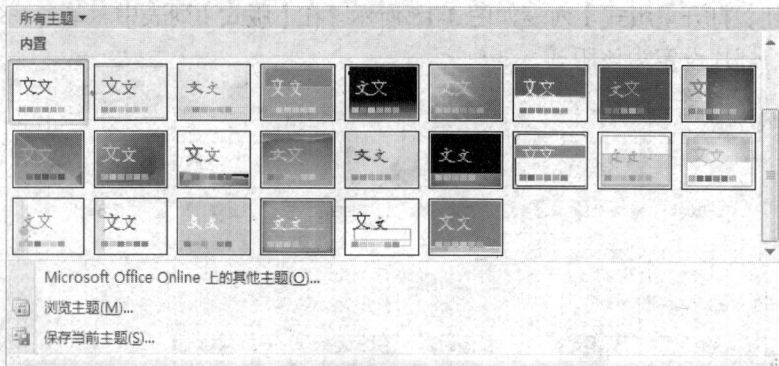

图5-18 【主题】列表

❖ 单击 颜色 按钮，打开【主题颜色】列表，可从中选择一种主题颜色，
应用该主题颜色。

❖ 单击 字体 按钮，打开【主题字体】列表，可从中选择一种主题字体，
应用该主题字体。

❖ 单击 效果 按钮，打开【主题效果】列表，可从中选择一种主题效果，
应用该主题效果。

在更换主题以及主题颜色、主题字体、主题效果时，如果只选定了一张幻灯片，将更
换所有的幻灯片，如果选定了多张幻灯片，则只更换所选定的幻灯片。

图 5-19 所示为"华丽"主题的幻灯片，图 5-20 所示为"龙腾四海"主题的幻灯片。

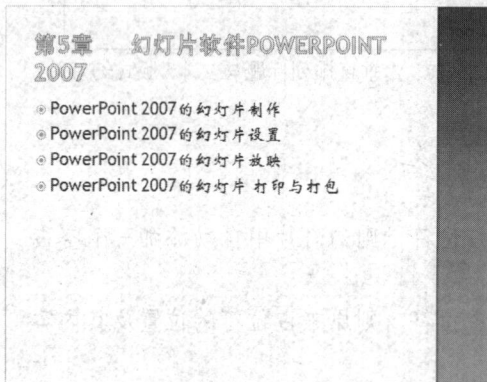

图5-19 "华丽"主题的幻灯片

图5-20 "龙腾四海"主题的幻灯片

5.3.3 更换背景

幻灯片的主题中设置了相应的背景，可以根据需要改变背景。背景有纯色填充、渐变
填充、纹理填充和图片填充这几种方式。

1. 选择背景样式

背景样式是 PowerPoint 2007 主题中所预置的纯色填充和渐变填充样式。不同的主题,有不同的背景样式。通常,每种主题预置了 13 种背景样式。

选定要更换背景的幻灯片,再在功能区【设计】选项卡的【背景】逻辑组中,单击 背景样式 按钮,打开如图 5-21 所示的【背景样式】列表,从中选择一种背景样式,将所选定的幻灯片设置成相应的背景样式。

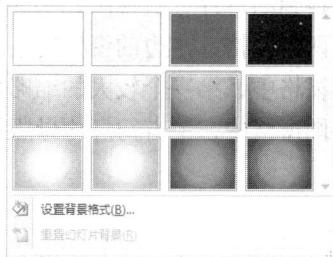

图5-21 【背景样式】列表

2. 自定义背景

在图 5-21 所示的【背景样式】列表中,选择【设置背景格式】命令,弹出如图 5-22 所示的【设置背景格式】对话框,可进行以下操作。

❖ 选择【纯色填充】单选钮,则背景为纯色填充,可在明细设置区中根据需要设置纯色填充。

❖ 选择【渐变填充】单选钮,则背景为渐变填充,可在明细设置区中根据需要设置渐变填充。

❖ 选择【图片或纹理填充】单选钮,则背景为图片或纹理填充,可在明细设置区中根据需要设置图片或纹理填充。

图5-22 【设置背景格式】对话框

❖ 选择【隐藏背景图形】复选框,则背景中不显示背景图形。

❖ 单击 重置背景(B) 按钮,把背景还原为设置前的背景。

❖ 单击 关闭 按钮,把所设置的背景应用于选定的幻灯片。

❖ 单击 全部应用(I) 按钮,把所设置的背景应用于所有的幻灯片。

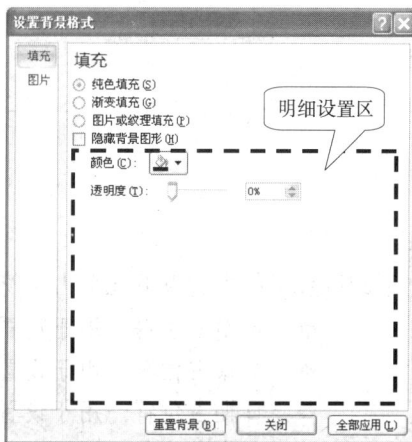

图 5-23 所示为"渐变填充"的底纹,图 5-24 所示为"纹理填充"的底纹。

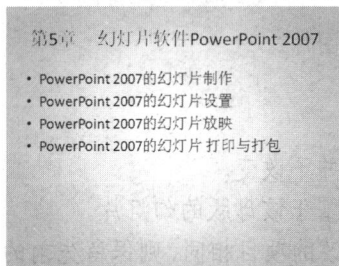

图5-23 "渐变填充"底纹的幻灯片

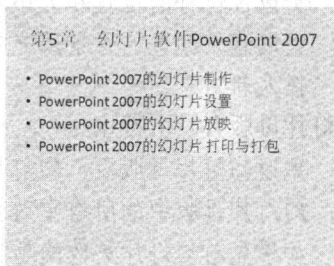

图5-24 "纹理填充"底纹的幻灯片

5.3.4 更改母版

幻灯片母版存储幻灯片的模板信息,包括字形、占位符的大小和位置、主题和背景。幻灯片母版的主要用途是使用户能方便地进行全局更改(如替换字形、添加背景等),并使该更改应用到演示文稿中的所有幻灯片。

在功能区【视图】选项卡的【演示文稿视图】逻辑组中，单击【幻灯片母版】按钮，切换到幻灯片母版视图，功能区自动增加一个【幻灯片母版】选项卡。幻灯片母版视图包括两个窗格，左边的窗格为幻灯片缩略图窗格，右边的窗格为幻灯片窗格。在幻灯片缩略图窗格中，第一个较大的缩略图为幻灯片母版缩略图，相关的版式位于其下。在幻灯片缩略图窗格中，单击幻灯片母版缩略图，幻灯片窗格中的幻灯片母版如图 5-25 所示。

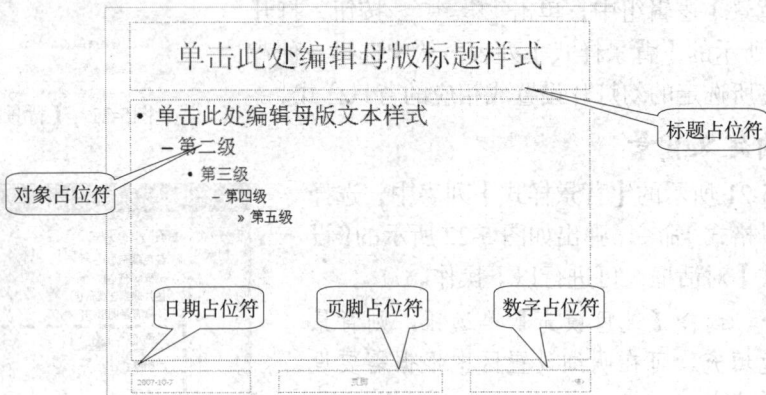

图5-25　幻灯片母版

幻灯片母版中有以下几个占位符。

- ❖　标题占位符：用于设置标题的位置和样式。
- ❖　对象占位符：用于设置对象的位置和样式。
- ❖　日期占位符：用于设置日期的位置和样式。
- ❖　页脚占位符：用于设置页脚的位置和样式。
- ❖　数字占位符：用于设置数字的位置和样式。

幻灯片母版占位符中的文本只用于样式，实际的文本（如标题和列表）应在普通视图下的幻灯片上键入，而页眉和页脚中的文本应在【页眉和页脚】对话框中键入。

用户可以像更改演示文稿中的幻灯片一样更改幻灯片母版，常用的操作有以下几种。

- ❖　更改字体或项目符号。
- ❖　更改占位符的位置和大小。
- ❖　更改背景颜色、背景填充效果或背景图片。
- ❖　插入新对象。

更改幻灯片母版有以下特点。

- ❖　更改幻灯片母版后，幻灯片中的内容并不改变。
- ❖　幻灯片母版中的所有更改会影响所有基于该母版的幻灯片。
- ❖　如果先前幻灯片更改的项目与母版更改的项目相同，则保留先前的更改。

在【幻灯片母版】选项卡的【关闭】逻辑组中，单击【关闭母版视图】按钮，退出幻灯片母版视图，返回到原来的视图方式。

5.3.5　设置页眉和页脚

在幻灯片母版中，预留了日期、页脚和数字这 3 种占位符，统称为页眉和页脚。页眉和页脚中的内容不能在幻灯片中直接输入，需要在【页眉和页脚】对话框中输入。

在幻灯片母版视图和普通视图中都可插入页眉和页脚，只不过在幻灯片母版视图中插入的页眉和页脚会应用于所有的幻灯片，在普通视图中插入的页眉和页脚，可选择只应用于当前幻灯片，也可选择应用于所有的幻灯片。

在功能区【插入】选项卡中的【文本】逻辑组中，单击【页眉和页脚】按钮，弹出如图 5-26 所示的【页眉和页脚】对话框，当前选项卡是【幻灯片】选项卡。

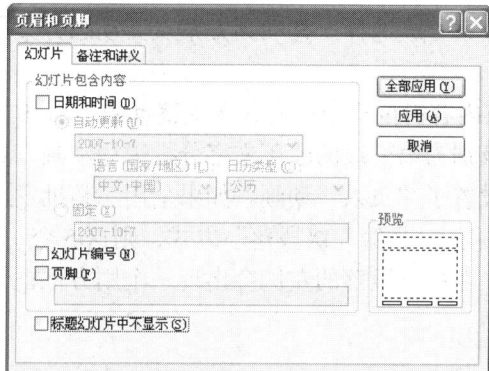

图5-26 【页眉和页脚】对话框

在【幻灯片】选项卡中，可进行以下操作。

❖ 选择【日期和时间】复选框，可在幻灯片的日期占位符中添加日期和时间，否则不能添加日期和时间。

❖ 选择【日期和时间】复选框后，如果再选择【自动更新】单选钮，系统将自动插入当前的日期和时间，插入的日期和时间会根据演示时的日期和时间自动更新。插入日期和时间后，还可从【自动更新】下的 3 个下拉列表框中选择日期和时间的格式、日期和时间所采用的语言、日期和时间所采用的日历类型。

❖ 选择【日期和时间】复选框后，如果再选择【固定】单选钮，可直接在其下面的文本框中输入日期和时间，插入的日期和时间不会根据演示时的日期和时间自动更新。

❖ 选择【幻灯片编号】复选框，可在幻灯片的数字占位符中显示幻灯片编号，否则不显示幻灯片编号。

❖ 选择【页脚】复选框，可在幻灯片的页脚占位符中显示页脚，否则不显示页脚。页脚的内容在其下面的文本框中输入。

❖ 选择【标题幻灯片中不显示】复选框，则在标题幻灯片中不显示页眉和页脚，否则显示页眉和页脚。

❖ 单击 全部应用(Y) 按钮，对所有的幻灯片设置页眉和页脚，同时关闭该对话框。

❖ 单击 应用(A) 按钮，对当前幻灯片或选定的幻灯片设置页眉和页脚，同时关闭该对话框。

5.3.6 设置动画效果

动画效果是指给文本或对象添加特殊的视觉或声音效果。默认情况下，幻灯片中的文本没有动画效果。制作完幻灯片后，用户可根据需要给文本设置相应的动画效果。设置动画效果有两种常用的方法：应用预置动画和自定义动画。

1. 应用预置动画

预置动画是指系统为文字已设定好的动画方案，PowerPoint 2007 预置了 3 种动画方案："淡出"、"擦除"和"飞入"。在功能区【动画】选项卡的【动画】逻辑组中，对于标题占位符，【动画】下拉列表框中只有"淡出"、"擦除"和"飞入"这 3 种动画方案，对于内容占位符，每种动画方案又有两种方式："整批发送"和"按第一级段落"。从【动画】下拉列表框中选择一种动画方案，或选择一种动画方案及其动画方案方式后，占位符中的文本设置成该动画方案。

"整批发送"是指该内容占位符中的所有文字整批采用动画方式。"按第一级段落"是指该内容占位符中项目级别为第一级的段落文字分批采用动画方式。例如，一个占位符中有 5 个一级项目，并且设置了"飞入"动画。如果采用"整批发送"方式，则这 5 个一级项目一起"飞入"。如果采用"按第一级段落"方式，则这 5 个一级项目逐个"飞入"。

设置了动画效果后，在相应段落的左侧会出现一个用方框框住的数字，该数字表示该段落文本动画的出场顺序。

2. 自定义动画

除了应用预置动画外，还可以自定义动画。在功能区【动画】选项卡的【动画】逻辑组中，单击 自定义动画 按钮，窗口中出现如图 5-27 所示的【自定义动画】任务窗格，可进行以下操作。

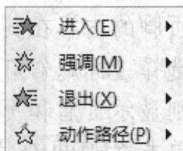

❖ 在幻灯片中，单击 添加效果 ▾ 按钮，在打开的下拉菜单（见图 5-28）中选择一种动画类型，再从其子菜单中选择一种动画效果，幻灯片中的文本被设置成相应的动画效果。这时，该窗格中的【开始】、【属性】和【速度】下拉列表框变为可用状态，用户可在【开始】、【属性】和【速度】下拉列表中选择所需要的项。

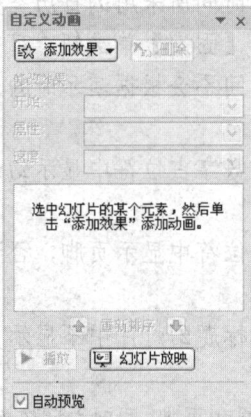

图5-27　【自定义动画】任务窗格　　　　　　　　图5-28　【动画效果】菜单

❖ 多个段落的文本设置动画效果后，可从任务窗格中央的列表框中选择一个段落，单击 ⬆ 或 ⬇ 按钮，改变该段落文本动画的出场顺序。

❖ 从任务窗格中央的列表框中选择一个段落的动画文本后，单击 删除 按钮，即删除该段落文本的动画效果。

设置自定义动画时，应注意以下情况。

❖ 如果没有选定文本，则对当前占位符中的所有文本设置相应的动画效果。

❖ 如果选定了文本，则对选定文本所在段落的所有文本设置相应的动画效果。

5.3.7 设置切换效果

幻灯片切换效果是指幻灯片放映时，从一个幻灯片移到下一个幻灯片时出现的类似动画的效果。用户可以控制每个幻灯片切换效果的速度，还可以添加声音。默认情况下，幻灯片没有切换效果，可根据需要设置幻灯片的切换效果。

PowerPoint 2007 的切换效果被组织在功能区【动画】选项卡的【切换到此幻灯片】逻辑组中，如图 5-29 所示。

图5-29 【切换到此幻灯片】逻辑组

【切换到此幻灯片】逻辑组中常用的操作如下。

❖ 单击【切换效果】列表中的一种切换效果，应用该切换效果。

❖ 单击【切换效果】列表中的 ▲ 按钮，切换效果上翻一页。

❖ 单击【切换效果】列表中的 ▼ 按钮，切换效果下翻一页。

❖ 单击【切换效果】列表中的 ▼ 按钮，打开该【切换效果】列表（见图 5-30），从中选择一种切换效果，则当前幻灯片应用该切换效果。

❖ 从【切换声音】下拉列表中选择一种声音，切换时伴随该声音。

❖ 从【切换速度】下拉列表中选择一种切换速度，以该速度切换幻灯片。

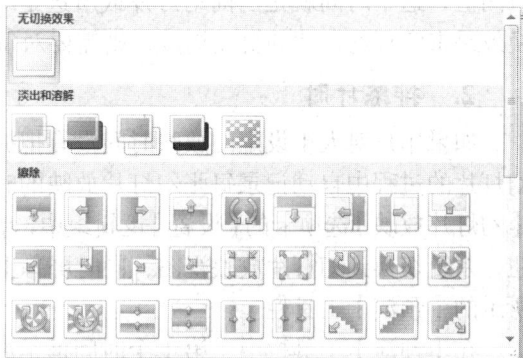

图5-30 【切换效果】列表

❖ 单击 【全部应用】按钮，所选择的切换效果应用于所有的幻灯片。

❖ 选择【单击鼠标时】复选框，则单击鼠标时切换幻灯片。

❖ 选择【在此之后自动设置动画效果】复选框，并在其右侧的数值框中输入或调整一个时间值，则经过所设定的时间后，自动切换到下一张幻灯片。

设置切换效果时，应注意以下情况。

❖ 如果在【切换效果】列表中选择【无切换效果】，可取消切换效果。

❖ 如果在【切换效果】列表中选择了【随机】组中的最后一个切换效果，该切换效果不是一个特定的切换效果，而是随机选择一种切换效果。

❖ 如果既选择了【单击鼠标时】复选框，又选择了【在此之后自动设置动画效果】复选框，则在幻灯片放映时，即使还没到所设定的时间，单击鼠标也可切换幻灯片。

❖ 如果既没选择【单击鼠标时】复选框，又没选择【在此之后自动设置动画效果】复选框，则在幻灯片放映时，可用其他方式切换幻灯片，参见"5.4.3 放映幻灯片"一节。

5.4 PowerPoint 2007 的幻灯片放映

制作幻灯片的最终目的是放映幻灯片，制作完幻灯片后，根据需要，还应设置放映时间以及放映方式。

5.4.1 设置放映时间

放映幻灯片时，默认方式是通过单击鼠标或按空格键切换到下一张幻灯片。用户可设置每张幻灯片的放映时间，使其自动播放。设置放映时间有两种方式：人工设时和排练计时。

1. 人工设时

人工设置幻灯片放映时间是通过设置幻灯片切换效果来实现的，在"5.3.7 设置切换效果"一节中，在【在此之后自动设置动画效果】复选框右侧的数值框中可输入或设置一个时间值，这个时间就是当前幻灯片或所选定幻灯片的放映时间。应注意的是，如果利用切换效果来实现幻灯片的自动播放，则需要对每张幻灯片进行设置。

2. 排练计时

如果用户对人工设定的放映时间没有把握，可以在排练幻灯片的过程中自动记录每张幻灯片放映的时间。在功能区【幻灯片放映】选项卡的【设置】逻辑组中，单击 排练计时 按钮，系统切换到幻灯片放映视图，同时屏幕上出现如图5-31所示的【预演】工具栏。

图5-31 【预演】工具栏

在【预演】工具栏中，第1个时间框是放映当前幻灯片所用的时间，第2个时间框是幻灯片放映总共所用的时间，单击 按钮，进行下一张幻灯片的计时，单击 按钮，暂停当前幻灯片的计时，单击 按钮，重新对当前幻灯片计时。如果要中断排练计时，按 Esc 键即可。

当所有的幻灯片放映完或中断排练计时的时候，弹出如图5-32所示的【Microsoft Office PowerPoint】对话框，让用户决定是否接受排练时间。

图5-32 【Microsoft Office PowerPoint】对话框

3. 清除计时

如果用户想清除排练时间，在功能区【幻灯片放映】选项卡的【设置】逻辑组中，取消选择【使用排练计时】复选框，或在设置切换效果时，取消选择【在此之后自动设置动画效果】复选框，然后单击 全部应用 按钮即可。

5.4.2 设置放映方式

为适应不同场合的需要，幻灯片有不同的放映方式。用户可以根据自己的需要设置幻灯片的放映方式。在功能区【幻灯片放映】选项卡的【设置】逻辑组中，单击【设置幻灯片放映】按钮，弹出如图 5-33 所示的【设置放映方式】对话框，可进行以下操作。

❖ 选择【演讲者放映（全屏幕）】单选钮，则幻灯片在全屏幕中放映，放映过程中演讲者可以控制幻灯片的放映过程。

❖ 选择【观众自行浏览（窗口）】单选钮，则幻灯片在窗口中放映，用户可以控制幻灯片的放映过程，在幻灯片放映的同时，用户还可以运行其他应用程序。

❖ 选择【在展台浏览（全屏幕）】单选钮，则幻灯片在全屏幕中自动放

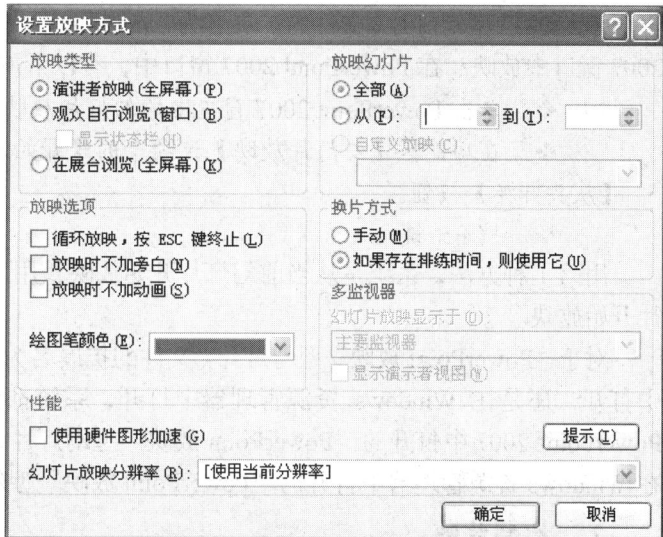

图5-33 【设置放映方式】对话框

映，用户不能控制幻灯片的放映过程，只能按 Esc 键终止放映。

❖ 选择【循环放映，按 ESC 键终止】复选框，则循环放映幻灯片，按 Esc 键后终止放映，否则演示文稿只放映一遍。

❖ 选择【放映时不加旁白】复选框，则即使录制了旁白，也不播放。

❖ 选择【放映时不加动画】复选框，则即使幻灯片中设置了动画效果，放映时也不显示动画效果。

❖ 选择【显示状态栏】复选框，则在窗口中显示状态栏，否则不显示状态栏。只有在【观众自行浏览】方式下该复选框才有效。

❖ 选择【全部】单选钮，则放映演示文稿中的所有幻灯片。

❖ 选择幻灯片范围单选钮，则可在【从】和【到】数值框中输入或调整要放映幻灯片的范围。

❖ 选择【手动】单选钮，则单击鼠标或按空格键使幻灯片换页。

❖ 选择【如果存在排练时间，则使用它】单选钮，则根据排练时间自动切换到下一张幻灯片。

❖ 在【绘图笔颜色】下拉列表框中选择一种绘图笔颜色，在幻灯片放映时，用该颜色标注幻灯片（参见"5.4.3 幻灯片放映"一节）。

❖ 选择【使用硬件图形加速】复选框，则可加快演示文稿中图形的绘制速度。

❖ 从【幻灯片放映分辨率】下拉列表中选择放映时显示器的分辨率。

❖ 单击 确定 按钮，完成幻灯片放映方式的设置。

5.4.3 放映幻灯片

幻灯片放映常用的操作包括启动放映、控制放映和标注放映。

1. 启动放映

在保存演示文稿时，常用的保存类型有"演示文稿"型和"PowerPoint 放映"型。对于"演示文稿"型幻灯片（文件的扩展名为".pptx"），只有将它打开以后，才能在 PowerPoint 2007 窗口中放映。在 PowerPoint 2007 窗口中，有以下放映方法。

❖ 单击 PowerPoint 2007 窗口中的幻灯片放映视图按钮囗。

❖ 在功能区【幻灯片放映】选项卡的【开始放映幻灯片】逻辑组中，单击【从头开始】按钮。

❖ 按 F5 键。

用第 1 种方法，系统是从当前幻灯片开始放映，用后 2 种方法，系统是从第 1 张幻灯片开始放映。

对于"PowerPoint 放映"型幻灯片（文件的扩展名为"ppsx"），无论在 PowerPoint 2007 中打开，还是在 Windows 资源管理器中打开，系统都会从第 1 张幻灯片开始放映。在 PowerPoint 2007 中打开的"PowerPoint 放映"型幻灯片，放映结束后还可以对其编辑，而在 Windows 资源管理器中打开的"PowerPoint 放映"型幻灯片则不能对其编辑。

2. 控制放映

如果幻灯片没有设置成"在展台浏览"放映方式（参见"5.4.2 设置放映方式"一节），则在幻灯片放映过程中，用户可以控制其放映过程。常用的控制方式有切换幻灯片、定位幻灯片、暂停放映和结束放映。

（1）切换幻灯片：在幻灯片放映过程中，常常要切换到下一张幻灯片或切换到上一张幻灯片。即便使用排练计时自动放映幻灯片，用户也可以手工切换到下一张幻灯片或切换到上一张幻灯片。

在幻灯片放映过程中，切换到下一张幻灯片有以下方法。

❖ 单击鼠标右键，弹出如图 5-34 所示的【放映控制】快捷菜单，选择【下一张】命令。

❖ 单击鼠标左键。

❖ 按空格键。

❖ 按 PageDown、N、→、↓ 或 Enter 键。

在幻灯片放映过程中，切换到上一张幻灯片有以下方法。

❖ 单击鼠标右键，在弹出的快捷菜单（见图 5-34）中，选择【上一张】命令。

❖ 按 PageUp、P、←、↑ 或 Backspace 键。

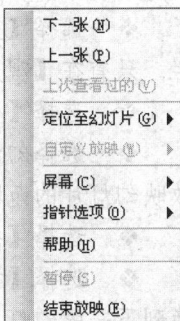

图5-34 【放映控制】快捷菜单

（2）定位幻灯片：在幻灯片放映过程中，有时需要切换到某一张幻灯片，从该幻灯片开始顺序放映。定位到某张幻灯片有以下方法。

❖ 单击鼠标右键，从弹出的快捷菜单（见图 5-34）中选择【定位至幻灯片】命令，弹出由幻灯片标题组成的子菜单，在子菜单中选择一个标题，即可定位到该幻灯片。

❖ 输入幻灯片的编号（注意，输入时看不到输入的编号），按回车键，定位到相应编号的幻灯片（在幻灯片设计过程中，在大纲窗格或幻灯片浏览窗格中每张幻灯片前面的数字就是幻灯片编号）。

❖ 同时按住鼠标左、右键 2 秒钟，定位到第 1 张幻灯片。

（3）暂停放映：使用排练计时自动放映幻灯片时，有时需要暂停放映，以便处理发生的意外情况。按 S 键或 + 键，或者单击鼠标右键，从弹出的快捷菜单（见图 5-34）中选择【暂停】命令，都可暂停放映。

暂停放映后，按 S 键或 + 键，或者单击鼠标右键，从弹出的快捷菜单（见图 5-34）中选择【继续执行】命令，都可继续放映。

（4）结束放映：最后一张幻灯片放映完后，出现黑色屏幕，顶部有"放映结束，单击鼠标退出。"字样，这时单击鼠标就可结束放映。

在放映过程中单击鼠标右键，从弹出的快捷菜单（见图 5-34）中选择【结束放映】命令，或者按 Esc 键、- 键或 Ctrl+Break 组合键，都可结束放映。

3. 标注放映

在幻灯片放映过程中，为了作即时说明，可以用鼠标对幻灯片进行标注。常用的标注操作有：设置绘图笔颜色、标注幻灯片和擦除笔迹。

（1）设置绘图笔颜色：在放映过程中，单击鼠标右键，从弹出的快捷菜单（见图 5-34）中选择【指针选项】/【墨迹颜色】命令，弹出如图 5-35 所示的【墨迹颜色】子菜单，单击其中的一种颜色，即可将绘图笔设置为该颜色。

（2）标注幻灯片：要想在幻灯片放映过程中标注幻灯片，必须先转换到幻灯片标注状态。转换到幻灯片标注状态有以下方法。

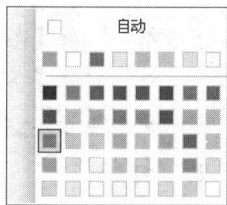

图5-35 【墨迹颜色】子菜单

❖ 按 Ctrl+P 组合键。

❖ 单击鼠标右键，从弹出的快捷菜单（见图 5-34）中选择【指针选项】命令，在其子菜单中选择【圆珠笔】、【毡尖笔】或【荧光笔】命令。

在幻灯片标注状态下，拖动鼠标就可以在幻灯片上进行标注。按 Esc 键或 Ctrl+A 组合键，或者单击鼠标右键，从弹出的快捷菜单中选择【指针选项】/【箭头】命令，可取消标注幻灯片的状态。

（3）擦除笔迹：按 E 键，或者单击鼠标右键，从弹出的快捷菜单（见图 5-34）中选择【屏幕】/【擦除笔迹】命令，都可擦除幻灯片上标注的笔迹。另外，幻灯片切换后，再次回到标注过的幻灯片中，原先所标注的笔迹都被擦除。

5.5 PowerPoint 2007 的幻灯片打印与打包

为了便于提交或留存查阅，可把幻灯片打印出来。如果要在没有安装 PowerPoint 2007 的系统上放映幻灯片，还需要事先对演示文稿打包，解包后即可以放映。

5.5.1 打印幻灯片

1. 设置页面

在功能区【设计】选项卡的【页面设置】逻辑组中，单击【页面设置】按钮，弹出如图 5-36 所示的【页面设置】对话框，可进行以下操作。

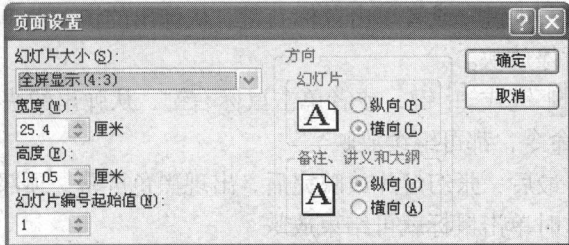

图5-36 【页面设置】对话框

❖ 在【幻灯片大小】下拉列表框中，选择一种大小的纸张，也可在【宽度】和【高度】数值框中输入或调整纸张的宽度和高度值。

❖ 在【幻灯片编号起始值】数值框中输入要打印幻灯片的起始编号。

❖ 选择【幻灯片】组的【纵向】单选钮，则幻灯片的纸张为纵向。

❖ 选择【幻灯片】组的【横向】单选钮，则幻灯片的纸张为横向。

❖ 选择【备注、讲义和大纲】组的【纵向】单选钮，则相应的纸张设为纵向。

❖ 选择【备注、讲义和大纲】组的【横向】单选钮，则相应的纸张设为横向。

❖ 单击 确定 按钮，完成页面设置。

2. 打印

打印演示文稿有以下方法。

❖ 单击 按钮，在打开的菜单中选择【打印】/【打印】命令，或按 Ctrl+P 组合键。

❖ 单击 按钮，在打开的菜单中选择【打印】/【快速打印】命令。

用第二种方法，将按默认方式打印全部幻灯片一份，用第一种方法将弹出如图 5-37 所示的【打印】对话框，与 Word 2007 的【打印】对话框不同之处说明如下。

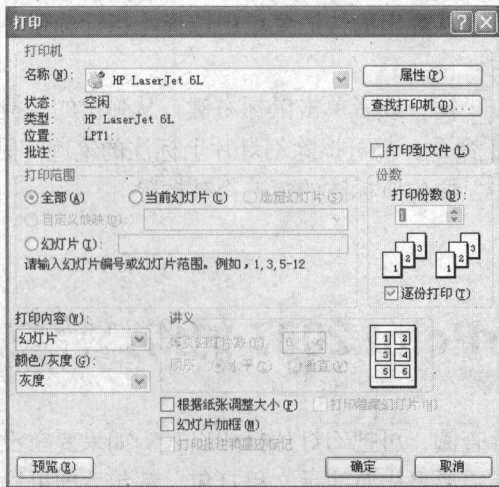

图5-37 【打印】对话框

❖ 在【打印内容】下拉列表框中选择演示文稿的内容（"幻灯片"、"讲义"等）。

❖ 在【颜色/灰度】下拉列表框中选择"灰度"或"彩色"。

❖ 选择【根据纸张调整大小】复选框，则打印时根据纸张大小来调整幻灯片的大小。

❖ 选择【幻灯片加框】复选框，则打印幻灯片时加上边框，否则不加边框。

5.5.2　打包幻灯片

如果要在一台没有安装 PowerPoint 的计算机上放映幻灯片，可以用 PowerPoint 2007 提供的"打包"功能，把演示文稿打包，再把打包文件复制到没有安装 PowerPoint 的计算机上，把打包的文件解包后，就可放映该幻灯片。

单击 按钮，在打开的菜单中选择【发布】/【CD 数据包】命令，弹出如图 5-38 所示的【打包成 CD】对话框，可进行以下操作。

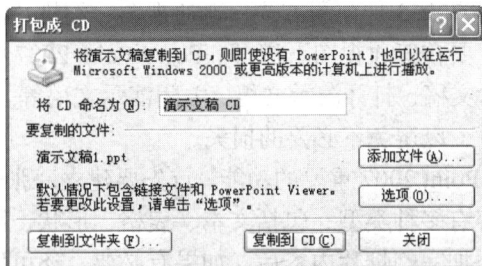

图5-38　【打包成 CD】对话框

❖ 在【将 CD 命名为】文本框中，输入所要打包成 CD 的名字。

❖ 单击 添加文件(A)... 按钮，弹出一个【添加文件】对话框，从中可选择一个演示文稿文件，将其与当前的演示文稿文件一起打包。

❖ 单击 选项(O)... 按钮，弹出如图 5-39 所示的【选项】对话框，在该对话框中可设置打包的选项。

❖ 单击 复制到文件夹(F)... 按钮，弹出【复制到文件夹】对话框，在该对话框中选择一个文件夹，打好的包将保存到这个文件夹下。

❖ 单击 复制到 CD(C) 按钮，系统把打好的包复制到光盘中。这需要电脑中必须有可读写光驱。

❖ 单击 关闭 按钮，关闭【打包成 CD】对话框，退出打包操作。

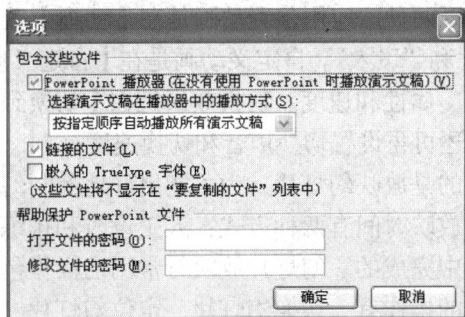

图5-39　【选项】对话框

幻灯片打包后，应注意以下情况。

❖ 幻灯片打包成 CD 后，光盘具有自动放映功能，即把光盘插入到光驱后，系统能够自动放映打包的幻灯片，即使系统中没有安装 PowerPoint 也能放映。

❖ 幻灯片复制到文件夹后，在文件夹中建立一个子文件夹，子文件夹的名字就是在图 5-38 所示【打包成 CD】对话框的【将 CD 命名为】文本框中输入的名字，该文件夹中除了包含演示文稿文件外，还包含用于放映幻灯片的程序。

小结

PowerPoint 2007 是幻灯片制作软件，使用前必须先启动它。PowerPoint 2007 启动后会出现 PowerPoint 2007 窗口，PowerPoint 2007 窗口由标题栏、功能区、文档区和状态栏 4 部分组成。PowerPoint 2007 有 3 种视图方式：普通视图、幻灯片浏览视图、幻灯片放映视图，制作幻灯片的工作主要在普通视图下进行。PowerPoint 2007 常用的演示文稿操作有：新建演示文稿、保存演示文稿、打开演示文稿、关闭演示文稿等。退出 PowerPoint 2007 前应先保存建立的演示文稿，以避免不必要的损失。

制作幻灯片是 PowerPoint 2007 重要的功能。首先要建立一张幻灯片，然后在幻灯片中添加内容，幻灯片的内容有多种类型，包括文本、表格、形状、图片、剪贴画、艺术字、图表、音频、视频等。添加完幻灯片内容后，如果有必要，还可以为幻灯片建立链接，幻灯片链接有两类，一是给幻灯片内容加上超链接，二是建立动作按钮。如果幻灯片有好多张，需要进行管理，常用的管理操作有：选定幻灯片、移动幻灯片、复制幻灯片和删除幻灯片。

设置幻灯片可使幻灯片更加生动活泼，可以通过更换版式、更换主题、更换背景或更改母版等方法来设置幻灯片，还可以设置幻灯片的页眉和页脚、动画效果和切换效果。更换版式是在【幻灯片】逻辑组中选择新版式。更换主题是在【主题】逻辑组中选择新主题，更换主题后，还可以更改主题颜色、字体以及效果。更换背景是在【背景】逻辑组中选择新背景，背景有纯色填充、渐变填充、图片或纹理等几种形式。更改母版是在母版视图下完成的，母版中的占位符有：标题占位符、对象占位符、日期占位符、页脚占位符、数字占位符等几种，母版的更改会影响到所有的幻灯片。页眉和页脚可以在母版中进行设置，也可单独设置。在页眉和页脚中可插入日期和时间、幻灯片编号、自定义信息。动画效果有预置动画和自自定义动画两种。应用预置动画是在【动画】逻辑组中选择的，有 3 种动画方案："淡出"、"擦除"和"飞入"。自定义动画是在【自定义动画】任务窗格中完成的，每一种动画可设置其开始、属性和速度。切换效果是在【切换到此幻灯片】逻辑组中选择的，对每一种切换效果，还可再设置切换声音和切换速度。

制作幻灯片的最终目的是放映幻灯片，为了能更好地控制幻灯片的放映，还可置放映时间以及放映方式。设置放映时间有两种方式：人工设时和排练计时。设置放映方式是在【设置放映方式】对话框中完成的。幻灯片放映时常用的操作包括启动放映、控制放映和标注放映。控制放映常用的操作有：切换幻灯片、定位幻灯片、暂停放映和结束放映。标注幻灯片常用的操作有：设置绘图笔颜色、标注幻灯片和擦除笔迹。

　　打印幻灯片前，通常需要设置打印页面。页面设置包括：纸张大小、所要打印幻灯片的起始编号、打印幻灯片纸张的方向、打印备注、讲义和大纲纸张的方向。幻灯片打包是在【打包成 CD】对话框中完成的，可以将幻灯片打包文件复制到 CD 盘上，还可以将幻灯片打包文件复制到硬盘的某个文件夹中。把打包的文件解包后，即使在没有安装 PowerPoint 的计算机上，也能放映幻灯片。

习题

一、判断题

1. 新建的空演示文稿中没有幻灯片。　　　　　　　　　　　　　　　　（　）
2. 幻灯片的版式一旦选择后，不能改变。　　　　　　　　　　　　　　（　）
3. 幻灯片中的占位符不能改变位置，也不能改变大小。　　　　　　　　（　）
4. 幻灯片的主题是可以改变的。　　　　　　　　　　　　　　　　　　（　）
5. 在大纲窗格中不能删除幻灯片。　　　　　　　　　　　　　　　　　（　）
6. 幻灯片中的超级链接只能链接到当前演示文稿中的某张幻灯片上。　（　）
7. 幻灯片中插入动作按钮后，其动作是固定的，不能改变。　　　　　　（　）
8. 页眉和页脚的内容可以在幻灯片中直接输入。　　　　　　　　　　　（　）
9. 可以为幻灯片切换效果添加伴随声音。　　　　　　　　　　　　　　（　）
10. 可以设置幻灯片，使其在放映时自动换到下一张幻灯片。　　　　　（　）

二、选择题

1. PowerPoint 2007 的（　　　　）视图占据整个计算机屏幕。
   A. 普通　　　　　　B. 幻灯片浏览　　　　C、幻灯片放映　D. 所有
2. 按（　　　）键可在演示文稿中建立超链接。
   A. K　　　　　　　B. Alt + K　　　　　C. Shift + K　　D. Ctrl + K
3. 幻灯片的版式是由（　　　）组成的。
   A. 表格　　　　　　B. 文本框　　　　　　C. 占位符　　　D. 图表
4. 【幻灯片】逻辑组在功能区的（　　　）选项卡中。
   A. 开始　　　　　　B. 设计　　　　　　　C. 插入　　　　D. 动画
5. 【主题】逻辑组在功能区的（　　　）选项卡中。
   A. 开始　　　　　　B. 设计　　　　　　　C. 插入　　　　D. 动画
6. 【背景】逻辑组在功能区的（　　　）选项卡中。
   A. 开始　　　　　　B. 设计　　　　　　　C. 插入　　　　D. 动画
7. 在 PowerPoint 2007 中，按（　　　）键可开始幻灯片的放映。
   A. F5　　　　　　　B. S　　　　　　　　C. N　　　　　　D. P
8. 在幻灯片放映过程中，按（　　　）键可切换到下一张幻灯片。
   A. F5　　　　　　　B. S　　　　　　　　C. N　　　　　　D. P
9. 在幻灯片放映过程中，按（　　　）键可暂停幻灯片放映。

A. F5　　　　　　B. S　　　　　　C. N　　　　　　D. P

10. 要打包幻灯片，应单击　按钮，在打开的菜单中选择（　　　）子菜单中的【CD 数据包】命令。

A. 打包　　　　　B. 发布　　　　　C. 文件　　　　　D. 幻灯片

三、填空题

1. PowerPoint 2007 有 3 种视图方式：＿＿＿＿＿＿、＿＿＿＿＿＿和＿＿＿＿＿＿。

2. PowerPoint 2007 的普通视图包含 3 个窗格：＿＿＿＿＿＿、＿＿＿＿＿＿和 ＿＿＿＿＿＿。

3. 幻灯片中的音频有 3 类：＿＿＿＿＿＿、＿＿＿＿＿＿和＿＿＿＿＿＿。

4. 幻灯片的背景有＿＿＿＿＿＿、＿＿＿＿＿＿和＿＿＿＿＿＿等几种形式。

5. 幻灯片母版中的占位符有：＿＿＿＿＿＿、＿＿＿＿＿＿、＿＿＿＿＿＿、 ＿＿＿＿＿＿、＿＿＿＿＿＿等几种。

6. PowerPoint 2007 预置了 3 种动画方案：＿＿＿＿＿＿、＿＿＿＿＿＿和＿＿＿＿＿＿。

7. 设置幻灯片放映时间有两种方式：＿＿＿＿＿＿和＿＿＿＿＿＿。

四、问答题

1. 如何在幻灯片中插入表格、图表、剪贴画、图片和艺术字？

2. 如何建立幻灯片链接？

3. 管理幻灯片有哪些操作？

4. 如何更换幻灯片的版式、主题、背景？

5. 如何设置幻灯片的动画效果？如何设置幻灯片的切换效果？

6. 什么是幻灯片母版？如何更改幻灯片母版？更改幻灯片母版对幻灯片有什么影响？

7. 在幻灯片放映过程中，如何切换幻灯片？如何定位幻灯片？如何暂停以及结束幻灯片放映？

8. 如何打印幻灯片？如何打包幻灯片？

第6章 Internet 应用基础

计算机网络是计算机技术与通信技术发展的产物。Internet 也称因特网，是国际性的计算机互连网络。通过 Internet 可以实现全球范围内的信息交流与资源共享。

学习目标

理解计算机网络的基本概念。

理解 Internet 的基本概念。

掌握 Internet Explorer 6.0 的使用方法。

掌握 Outlook Express 的使用方法。

6.1 计算机网络基础知识

计算机网络是指将地理位置不同、具有独立功能的多个计算机系统，通过各种通信介质和互连设备相互连接起来，配以相应的网络软件，以实现信息交换和资源共享的系统。

6.1.1 计算机网络的产生与发展

20 世纪 60 年代末，美国国防部的高级研究计划局（ARPA）开始研制 ARPANET。最初的 ARPANET 只连接了美国西部 4 所大学的计算机。此后，ARPANET 不断扩大，地理上不仅跨越美洲大陆，而且通过卫星连接到欧洲地区。

20 世纪 70 年代中期，原国际电报电话咨询委员会（CCITT）制定了分组交换网络标准 X.25。20 世纪 70 年代末，国际标准化组织制定了开放系统互连参考模型（OSI）。这些都为计算机走向正规化和标准化奠定了坚实的基础。

20 世纪 80 年代，随着微机的广泛普及和应用，对计算机进行短距离高速通信的要求也日益迫切，一种分布在有限地理范围内的计算机网络应运而生。

20 世纪 80 年代中期，美国国家科学基金会（NSF）提供巨资，建立了基于 TCP/IP 的计算机网络 NSFNET。1986 年，NSFNET 取代了 ARPANET 成为今天的 Internet 基础。

20 世纪 90 年代，Internet 在美国获得了迅速发展和巨大成功，其他国家纷纷加入到 Internet 的行列，使 Internet 成为全球性的网络。至今，大约上百万个计算机网络、数百万台大型主机、数千万台计算机已连接到 Internet 中，上网人数以亿计算。

我国于 1994 年 4 月正式加入 Internet，互联网发展速度极为迅猛。目前，已建成中国公用计算机互联网（ChinaNet）、中国联通公用互联网（UniNet）、中国金桥信息网（ChinaGBN）、中国网通公用互联网（CNCNet）和中国移动互联网（CMNet）5 个经营性互连网络以及中国教育和科研计算机网（CERNet）、中国科技网（CSTNet）、中国长城网（CGWNet）和中国国际经济贸易互联网（CIETNet）4 个非经营性互连网络。

6.1.2　计算机网络的功能与应用

1.　计算机网络的功能

尽管计算机网络采用的通信介质和互连设备以及具体用途有所不同，但计算机网络通常有以下 5 种功能。

❖　交换信息：网络系统中的计算机之间能快速、可靠地相互交换信息。交换的信息不仅是文本信息，还可以是图形、图像、声音等多媒体信息。

❖　共享资源：网络系统中的计算机之间不仅能共享计算机硬件和软件资源，还可以共享数据库、文件等各种信息资源。

❖　分布处理：把复杂的数据库分布到网络中的不同计算机上存储，把复杂的计算分布到网络中的不同计算机上处理。

❖　均衡负载：根据网络上计算机资源的忙碌与空闲状况，合理地对它们进行调整与分配，以达到充分、高效地利用网络资源的目的。

❖　提高可靠性：网络中的计算机一旦出现故障，可将其任务转移到网络中的其他计算机上，使工作照常进行，避免了单机情况下系统瘫痪的局面。

2.　计算机网络的应用

计算机网络可应用到社会生活的各个方面，以下是常见的应用领域。

❖　情报检索：利用计算机网络，检索网络内计算机上的诸如科技文献、图书资料、发明专利等科技情报，不仅可以提高检索速度，而且可以提高检索质量。

❖　远程教学：利用计算机网络，可对外地的学生进行授课、答疑、批改作业，使教育不受地域限制。

❖　企业管理：利用基于计算机网络的管理信息系统，可及时、准确地掌握人员、生产、市场和财务等信息，及时对企业的经营管理进行决策。

❖　电子商务：利用计算机网络来完成商务活动，如询价、签订合同、电子付款等，可大大提高商务效率，减少商务成本。

❖　电子金融：利用计算机网络来完成金融活动，如证券交易、银行对账、信用卡支付等，可大大提高金融活动的效率。

❖　电子政务：可以通过计算机网络公布政府工作的法规文件、发展计划、重大举措等，还可以通过计算机网络及时反馈信息，加强与群众的沟通联系。

❖　现代通信：通过计算机网络不但能收发电子邮件，而且可给移动电话发送短信息，大大丰富了人们的通信方式。

❖　办公自动化：通过网络传阅通知、文件、简报等办公文书，不仅能减少办公差错，而且还能提高办公效率，节省办公经费。

6.1.3　计算机网络的组成与分类

1.　计算机网络的组成

计算机网络是一个复杂的系统，是由计算机、网络传输媒介、网络互连设备和网络软件等组成的。

❖　计算机：网络中的计算机可以是巨型机，也可以是微机，网络中计算机的操作系统也可以多种多样。在计算机网络中，有两种类型角色的计算机：服务器和工作站。服务器提供各种网络上的服务，并实施网络的管理。工作站不仅可以作为独立的计算机使用，还可以共享网络资源。

❖　网络传输介质：网络传输介质用来传输网络通信中的信息。网络传输介质可以是有线的，如双绞线、同轴电缆、光纤等，也可以是无线的，如微波通信、卫星通信等。网络传输介质传输的既可以是数字信号，也可以是模拟信号。如果是模拟信号，则必须进行数字信号和模拟信号之间的转换，如拨号上网所使用的调制解调器就是用来转换数字信号和模拟信号的。

❖　网络通信设备：网络通信设备包括网络适配器、中继器、集线器、路由器等。网络适配器也叫网卡，是计算机之间相互通信的接口。中继器也称重发器，是对网络电缆上传输的信号进行放大和整形后再发送到其他电缆上的设备。集线器（Hub），是连接网络中某几个介质段（如双绞线和同轴电缆）的设备。路由器用于连接相同或不同类型网络的设备，可将不同传输介质的网络段连接起来。

❖　网络软件：网络的正常运转需要网络软件的支持，最主要的网络软件是网络操作系统。网络操作系统是在操作系统的基础上增加网络服务和网络管理功能构成的，UNIX、Windows 2000 Server 是典型的网络操作系统。对于网络服务器，必须安装网络操作系统；对于工作站，只需要其操作系统支持网络即可。

2.　计算机网络的分类

计算机网络常用的分类标准有如下 3 种。

❖　按网络跨越范围分：计算机网络按跨越范围可分为广域网、局域网和城域网。广域网（WAN）跨越的范围大，可从几十千米到几千千米。局域网（LAN）的跨越范围一般在几十千米以内。城域网（MAN）介于广域网和局域网之间，通常在一个城市内。

❖　按应用范围分：计算机网络按应用范围可分为公用网和专用网。公用网是为社会所有人服务并开放的网络，一般由国家有关部门或社会公益机构组建，例如我国的 ChinaNet。专用网是某部门或单位因特殊的工作需要所建立的网络，仅为本部门提供服务，不对外开放，军用网是专用网的典型范例。

❖　按信号传输速率分：网络中信号的传输速率单位是"位/秒"（bit/s），计算机网络按信号的传输速率可分为低速网、中速网和高速网。低速网的传输速率在 1.5Mbit/s 以下，中速网的传输速率在 1.5Mbit/s ~ 45Mbit/s 之间，高速网的传输速率在 45Mbit/s 以上。现在常说的吉比特网可称为超高速网。

6.1.4 计算机网络的拓扑结构与 OSI 模型

1. 计算机网络的拓扑结构

计算机网络是由多台独立的计算机系统通过通信线路连接起来的。把计算机抽象为点，把通信线路抽象为线，这种用点和线描述的计算机网络结构称为拓扑结构。

根据拓扑结构的形状，可把计算机网络分成总线形、星形、树形、环形、全互连形以及不规则型网络，如图 6-1 所示。

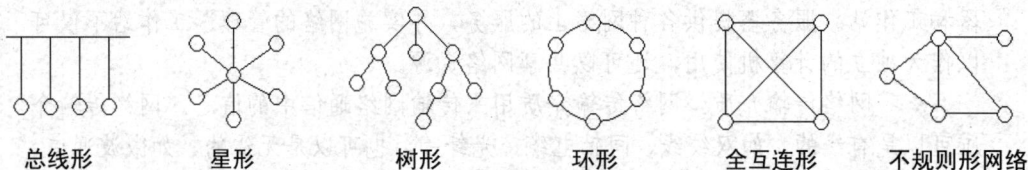

| 总线形 | 星形 | 树形 | 环形 | 全互连形 | 不规则形网络 |

图6-1 计算机网络的拓扑结构类型

❖ 总线形：网络中的各个节点连接在一条公用的通信电缆上，任何时刻只允许一个节点占用线路。这种网络线路便于扩充，局部节点的故障不会影响整个网络，但在重负荷下网络传输效率明显降低。

❖ 星形：网络中所有节点都与一个特殊节点连接，这个特殊节点称作中心节点，任何通信都由发送端发送到中心节点，然后由中心节点转发到接收节点。这种网络控制比较简单，但可靠性差，容易出现故障。

❖ 树形：网络中所有的节点按照一定的层次关系自顶而下排列，最顶层只有一个节点。这类结构是星形结构的变种，特点是灵活、可靠，覆盖距离较远，但电缆成本较高。

❖ 环形：网络中所有的节点用通信电缆连接成封闭环路，每一节点与它左右相邻的节点连接。这种网络局部节点的故障会影响整个网络。

❖ 全互连形：网络中的任何节点都直接与其他节点相连，任何两个节点之间都有通信线路。这种网络是使用最方便但最不经济的结构。

❖ 不规则型：不属于以上任何结构。通常是以上某几种拓扑结构的组合。

2. 计算机网络的 OSI 模型

OSI 模型称为开放系统互连（OSI）模型，是国际标准化组织（ISO）制定的计算机网络体系结构标准，该标准描述了网络层次结构的模型。网络通信协议通常遵循这个标准。OSI 模型共分 7 层，从底到上分别为物理层、数据链路层、网络层、传输层、会话层、表示层和应用层。

❖ 物理层：提供机械、电气功能和构成特性。

❖ 数据链路层：实现数据的无差错传送。

❖ 网络层：处理网络间路由选择，确保数据及时传送。

❖ 传输层：提供建立、维护和取消传输连接功能，负责可靠地传输数据。

❖ 会话层：允许在不同机器上的用户建立会话关系。

❖ 表示层：提供格式化的数据表示和转换服务。

❖ 应用层：提供网络与用户应用软件之间的接口服务。

6.2　Internet 的基本知识

Internet 的发展和普及，加快了社会信息化的进程，对人们的工作和生活方式都产生了深刻的影响。有效地使用 Internet 需要掌握 Internet 的基本知识，包括 Internet 的基本概念、服务内容和接入方式。

6.2.1　Internet 的基本概念

Internet 是"网际互连"的意思，也称"因特网"，它将世界上的各种局域网和广域网相互连接，形成了一个全球范围的网络。每个网络都通过通信线路与 Internet 连接到一起，通信线路可以是电话线、数据专线、光纤、微波、通信卫星等。

Internet 有许多重要的基本概念需要理解，包括 TCP/IP、IP 地址、域名系统、Web 页、统一资源定位、邮件地址等。

1.　TCP/IP

网络是由不同部门和单位组建的，要把各种不同的网络互连并实现通信，必须有统一的通信语言，称为网络协议。Internet 使用的网络协议是 TCP/IP。

TCP/IP 包含两个协议：传输控制协议（TCP）和网际协议（IP）。传输控制协议的作用是表达信息，并确保该信息能够被另一台计算机所理解，网际协议的作用是将信息从一台计算机传送到另一台计算机。

用 TCP/IP 传送信息时，首先将要发送的信息分成许多个数据包，每个数据包都有包头和包体，包头是一些 TCP/IP 信息，包体则包括要传送的信息，然后通过物理线路进行发送，数据包到达接收方计算机后，打开数据包，取出包中的信息。所有数据包接收完后，最后将各个分成包的信息合成为完整的信息。

2.　IP 地址

连接到采用 TCP/IP 的网络的每个设备（计算机或其他网络设备）都必须有唯一的地址，这就是 IP 地址，一个网络设备的 IP 地址在全球是唯一的。IP 地址是一个 4 字节（32 位）的二进制数，每字节可对应一个小于 256 的十进制整数，字节间用小圆点分隔，形如 ×××.×××.×××.×××，如中国雅虎站点的 IP 地址是 202.165.102.205。

IP 地址用来标识通信过程中的源地址和目的地址，但源地址和目的地址可能处于不同的网络，因此，IP 地址包括网络号和主机号。网络号和主机号的位数不是固定的，根据网络规模和应用的不同，IP 地址分为 A ~ E 类，每类 IP 地址中网络号和主机号的位数如表 6-1 所示，常用的 IP 地址是 A、B、C 类 IP 地址。

A 类 IP 地址的网络号的位数是 7 位，能表示的网络个数是 2^7 个，即 128 个；每个网络中主机号是 24 位，能表示的主机个数是 2^{24} 个，即 16 777 216 个。依此类推，我们可知道其他类 IP 地址中网络的个数和每个网络中主机的个数。由于 A 类 IP 地址的网络中主机个数甚多，故称为大型网络，B 类 IP 地址的网络称为中型网络，C 类 IP 地址的网络称为小型网络。

表 6-1　　　　　　　　　　　　　　　　IP 地址的分类

类别	第一字节	第一字节数的范围	网络号位数	主机号位数
A	0×××××××	0～127	7	24
B	10××××××	128～191	14	16
C	110×××××	192～223	21	8
D	1110××××	224～239	多播地址	
E	11110×××	240～255	目前尚未使用	

如果从网络用户的地址角度分类，IP 地址又可分为动态地址和静态地址两类。动态地址是用户连接到 Internet 时，所连接的网络服务器根据当时所连接的情况，分配给用户一个 IP 地址。当用户下网后，这个 IP 地址又可分配给其他用户。静态地址是用户每次连接到 Internet 时，所连接的网络服务器都分配给用户一个固定的 IP 地址，即使用户下网，这个地址也不分配给其他用户。

为了确保 IP 地址在 Internet 上的唯一性，IP 地址由美国的国防数据网的网络信息中心（DDN NIC）分配。对于美国以外的国家和地区的 IP 地址，DDN NIC 又授权给世界各大区的网络信息中心分配。

3. 域名系统

IP 地址是一串数字，不便于记忆，于是人们提出采用域名代替 IP。域名便于理解和记忆，但是在 Internet 上是以 IP 地址来访问某台计算机的，因此需要把域名翻译成 IP 地址，这项工作是由域名服务器（DNS）完成的。

域名采用分层次的命名方法，每层都有一个子域名，通常采用英文缩写，子域名间用小圆点分隔，从右向左分别为最高层域名、机构名、网络名、主机名。例如，北京大学 Web 服务器的域名是 www.pku.edu.cn，含义是"Web 服务器.北京大学.教育机构.中国"。最高层域名为国家和地区代码（表 6-2 所示为常见的国家和地区代码），没有国家和地区代码的域名（如 www.yahoo.com）称为顶级域名。

表 6-2　　　　　　　　　　　　常见的国家和地区代码

代码	国家/地区	代码	国家/地区
au	澳大利亚	hk	中国香港特别行政区
ca	加拿大	jp	日本
cn	中国	kr	韩国
de	德国	sg	新加坡
fr	法国	tw	中国台湾省
gb	英国	us	美国

Internet 域名系统中常见的机构有 7 种，它们的名称和含义如表 6-3 所示。

表 6-3　　　　　　　　　　　机构名称及其含义

代码	含义	代码	含义
com	商业机构	edu	教育机构
net	网络机构	mil	军事机构
gov	政府机构	org	社团机构
int	国际机构		

4. 统一资源定位

在 Internet 上，每一个信息资源都有唯一的地址，该地址叫 URL。URL 由资源类型、主机域名、资源文件路径和资源文件名 4 部分组成，其格式是"资源类型://主机域名/资源文件路径/资源文件名"。例如，"http://www.neea.edu.cn/zixue/zixue.htm"，其中：

❖ http 表示资源信息是超文本信息。

❖ www.neea.edu.cn 是国家教育部考试中心主机的域名。

❖ zixue 是资源文件路径。

❖ zixue.htm 是资源文件名。

目前编入 URL 中的资源类型有 http、FTP、Telnet、WAIS、News、Gopher 等，其中最常用的是 http，表示超文本资源。如果 URL 中没有资源类型，则默认的类型是"http"。如果 URL 中没有资源文件名，资源所在的主机取默认的资源文件名。通常情况下，资源文件名是"index.htm"，也可能是其他名字，随主机的不同而不同。

5. Web 页

公司、学校、团体、机构乃至个人均可在 Internet 上建立自己的 Web 站点，这些站点通过 IP 地址或域名进行标识。Web 站点包含各种各样的文档，通常称作 Web 页或网页，每个 Web 页都有唯一的一个 URL 地址，通过该地址可以找到相应的文档。

Web 页是一个"超文本"页，"超文本"有两个含义：一是指信息的表达形式，即在文本文件中加入图片、声音、视频等组成超文本文件；二是指信息间的超链接，超文本将信息资源通过关键字方式建立链接，使信息不仅可按线性方式搜索访问，而且可按交叉方式搜索访问。

有一类特殊的 Web 页，它对 Web 站点中其他文档具有导航或索引作用，此类 Web 页称为主页（Home Page）。用户在访问某一站点时，即使不给出主页的文档名，Web 服务器也会自动提供该站点的主页。

6. E-mail 地址

与普通邮件的投递一样，E-mail（电子邮件）的传送也需要地址。电子邮件存放在网络的某台计算机上，所以电子邮件的地址一般由用户名和主机域名组成，其格式为：用户名@主机域名（如 John@yahoo.com）。电子邮件地址需要到相应机构的网络管理部门注册登记。注册登记后，在相应的电子邮件服务器上为用户建立一个用户名，形成一个电子邮件地址。用户也可以到某些站点申请免费的电子邮件地址（如 www.yahoo.com，www.hotmail.com 等）。

6.2.2 Internet 的服务内容

Internet 提供了形式多样的服务，包括万维网、电子邮件、文件传输、远程登录、新闻组、电子公告板系统等。其中万维网和电子邮件是最常使用的服务。

1. 万维网

万维网（WWW，World Wide Web）是一个由"超文本"链接方式组成的信息链接系统。万维网采用客户机/服务器的工作方式，即 Internet 用户（客户机）要浏览网站的网页，先向 WWW 服务器提出申请，WWW 服务器提供相应的服务。WWW 服务器通常称为 Web 站点，每个 Web 站点都有一个 IP 地址和一个域名。Web 站点存放了许多页面，其中最引人注目的是 Web 站点的主页（Home Page），从该页出发可以链接到本站点的其他页面，也可以链接到其他站点。

2. 电子邮件

电子邮件服务就是通过 Internet 收发信件。Internet 提供了类似邮政机构的服务，将信件以文件的形式发送到指定的接收者那里。与普通邮件相比，电子邮件具有速度快（发送一个电子邮件几乎是瞬间就能到达）、成本低（特别是国际邮件，更加便宜）、内容广（电子邮件的内容可以是文本文件、图像、语音、视频）等优点。

3. 文件传输

连接在 Internet 上的许多计算机内都存有若干有价值的资料，如果我们需要这些资料，必须从远处的计算机上下载，这需要 Internet 的文件传输服务。在 Internet 上，要在不同机型、不同操作系统之间进行文件传输，需要建立一个统一的文件传输协议，这就是 FTP。FTP 是一种通信协议，可使用户通过 Internet 将文件从一个地点传输到另一个地点。

4. 远程登录

远程登录就是用户通过 Internet 登录到远程的计算机上，用户的计算机作为该计算机的一个终端使用。最初连在 Internet 上的绝大多数主机都运行 UNIX 操作系统，Telnet 是 UNIX 为用户提供远程登录主机的程序，Windows XP 也提供 Telnet 功能。

5. 新闻组

新闻组通常又称作 USEnet。它是具有共同爱好的 Internet 用户相互交换意见的一种无形的用户交流网络，相当于一个全球范围的电子公告牌系统。网络新闻是按专题分类的，每一类为一个分组，而每一个专题组又分为若干子专题，子专题下还可以有更小的子专题。用户通过 Internet 随时阅读新闻服务器提供的分门别类的消息，并可以将自己的见解提供给新闻服务器，以便作为一条消息发送出去。

6. 电子公告板系统

电子公告板（BBS）是 Internet 上的一个信息资源服务系统。提供 BBS 服务的站点称为 BBS 站。登录 BBS 站成功后，用户就可以浏览信息、发布信息、收发电子邮件、提出问题、发表意见、传送文件、网上交谈、游戏等。BBS 与 WWW 是信息服务中的两个分支，BBS 的应用比 WWW 早，由于它采用基于字符的界面，因此逐渐被 WWW、新闻组等其他信息服务形式所代替。

6.2.3 Internet 的接入方式

要享用 Internet 提供的服务，应首先接入 Internet。接入 Internet 有许多方法，常见的有拨号入网、专线入网和宽带入网。

1. 拨号入网

拨号入网主要适用于传输信息较少的单位或个人，其接入服务以电信局提供的公用电话网为基础，可细分为 PSTN 和 ISDN。

❖　PSTN（公共电话网）：速率为 56kbit/s，需要调制解调器（Modem）和电话线。这种入网方式投资少，容易安装，普通用户早期大都采用这种方式。

❖　ISDN（综合业务数字网）：速率为 64kbit/s~128kbit/s，使用普通电话线，需要到电信局开通 ISDN 业务。ISDN 的特点是信息采用数字方式传输，拨通快。安装时需配备 ISDN 适配卡，费用比 PSTN 高。

2. 专线入网

专线入网主要是信息量较大的部门或单位采用，其接入服务是以专用线路为基础的。专线入网又分为 DDN 和 FR。

❖　DDN：速率为 64kbit/s～2Mbit/s，为用户提供全数字、全透明、高质量的数据传输通道，需要铺设专线，还要配置相应的路由器，投入较大，费用较高。

❖　FR（帧中继）：速率为 64kbit/s～2Mbit/s，一对多点的连接方式，采用分组交换方式，需要到电信局开通相应的服务，需要配置相应的帧中继设备。

3. 宽带入网

宽带入网方式推广和普及的速度非常快，普通用户或单位都可采用这种方式入网。宽带入网方式有 ADSL、LAN 和 Cable Modem。

❖　ADSL（非对称数字用户环路）：ADSL 利用传统的电话线，在用户端和服务器端分别添加适当的设备，大幅度提高了上网速度。上行为低速传输，可达 640kbit/s~1Mbit/s，下行可达 8Mbit/s，上下行传输速率不一样，故称为"非对称"。ADSL 接入还具有频带宽（是普通电话的 256 倍以上）、安装方便、独享宽带、上网和通话两不误等特点。

❖　LAN（局域网）：即高速以太网接入，对于已布线的社区，用户可以速率为 10Mbit/s～1000Mbit/s 的高速上网，从局端到小区大楼均采用单模光纤，末端采用五类线延伸到用户，用户只需要一块网卡就可方便地接入网络，无须其他昂贵的设备。目前这种入网方式已被大多数用户接受和喜爱，并且用户数目越来越多，逐渐成为主流的入网方式。

❖　Cable Modem：Cable Modem 是一种允许用户通过有线电视网（CATV）进行高速数据接入的设备，具有专线上网连接的特点。CATV 网络普遍采用同轴电缆和光纤混合的网络结构，使用光纤作为 CATV 的骨干网，再用同轴电缆以树型总线结构分配到小区的每个用户。Cable Modem 上行可达 500kbit/s～2.5Mbit/s，下行可达 30Mbit/s。安装时需要一个 Cable Modem，比普通 Modem 贵许多。

6.3 Internet Explorer 6.0 的使用方法

Internet 上最强大的服务就是 WWW，要浏览 WWW 网站的网页必须使用浏览器，目前最常用的浏览器是微软公司的 Internet Explorer（简称 IE），Windows XP 内含有 IE 6.0，因此，不需要单独安装。

6.3.1 启动与退出 IE 6.0

IE 6.0 的启动与退出是 IE 6.0 的两种最基本操作。IE 6.0 必须启动后才能浏览网页、保存网页信息、收藏网址等，工作完毕后，应退出 IE 6.0，以释放占用的系统资源。

1. 启动 IE 6.0

启动 IE 6.0 有以下方法。

❖ 单击快速启动区中的 IE 6.0 的图标 。

❖ 选择【开始】/【Internet Explorer】命令。

❖ 选择【开始】/【程序】/【Internet Explorer】命令。

IE 6.0 启动后，会打开【Internet Explorer】窗口，窗口中的内容随打开主页的不同而不同，图 6-2 所示为 IE 6.0 打开新浪网站中的一个网页。

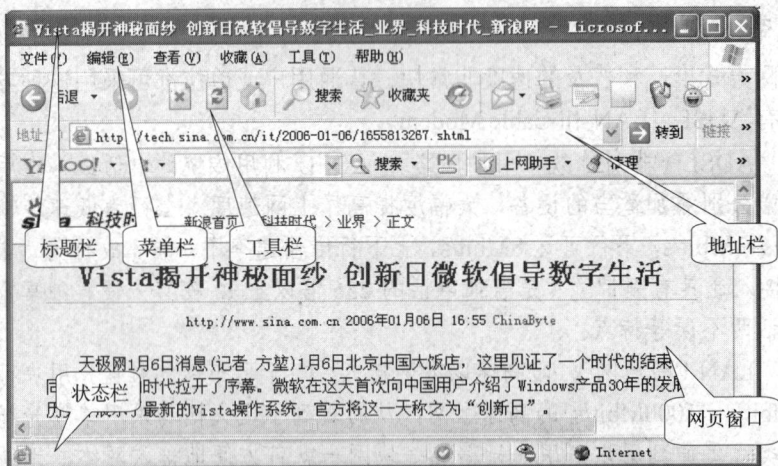

图6-2 Internet Explorer 窗口

启动 IE 6.0 时，应特别注意以下情况。

❖ 如果用户通过拨号方式上网，启动 IE 6.0 时还没有拨号上网，IE 6.0 会自动启动拨号上网程序。

❖ IE 6.0 启动后，自动显示默认主页的内容，默认主页通常情况下是微软公司网站（http://www.microsoft.com）的主页。

❖ 用户可以更改 IE 6.0 的默认主页，使其启动后就显示自己所喜欢的主页或一个空白网页。

2. IE 6.0 窗口的组成

Internet Explorer 窗口包括标题栏、菜单栏、工具栏、地址栏、网页窗口和状态栏，它们的作用与普通窗口类似，地址栏和状态栏需要特别说明。

❖　地址栏：地址栏指示当前网页的 URL 地址。在地址栏内可输入或从打开的下拉列表框中选择一个 URL 地址，打开相应的网页。图 6-2 所示地址栏中的 URL 地址是 "http://tech.sina.com.cn/it/2006-01-06/1655813267.shtml"。

❖　状态栏：状态栏显示系统的状态信息。当下载网页时，状态栏中显示下载任务以及下载进度指示，同时可看到窗口右上方的地球图标在转动。网页下载完后，状态为 "完毕"。将鼠标指针移动到一个超级链接时，状态栏中显示该链接的 URL 地址。

3. 退出 IE 6.0

在 IE 6.0 中打开某个链接时，有时会打开一个新的 IE 6.0 窗口，所以在用 IE 6.0 浏览网页的过程中，往往会出现许多 IE 6.0 窗口，只有将所有 IE 窗口关闭后才能退出 IE 6.0。关闭窗口的方法详见 "2.3.3　窗口的操作" 一节。

6.3.2　打开与浏览网页

1. 打开网页

在 IE 6.0 中，可用以下方法打开网页。

❖　在地址栏中输入网页的 URL 地址（例如 http://www.sina.com.cn）并按回车键。

❖　如果要打开先前访问过的网页，可打开地址栏的下拉列表框，从中选择相应的 URL 地址。

❖　如果网页已被保存到收藏夹中，可打开【收藏】菜单，从子菜单中选择相应的网页标题。

❖　如果想查看最近几天访问过的网页，单击 ⌖ 按钮或选择【查看】/【浏览器栏】/【历史记录】命令，在浏览器左边会出现【历史】窗格，【历史】窗格中记录了最近几天访问过的网页，单击其中的一个，即可访问该网页。

2. 浏览网页

打开一个网页后，就可以浏览它了，最常用的浏览操作有：打开链接、返回前页、转入后页、刷新网页、中断下载和返回主页。

❖　打开链接：网页中的某些文字或图形可作为超级链接，将鼠标指针移动到某个超级链接时，鼠标指针变成 🖑 状。此时，单击鼠标可打开此链接，进入相应的网页。有的链接可能在当前窗口中打开，有的链接可能在新窗口中打开。

❖　返回前页：如果在同一个 IE 窗口中打开链接，要返回前一个网页，单击 ⬅ 按钮即可。

❖　转入后页：返回前页后，想再回到先前的页，单击 ➡ 按钮即可。

❖　刷新网页：如果希望重新下载网页信息，需要刷新网页，单击 🔄 按钮即可。

❖　中断下载：如果想中断网页的下载，单击 ✖ 按钮即可。

❖　返回主页：如果想返回 IE 6.0 启动时的主页，单击 🏠 按钮即可。

6.3.3 保存与收藏网页

1. 保存网页

浏览 Web 页上的网页时，可以将那些有价值的信息保存起来，以便在以后使用。可以保存网页的全部内容，也可以只保存网页中的图片，还可以只保存网页中的文本。

（1）保存全部内容：在 IE 6.0 中，选择【文件】/【另存为】命令，弹出如图 6-3 所示的【保存网页】对话框（以"雅虎"为例）。在【保存 Web 页】对话框中，可进行以下操作。

❖ 在【保存在】下拉列表框中，选择网页要保存到的文件夹，也可在窗口左侧的预设位置列表中，选择要保存到的文件夹。

❖ 双击内容栏（该对话框中部的区域）中的一个文件夹图标，打开该文件夹作为网页保存的位置。

❖ 在【文件名】下拉列表框中，输入或选择要保存的文件名。

❖ 在【保存类型】下拉列表框中，选择要保存文件的类型，有 4 种类型供选择："网页，全部"、"Web 档案，单一文件"、"网页，仅 HTML"和"文本文件"。默认类型是"网页，全部"，保存 Web 页中全部内容。

❖ 在【编码】下拉列表框中选择编码类型。

❖ 单击 保存(S) 按钮，按所做设置保存网页。

保存全部内容后，会在指定文件夹下产生一个文件（本例中为"雅虎.htm"）和一个文件夹（本例中为"雅虎.files"，包含网页中所有的图片文件、脚本文件等）。

（2）保存文本：在保存网页全部内容时，在【保存类型】下拉列表框中选择"文本文件"，这样仅保存网页中的文本信息。

（3）保存图片：如果仅想保存网页中的图片，可将鼠标指针移动到图片上，单击鼠标右键，在弹出的快捷菜单中，选择【图片另存为】命令，弹出如图 6-4 所示的【保存图片】对话框。【保存图片】对话框的操作与【保存网页】对话框的操作类似，这里不再重复。

图6-3 【保存网页】对话框　　　　图6-4 【保存图片】对话框

2. 收藏网页

我们可以将某个网页保存起来，以便下一次浏览时直接从收藏夹中取出，而不必每次都输入网页的 URL 地址。收藏网页时，仅保存该网页的地址，而不是保存网页的内容。

（1）收藏网页：收藏网页的方法是，选择【收藏】/【添加到收藏夹】命令，弹出如图 6-5 所示的【添加到收藏夹】对话框。在【添加到收藏夹】对话框中，可进行以下操作。

❖　选择【允许脱机使用】复选框，则在不链接到 Internet 上时也能浏览该网页。

❖　在【名称】框中输入网页的名称。

❖　单击 创建到(C) << 按钮，则可显示/隐藏【创建到】列表框。

❖　单击 新建文件夹(W)... 按钮，建立一个新文件夹。

❖　单击 确定 按钮，按所做设置收藏当前网页。

假设已经将"雅虎"添加到收藏夹，选择【收藏】命令，在其下拉菜单（见图 6-6）中选择"雅虎"，即可浏览雅虎网页。

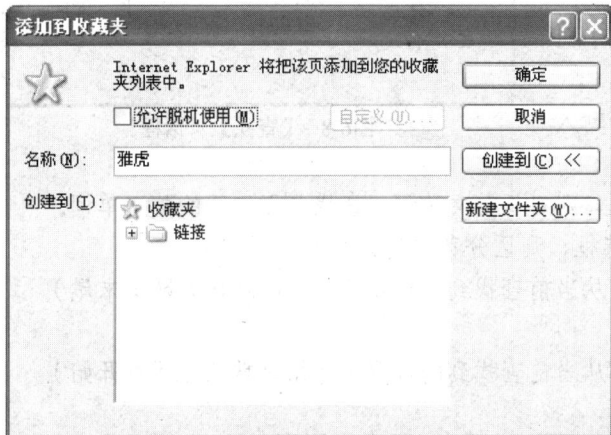

图6-5　【添加到收藏夹】对话框

图6-6　【收藏】下拉菜单

（2）整理收藏夹：如果收藏的网页很多，则需要分门别类进行整理。选择【收藏】/【整理收藏夹】命令，弹出如图 6-7 所示的【整理收藏夹】对话框。在【整理收藏夹】对话框中可进行以下操作。

❖　在窗口右边的列表框中，单击有关文件夹图标，选择该文件夹。单击一个网页图标，选择该网页。

❖　选定一个文件夹后，单击 创建文件夹(C) 按钮，在此文件夹下创建一个新文件夹。

❖　选定一个文件夹或网页，单击 重命名(R) 按钮，重命名该文件夹或网页。

❖　选定一个文件夹或网页，单击 移至文件夹(M)... 按钮，弹出一个对话框，可从中选择一个文件夹，把选定的文件或文件夹移动到选择的文件夹中。

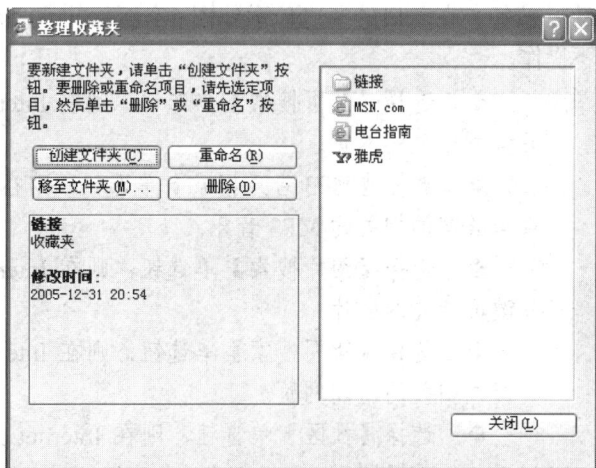

图6-7　【整理收藏夹】对话框

❖　选定一个文件夹或网页，单击 删除(D) 按钮，删除该文件夹或网页。

❖　单击 关闭(L) 按钮，关闭【整理收藏夹】对话框。

6.3.4 网页与网上搜索

在 IE 6.0 中，可以在打开的网页中搜索所需要的文本信息，还可以利用 IE 6.0 本身的搜索工具在网上搜索。此外，Internet 上有许多搜索引擎和网络目录网站，可以利用搜索引擎在网络上进行搜索，或从网络目录网站到相应的目录中查找。

1. 在打开的网页内搜索

打开网页后，可以利用 IE 6.0 的查找功能，在当前网页中搜索指定的文本。选择【编辑】/【查找（在当前页）】命令，弹出如图 6-8 所示的【查找】对话框。在【查找】对话框中，可进行以下操作。

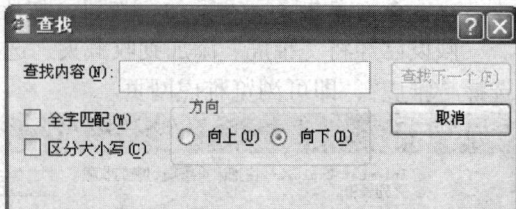

图6-8 【查找】对话框

❖ 在【查找内容】文本框内输入要查找的文本。

❖ 选择【全字匹配】复选框，则对于英文单词，查找与之相同的整个单词。

❖ 选择【区分大小写】复选框，则区分英文的大小写。

❖ 选择【向上】单选钮，则从当前查找到的位置（开始时默认为网页末尾）向前查找。

❖ 选择【向下】单选钮，则从当前查找到的位置（开始时默认为网页开始）网页开始向后查找。

❖ 单击 查找下一个(F) 按钮，按所做设置查找下一个符合条件的文本，第 1 次单击时查找的是第 1 个符合条件的文本。

2. 用搜索工具在网上搜索

IE 6.0 嵌入了雅虎公司的搜索工具，可以利用它在网上查找信息。单击 IE 6.0 工具栏上的 ⌕ 按钮，在窗口的左边显示如图 6-9 所示的【搜索】窗格。在【搜索】窗格中，可进行以下操作。

❖ 选择【网页搜索】单选钮，则在 Internet 上搜索与关键词相关的网页。

❖ 选择【MP3 音乐搜索】单选钮，则在 Internet 上搜索与关键词相关的 MP3 音乐。

❖ 选择【图片搜索】单选钮，则在 Internet 上搜索与关键词相关的图片。

❖ 选择【新闻搜索】单选钮，则在 Internet 上搜索与关键词相关的新闻网页。

❖ 选择【社区】单选钮，则在 Internet 上搜索与关键词相关的社区网页。

图6-9 【搜索】窗格

❖ 在【请输入查询关键词】文本框内输入要查找的文字。

❖ 单击 搜索 按钮，开始进行搜索。搜索结果的网页地址显示在窗口中，单击其中的一个网页地址，即可在窗口中显示该网页的内容。

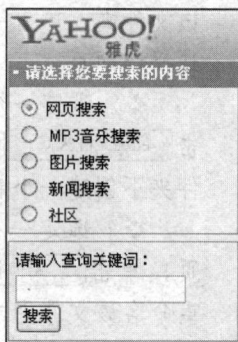

3. 用搜索引擎在网上搜索

搜索引擎是网络服务商开发的软件，可用来迅速搜索与某个关键字匹配的网页、图片、MP3 音乐等。这些搜索引擎都是免费的，可自由使用。打开搜索服务商网站的首页，就可以进行网上搜索。最经典的搜索引擎有 Google（www.google.com，如图 6-10 所示）、百度（www.baidu.com，如图 6-11 所示）、雅虎（www.yahoo.com.cn，如图 6-12 所示）。

图6-10 www.google.com 网站

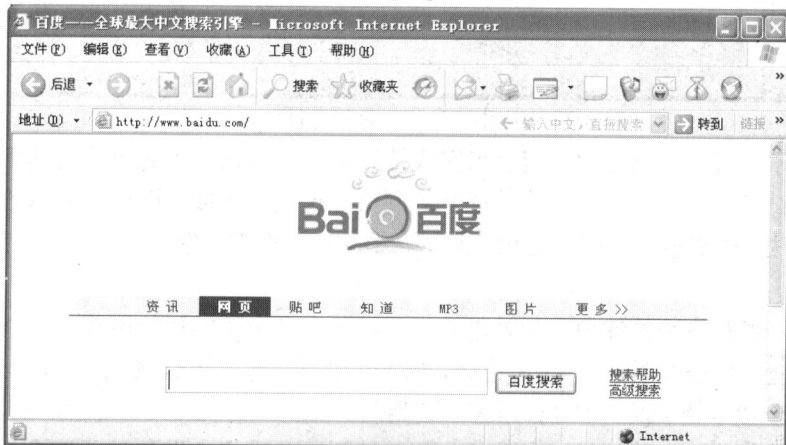

图6-11 www.baidu.com 网站

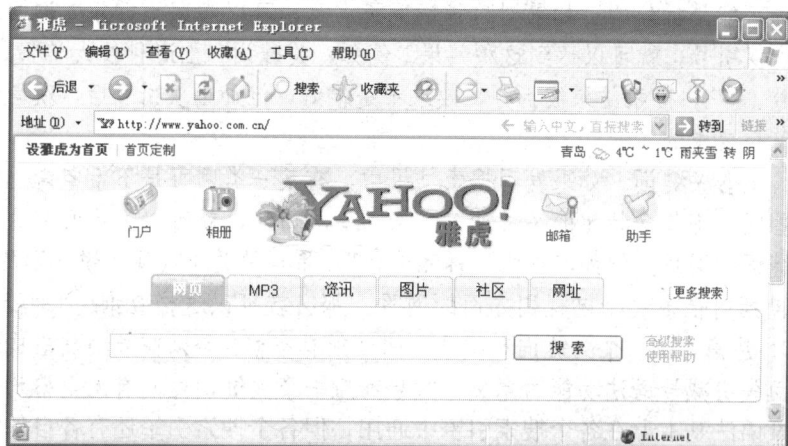

图6-12 www.yahoo.com.cn 网站

在网络服务商网站的首页中，通常要求用户先输入要搜索的关键字串，然后单击【搜索】按钮，网络服务商网站调用该搜索引擎，快速搜索相应的数据库，查找出符合搜索条件的关键字串所在的网页，并以超链接的方式在网页中显示（图 6-13 所示为在百度网站首页输入"计算机等级考试"进行查询的结果），用户可根据需要打开一个链接，显示相应的网页。还可以在搜索结果中进一步搜索。

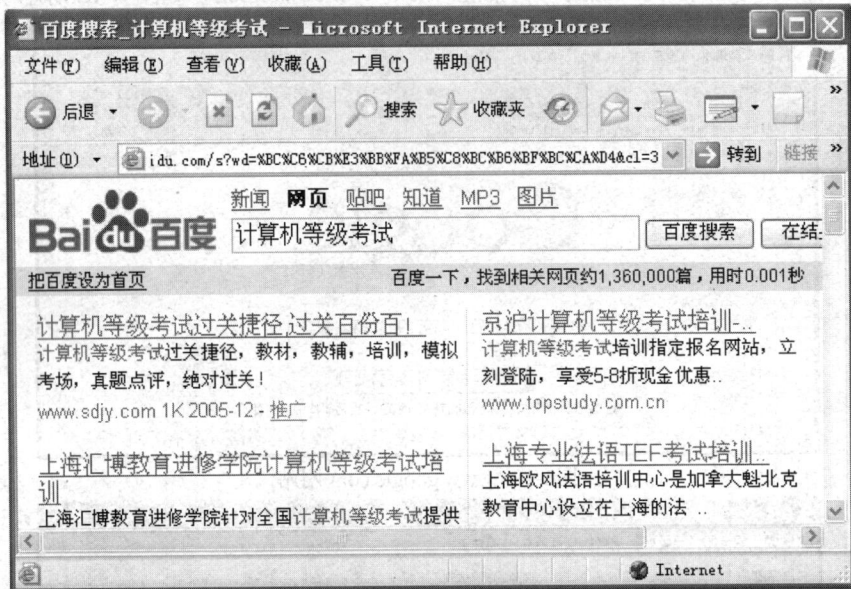

图6-13 百度中"计算机等级考试"搜索结果

搜索引擎一般是通过搜索关键字来完成搜索的，即填入一个简单的关键字（例如"计算机等级考试"），然后查找包含此关键字的网页。这是使用搜索引擎最简单的查询方法。通过搜索语法，可更精确地搜索信息。前面介绍的几大搜索引擎，其搜索语法都大致相同，介绍如下。

❖ 匹配多个关键词。如果想查询同时包含多个关键词的网页，各个关键词之间用空格间隔或用加号（+）连接。例如关键词"等级考试+C 语言"，表示搜索同时包含"等级考试"和"C 语言"的网页。

❖ 精确匹配关键词。如果输入的关键词很长，搜索引擎给出的搜索结果中的查询词可能是拆分的。如果对这种情况不满意，可以尝试不拆分查询词。给查询词加上双引号，就可以达到这种效果。例如，关键词"上海科技大学"，如果不加双引号（""），搜索结果被拆分，效果不是很好，但加上双引号后，获得的结果就全是符合要求的了。

❖ 不含关键词。如果发现搜索结果中，有某一类网页是不希望看见的，而且，这些网页都包含特定的关键词，那么用减号语法，就可以去除所有这些含有特定关键词的网页。例如，搜索"神雕侠侣"，希望是关于武侠小说方面的内容，却发现包括有很多关于电视剧方面的网页。那么就可以这样查询："神雕侠侣 -电视剧"。注意，前一个关键词和减号之间必须有空格，否则减号会被当成连字符处理，而失去减号语法功能的意义。减号和后一个关键词之间有无空格均可。

以上搜索语法基本上在各个搜索引擎中通用，但各个搜索引擎还有各自的特点，这需要从相应网站的帮助信息中去了解。

6.3.5　常用基本设置

IE 6.0 允许用户修改其设置，以满足个人工作的需要。选择【工具】/【Internet 选项】命令，将弹出如图 6-14 所示的【Internet 选项】对话框。在该对话框中，共有 7 个选项卡，以下介绍最常用的【常规】选项卡和【安全】选项卡。

（1）【常规】选项卡：在【常规】选项卡（见图 6-14）中，可进行以下操作。

❖　在【地址】文本框中输入一个网站地址，下一次启动 IE 6.0 时，将自动打开该网站的主页。

❖　单击 使用当前页(C) 按钮，则下一次启动 IE 6.0 时，将打开当前网页。

❖　单击 使用默认页(D) 按钮，则下一次启动 IE 6.0 时，将打开微软公司的主页。

❖　单击 使用空白页(B) 按钮，则下一次启动 IE 6.0 时，将显示空白网页。

❖　单击 删除文件(F)... 按钮，删除 IE 6.0 存留在磁盘上的临时文件，即浏览过的网页文件。

❖　单击 设置(S)... 按钮，弹出

图6-14　【Internet 选项】对话框

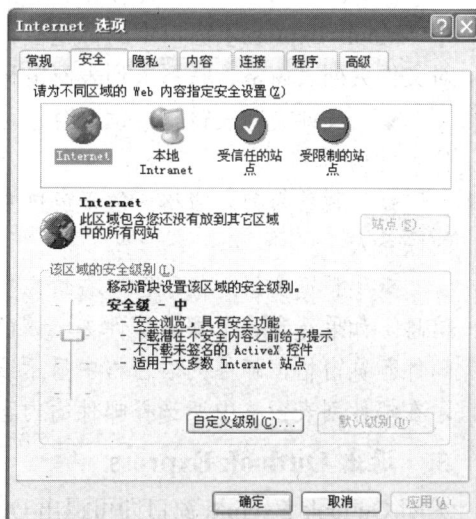

一个对话框，在该对话框中可对临时文件夹的大小等进行设置。

❖　在【网页保存在历史记录中的天数】数值框中，输入或调整数值，对超过该天数的网页，系统自动从历史记录中将其删除。

❖　单击 清除历史记录(H) 按钮，清除所有的历史记录。

（2）【安全】选项卡：打开【Internet 选项】对话框中的【安全】选项卡，结果如图 6-15 所示。在【安全】选项卡中，可进行以下操作。

❖　在【请为不同区域的 Web 内容指定安全设置】列表框中，选择一个图标，对该区域进行安全设置。

❖　在【该区域的安全级别】组中，拖动安全级别指示滑块，改变该区域的安全级别，同时安全级别指示的右边显示详细解释。

❖　单击 自定义级别(C)... 按钮，系统弹出一个对话框，可在该对话框中自己定义安全级别的各项。

❖　单击 默认级别(D) 按钮，恢复该区域的默认安全级别。

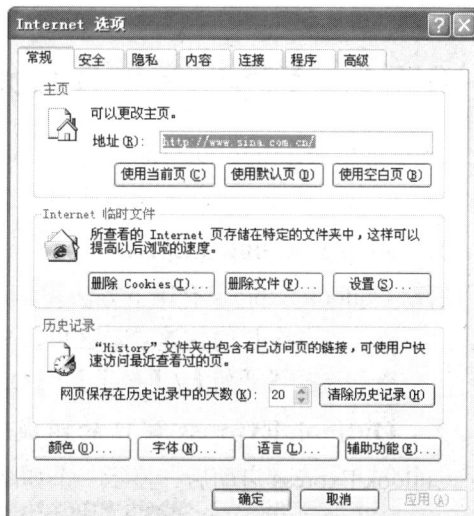

图6-15　【安全】选项卡

6.4 Outlook Express 的使用方法

Outlook Express 是微软公司开发的电子邮件管理系统，是基于 Internet 标准的电子邮件和新闻阅读程序，用来完成电子邮件的收发和相关的管理工作。

6.4.1 启动与退出 Outlook Express

Outlook Express 的启动与退出是 Outlook Express 的两种基本操作。启动 Outlook Express 后才能收发电子邮件，工作完毕后应退出 Outlook Express，以释放其占用的系统资源。

1. 启动 Outlook Express

启动 Outlook Express 有以下方法。

❖ 在任务栏的快速启动区中，单击 Outlook Express 的图标 。
❖ 选择【开始】/【程序】/【Outlook Express】命令。

2. Outlook Express 窗口的组成

Outlook Express 启动后，显示一个如图 6-16 所示的【Outlook Express】窗口。

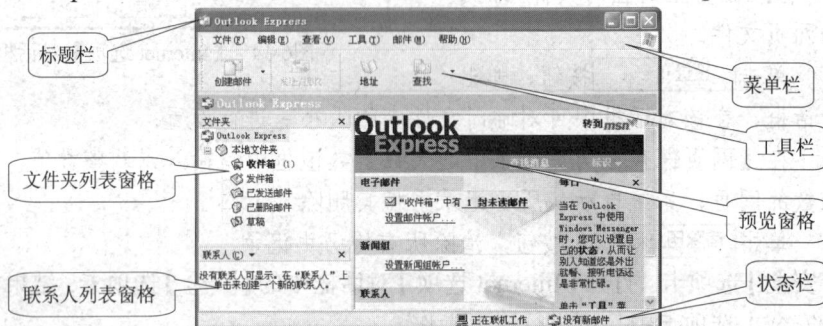

图6-16 【Outlook Express】窗口

【Outlook Express】窗口中的标题栏、菜单栏、工具栏和状态栏的作用与普通窗口类似。对文件夹列表窗格、联系人列表窗格和预览窗格说明如下。

❖ 文件夹列表窗格：位于窗口左边上方，列出了 Outlook Express 相关的文件夹结构。

❖ 联系人列表窗格：位于窗口左边下方，列出了 Outlook Express 通讯簿中的联系人。

❖ 预览窗格：位于窗口右边，显示在文件夹列表窗格中所选定文件夹中的信息。如果选定一个邮件文件夹，该窗格又被分成两个窗格，即邮件列表窗格和邮件预览窗格，邮件列表窗格中显示该文件夹中的所有邮件，邮件预览窗格中显示在邮件列表窗格中所选择邮件的内容。

3. 退出 Outlook Express

关闭 Outlook Express 窗口即可退出 Outlook Express，关闭窗口的方法详见"2.3.3 窗口的操作"一节。

6.4.2 申请与设置邮件账号

使用 Outlook Express 收发电子邮件时，必须至少有一个邮件账号，这个邮件账号可以是申请网络账号时得到的邮件账号，也可以是申请的免费邮件账号。有了邮件账号后，需要在 Outlook Express 中进行设置，然后才可以用 Outlook Express 收发电子邮件。

1. 申请邮件账号

在 Internet 上，许多大网站为用户提供了免费的电子邮件信箱，用户申请后可以免费使用，这给广大的 Internet 爱好者提供了便利，但是并不是所有的免费电子邮件信箱都可用 Outlook Express 收发邮件，只有提供 POP3（收信）和 SMTP（发信）邮件服务器的免费电子邮件信箱才可使用 Outlook Express 收发邮件。

以下是常见的提供免费电子信箱的网站。

❖ 新浪（http://www.sina.com.cn）：提供强大的功能和良好的服务，有大量的注册用户，支持 POP3 和 SMTP。

❖ Hotmail（http://www.hotmail.com）：国外著名的免费信箱，被微软公司收购，不支持 POP3 和 SMTP。

❖ 雅虎（http://www.yahoo.com）：免费信箱，不支持 POP3 和 SMTP。

下面以申请新浪免费电子信箱为例，来介绍申请的操作步骤。

① 打开 IE 6.0 浏览器，在地址栏中输入 "http://www.sina.com.cn"，按回车键，打开新浪主页，如图 6-17 所示。

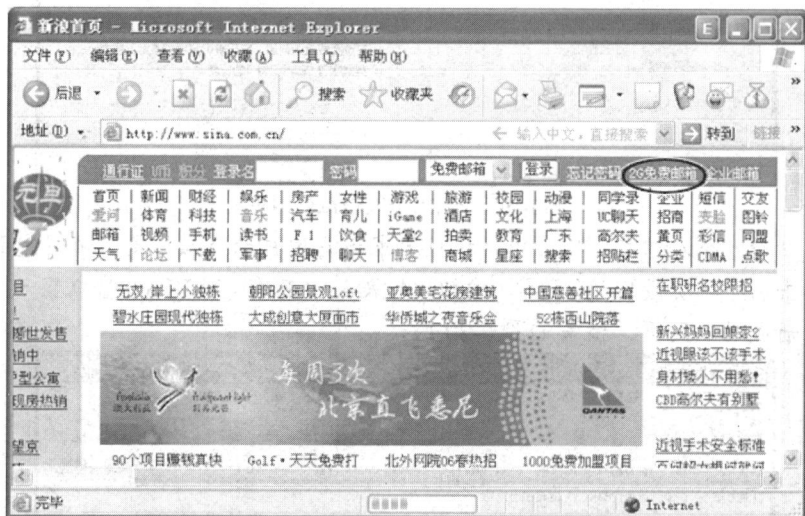

图6-17 新浪主页

② 在新浪主页中，单击 "2G 免费邮箱" 超链接（位于图 6-17 中用椭圆框住的区域），IE 6.0 窗口显示 "输入邮箱名" 网页，如图 6-18 所示。

③ 在 "请填入邮箱名" 文本框中输入一个邮箱名，单击 检测邮箱名是否被占用 按钮，用来检测这个邮箱是否被占用，当弹出的窗口中有 "你可以使用此邮箱" 的提示时，表示这个邮箱可用，否则这个邮箱已被别人占用。

④ 单击 下一步 按钮，如果输入的邮箱没有被别人占用，则 IE 6.0 窗口显示 "输入个人信息" 网页，结果如图 6-19 所示。

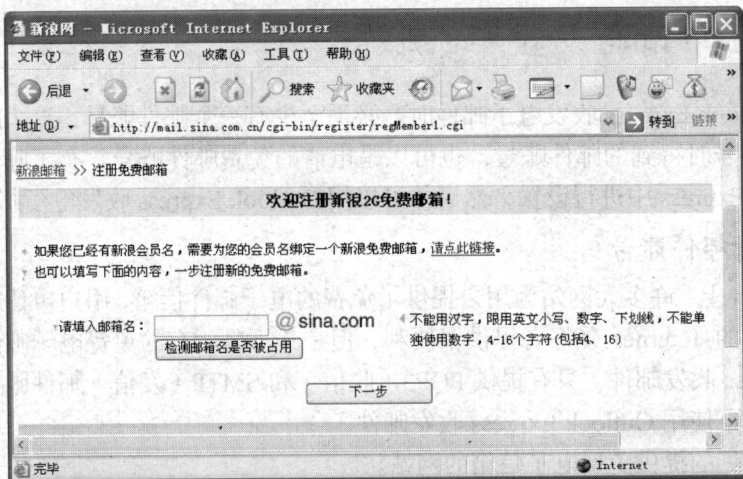

图6-18　"输入邮箱名"网页

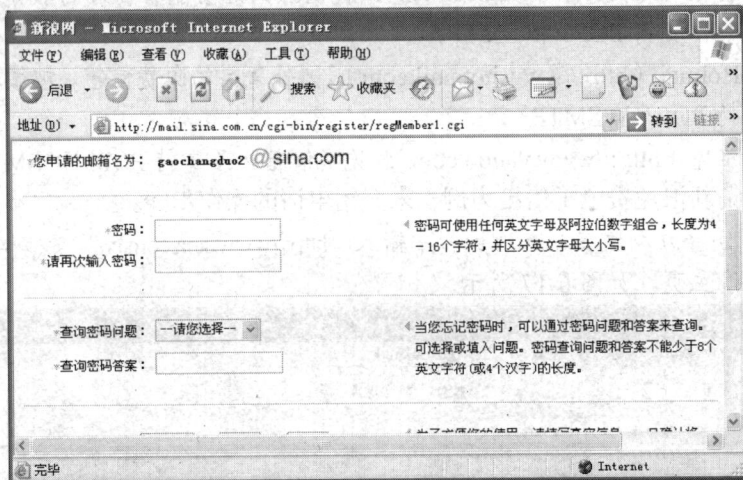

图6-19　"输入个人信息"网页

⑤　在"输入个人信息"网页中，根据要求填写用户的个人信息，填写完成后，
单击位于网页最后的 提交 按钮。如果一切正确，则 IE 6.0 窗口显示"邮箱
注册成功"网页，结果如图 6-20 所示。

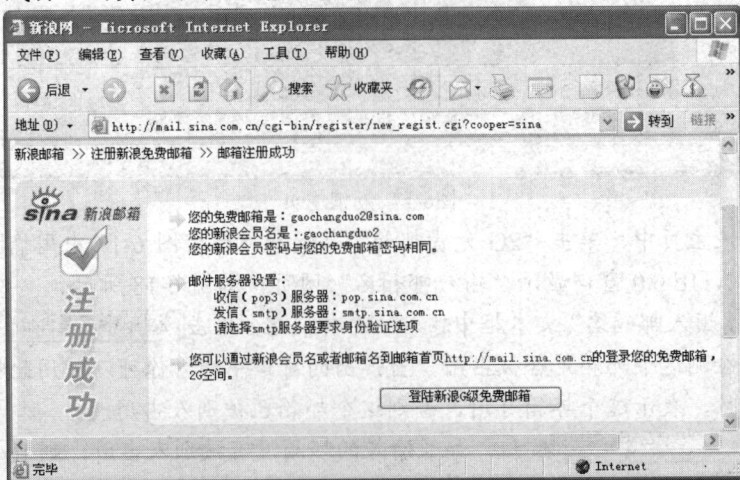

图6-20　"邮箱注册成功"网页

至此，我们成功申请了免费电子信箱。在如图 6-17 所示的新浪主页中，或打开新浪邮箱网址"http://mail.sina.com.cn"后，在【登录名】和【密码】文本框内输入申请免费邮箱时的邮箱名和密码，单击 登录 按钮，即可打开用户的信箱网页。在信箱网页中，列出了用户的邮件目录和一些超级链接，用户可完成查看、撰写、发送电子邮件等工作。

新浪免费电子信箱不仅可以通过该邮箱收发电子邮件，还可以通过 Outlook Express 收发电子邮件。新浪免费电子信箱提供 POP3（收信）和 SMTP（发信）邮件服务器，POP3 服务器的域名是 pop3.sina.com.cn，SMTP 服务器的域名是 smtp.sina.com.cn。只要在 Outlook Express 中按要求设置电子邮件账号、电子邮件密码、POP3 邮件服务器、SMTP 邮件服务器，就可通过 Outlook Express 收发电子邮件。

2. 设置邮件账号

在申请网络账号时，Internet 服务提供商通常也提供电子邮件账号、电子邮件密码、POP3 邮件服务器域名或 IP 地址、SMTP 邮件服务器域名或 IP 地址。在申请免费电子信箱时，用户自己定义了电子邮件账号、电子邮件密码，免费电子信箱服务商提供了 POP3 邮件服务器域名、SMTP 邮件服务器域名。通过这些信息可设置 Outlook Express 的邮件账号。

在 Outlook Express 中设置电子邮件账号的步骤如下。

① 启动 Outlook Express，在【Outlook Express】窗口中选择【工具】/【账户】命令，在弹出的【Internet 账户】对话框中，打开【邮件】选项卡，结果如图 6-21 所示。

② 在图 6-21 所示的【邮件】选项卡中，单击 添加(A) 按钮，在弹出的菜单中选择【邮件】命令，弹出如图 6-22 所示的【Internet 连接向导】对话框。

图6-21 【邮件】选项卡

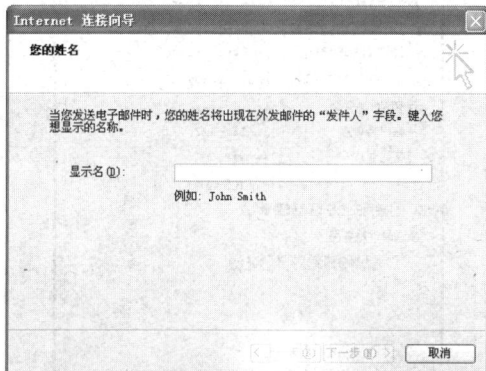

③ 在图 6-22 所示的【Internet 连接向导】对话框中，在【显示名】文本框中填写一个名称，作为电子邮件地址的一个标示。填写完后，单击 下一步(N) > 按钮，这时的【Internet 连接向导】对话框如图 6-23 所示。

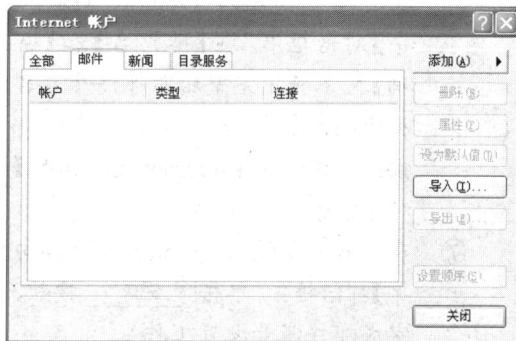

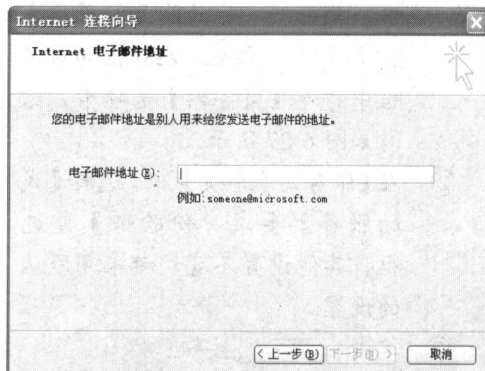

图6-22 显示名　　　　图6-23 电子邮件地址

④ 在图 6-23 所示的【Internet 连接向导】对话框中，在【电子邮件地址】框中填写电子邮件地址，填写完后，单击 下一步(N) > 按钮，这时的【Internet 连接

217

向导】对话框如图 6-24 所示。

⑤ 在图 6-24 所示的【Internet 连接向导】对话框中，在【接收邮件服务器】和【发送邮件服务器】文本框中完整填写服务商提供的邮件接收服务器（POP3）域名和邮件发送服务器（SMTP）域名，填写完后，单击 下一步(N) > 按钮，这时的【Internet 连接向导】对话框如图 6-25 所示。

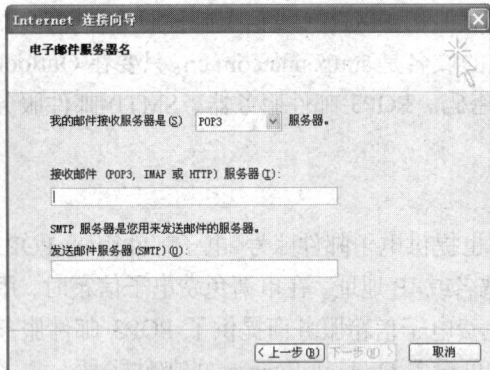
图6-24 邮件服务器名

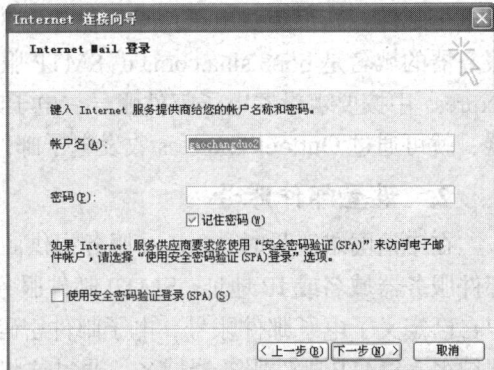
图6-25 登录

⑥ 在图 6-25 所示的【Internet 连接向导】对话框中，在【账户名】和【密码】文本框中完整填写邮件账号名和密码，填写完后，单击 下一步(N) > 按钮，这时的【Internet 连接向导】对话框如图 6-26 所示。

⑦ 在图 6-26 所示的【Internet 连接向导】对话框中，单击 完成 按钮，完成邮件账号设置工作。

按以上步骤操作完成设置后，可以收邮件，但不能发邮件。要发邮件，还需要进行以下设置。

① 在图 6-21 所示的【邮件】选项卡中，单击新添加的账号，再单击 属性(P) 按钮，在弹出的对话框中打开【服务器】选项卡，结果如图 6-27 所示。

② 在【服务器】选项卡中，选择【我的服务器要求身份验证】复选框，其他设置不变，都采用默认的设置。

③ 单击 确定 按钮。

至此，我们所设置的邮件账号既能收电子邮件也能发电子邮件了。

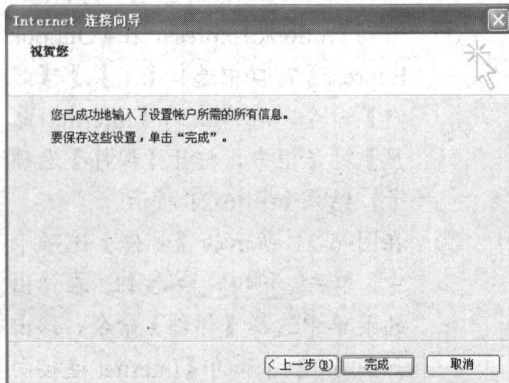
图6-26 完成设置

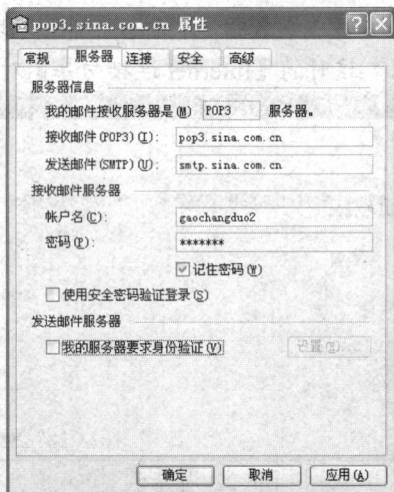
图6-27 【服务器】选项卡

6.4.3 撰写与发送电子邮件

设置好邮件账号后，就可以用 Outlook Express 给别人发送电子邮件了。在发送电子邮件前，应先撰写电子邮件。

1. 撰写电子邮件

在 Outlook Express 窗口中，单击
按钮，弹出如图 6-28 所示的【新邮件】窗口。在【新邮件】窗口中，可进行以下操作。

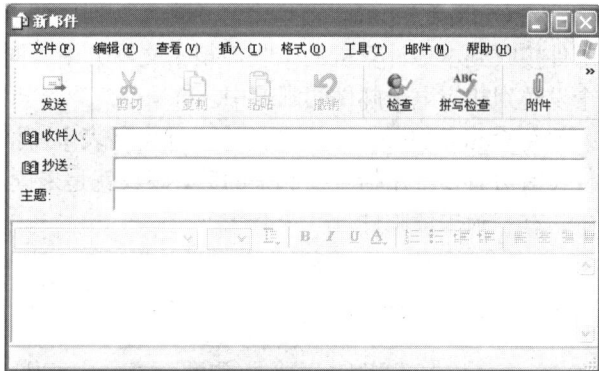

图6-28 【新邮件】窗口

✦ 在【收件人】文本框中，输入收件人的邮件地址，此栏必须填写。

✦ 在【抄送】文本框中，输入其他收件人的邮件地址，即同一封信可发给多个人，此栏可以不填。

✦ 在【主题】文本框中，输入信件的主题，可以不填。

✦ 在书信区域中书写信件的内容，还可利用书信区域上方的格式按钮，设置书信中文字或段落的格式。具体操作与 Word 2007 类似，这里不再重复。

✦ 单击工具栏上的 按钮，弹出一个【插入附件】对话框，从该对话框中选择要插入的文件后，邮件窗口增加一个【附件】栏（见图 6-29），【附件】栏中显示用户刚插入的文件。

图6-29 邮件窗口

✦ 选择【文件】/【保存】命令，把撰写的信件保存到【草稿】文件夹中。

✦ 选择【文件】/【以后发送】命令，把撰写的信件保存到"发件箱"文件夹中。

✦ 选择【文件】/【发送邮件】命令，如果联机，立即发送邮件。如果脱机，把撰写的信件保存到【发件箱】文件夹中，下次联机时会自动发出。

2. 发送电子邮件

保存在【发件箱】文件夹中的信件，仅保存在本地的计算机中，并没有发送到对方的电子邮箱中。在 Outlook Express 窗口中，单击 按钮，把【发件箱】文件夹中的所有信件逐个发送到相应电子邮件的邮箱中，同时，还把自己电子邮箱中未接收的邮件接收到本地计算机的【收件箱】文件夹中。【发件箱】文件夹中的信件正确发送后，系统会自动将其转移到【已发送邮件】文件夹中保存。

6.4.4 接收与阅读电子邮件

对方发来电子邮件后，邮件存放在邮件服务器中，要阅读该邮件，必须先将邮件接收到本地计算机中。

1. 接收电子邮件

在 Outlook Express 窗口中，单击□按钮，Outlook Express 把自己电子邮箱中未接收的邮件接收到本地计算机的【收件箱】文件夹中，同时把【发件箱】文件夹中的所有信件逐个发送到相应电子邮件的邮箱中。

在 Outlook Express 窗口的【文件夹列表】窗格中，如果有未读信件，在【收件箱】文件夹右边有一个用括号括起来的数，该数就是未读邮件的数目，如图 6-30 所示的【收件箱】中，有一封未读邮件。

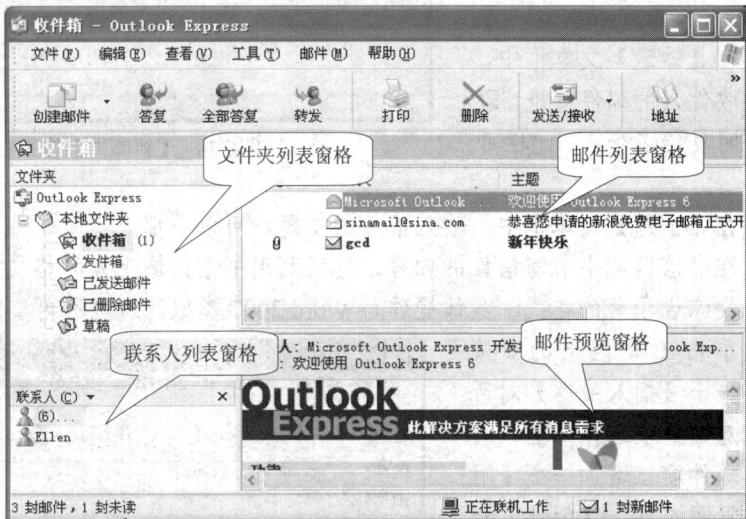

图6-30 【收件箱】对话框

单击【收件箱】文件夹，Outlook Express 的预览窗格被分成两个窗格：邮件列表窗格和邮件预览窗格。在邮件列表窗格中，显示该文件夹中的所有邮件，其中，标题为加粗字体的邮件是未阅读的邮件，如图 6-30 所示的邮件列表中，"新年快乐"是未读邮件。在邮件列表窗格中单击某一邮件后，在邮件预览窗格中显示该邮件的内容。

2. 阅读电子邮件

在邮件列表窗格中，列出了相应文件夹的邮件列表，图 6-30 所示为【收件箱】文件夹中的文件列表，列表包含发件人和主题。没有阅读过的邮件，其发件人和主题的字体加粗。

在收件箱邮件列表中，单击一个邮件，在邮件预览窗格中显示该邮件。如果邮件内容在邮件预览窗格中不能全部显示，则邮件预览窗格会出现垂直或水平滚动条，拖动相应的滚动条，即可显示邮件的其他内容。

如果一个邮件带有附件，则在邮件预览窗格的上方会出现一个□按钮，单击该按钮，弹出一个菜单，菜单中列出附件中所有文件的名称和一个【保存附件】命令。单击附件中的一个文件名，系统用默认的程序打开该文件。如果选择【保存附件】命令，系统会弹出一个对话框。用户可以利用该对话框，把附件中的文件保存到本地磁盘上。

6.4.5 回复与转发电子邮件

收到一个电子邮件后，用户可以回复发件人和发件人所抄送的人，还可以把该邮件转发给其他人。

1. 回复电子邮件

回复电子邮件有两种方式：回复和全部回复。

（1）回复：在 Outlook Express 中，要给当前信件的发件人回信，有以下方法。

❖ 单击 按钮。

❖ 选择【邮件】/【答复发件人】命令。

❖ 按 Ctrl+R 组合键。

执行以上任一操作后，将弹出如图 6-31 所示的【新邮件】窗口，这个窗口与图 6-29 所示的窗口类似，只不过在【收件人】文本框中已填写好了收件人的电子邮件地址，【抄送】文本框为空，【主题】文本框中为原主题前加 "Re："字样，书信区域中显示原信的内容，光标在原信内容的前面。

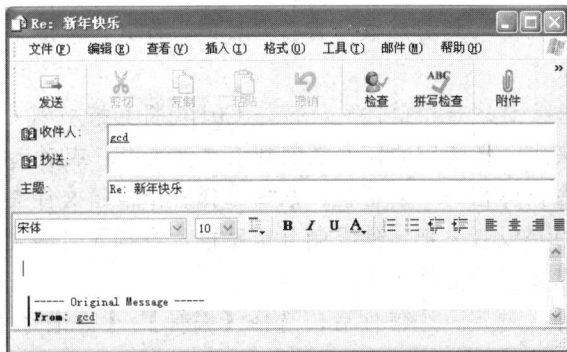

图6-31 回复信件

用户可以根据需要改动以上设置。在书信区域中，书写相应的内容，然后单击 按钮即可回复邮件。

（2）全部答复：在 Outlook Express 中，要给当前信件的发件人以及发件人所抄送的人发同样的信，有以下方法。

❖ 单击 按钮。

❖ 选择【邮件】/【全部答复】命令。

❖ 按 Ctrl+Shift+R 组合键。

全部答复的操作方法基本上与答复发件人的操作相同，不同的是，【抄送】文本框中不为空，是原【抄送】文本框中的内容。

2. 转发电子邮件

在 Outlook Express 中，要把当前信件转发给别人，有以下方法。

❖ 单击 按钮。

❖ 选择【邮件】/【转发】命令。

❖ 按 Ctrl+F 组合键。

转发信件的操作方法基本上与答复发件人的操作相同，不同的是，【收件人】框中为空，要求填写收件人的邮件地址。

6.4.6 信件与通讯簿管理

长期使用 Outlook Express 收发邮件，邮件文件夹中会保留大量的邮件，必要时应对其进行整理。同时用户也有许多经常通信的朋友，有必要建立一个通讯簿，以便于以后联系和交流。

1. 信件管理

在 Outlook Express 中，每个信箱文件夹实际上是一个文件夹，每个信件实际上是一个文件。

（1）信件管理：信件管理有以下常用操作。

❖ 删除信件：选定一个信件后，单击 ✕ 按钮，或选择【编辑】/【删除】命令，把选定的信件移动到【已删除邮件】文件夹中。在【已删除邮件】文件夹中选定信件后，执行以上操作，则将信件彻底删除。

❖ 移动信件：选定一个信件后，将其拖动到【文件夹列表】窗格中的一个文件夹上，把选定的信件移动到该文件夹中。或者选择【编辑】/【移动到文件夹】命令，弹出一个对话框，从中选择一个信箱文件夹，把选定的信件移动到该文件夹中。或者先把信件剪切到剪贴板，再打开目的文件夹，然后把剪贴板上的信件粘贴到目的文件夹中。

❖ 复制信件：选定一个信件后，按住 Ctrl 键将其拖动到【文件夹列表】窗格中的一个文件夹上，把选定的信件复制到该文件夹中。或者选择【编辑】/【复制到文件夹】命令，弹出一个对话框，从中选择一个信箱文件夹，把选定的信件复制到该文件夹中。或者先把信件复制到剪贴板，再打开目的文件夹，然后把剪贴板上的信件粘贴到目的文件夹中。

❖ 标记信件：选定一个信件后，选择【编辑】/【标记为"已读"】命令，或选择【编辑】/【标记为"未读"】命令，选定的信件将加上相应的标记。未读的邮件其标题的字体设置为加粗，已读的邮件则不加粗。在收件箱信件列表中，选定一个信件后，选择【邮件】/【标记邮件】命令，为选定的邮件增加一个标记。

再选择以上命令，可取消标记。增加标记的邮件，在邮件列表窗格中的【收件人】左边标记一个小旗，如图 6-32 所示。

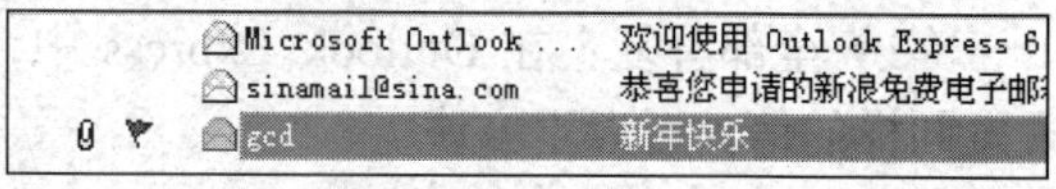

图6-32 标记的邮件

（2）信箱文件夹管理：信箱文件夹管理有以下常用操作。

❖ 建立信箱文件夹：选择【文件】/【文件夹】/【新建】命令，或选择【文件】/【新建】/【文件夹】命令，弹出一个对话框，从中选择一个信箱文件夹，为新文件夹取一个名字，在选择的信箱文件夹下建立一个文件夹。

❖ 移动信箱文件夹：选定一个信箱文件夹后，选择【文件】/【文件夹】/【移动】命令，弹出一个对话框，可从中选择一个信箱文件夹，把选定的信箱文件夹移动到选择的信箱文件夹中；或者拖动要移动的信箱文件夹到另一个信箱文件夹上，把选定的信箱文件夹移动到该信箱文件夹中。要注意的是，Outlook Express 原有的信箱文件夹不能移动。

❖ 删除信箱文件夹：选定一个信箱文件夹后，选择【文件】/【文件夹】/

【删除】命令，或单击✕按钮，或者拖动要删除的信箱文件夹到【已删除邮件】文件夹中，把选定的文件夹移动到【已删除邮件】文件夹中。要注意的是，Outlook Express 原有的信箱文件夹不能删除。

❖ 重命名信箱文件夹：双击信箱文件夹名，在信箱文件夹名中出现插入点光标，输入新名，然后按回车键；或选择【文件】/【文件夹】/【重命名】命令，之后的操作同前。要注意的是，Outlook Express 原有的信箱文件夹不能重命名。

❖ 清空【已删除邮件】文件夹：右击【已删除邮件】文件夹，在弹出的快捷菜单中选择【清空 '已删除邮件' 文件夹】命令，把【已删除邮件】文件夹清空。

2. 通讯簿管理

通讯簿可以存储多个邮件地址、家庭地址、电话号码、传真号码等联系信息，还可以把联系人分组，以便于查找。

（1）打开通讯簿：在 Outlook Express 窗口中，打开通讯簿有以下方法。

❖ 选择【工具】/【通讯簿】命令。

❖ 单击📖按钮。

用任一种方法，都会弹出如图 6-33 所示的【通讯簿】窗口。

（2）添加联系人：在【通讯簿】窗口中，添加联系人有以下方法。

❖ 选择【文件】/【新建联系人】命令。

❖ 单击按钮，从子菜单中选择【联系人】命令。

用任一种方法，都弹出如图 6-34 所示的【属性】对话框。在【属性】对话框中，可进行以下操作。

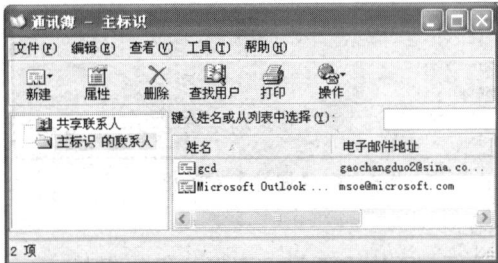

图6-33 【通讯簿】窗口　　　　图6-34 【属性】对话框

❖ 在【姓】、【名】和【职务】文本框中输入联系人的相应信息。输入的信息在【显示】下拉列表框中显示出一种排列，可从下拉列表框中选择一种排列样式。

❖ 在【昵称】文本框中输入联系人的昵称。

❖ 在【电子邮件地址】文本框内输入联系人的电子邮件地址。

❖ 单击 添加(A) 按钮，把电子邮件地址添加到【电子邮件地址】文本框下方的电子邮件地址列表框内，系统将第 1 个输入的电子邮件地址设为默认的地址，给此联系人发电子邮件时，默认采用此电子邮件地址。

❖ 　在电子邮件地址列表框内选择一个电子邮件地址后，单击 编辑(E) 按钮，可修改该电子邮件地址。

❖ 　在电子邮件地址列表框内选择一个电子邮件地址后，单击 删除(R) 按钮，可删除该电子邮件地址。

❖ 　在电子邮件地址列表框内选择一个电子邮件地址后，单击 设为默认值(S) 按钮，把该电子邮件地址设为默认电子邮件地址。

❖ 　打开其他选项卡，可在其中进行相应设置。

❖ 　单击 确定 按钮，按所做设置添加一个联系人。

（3）删除联系人：在图 6-33 所示的【通讯簿】窗口中，选择一个联系人后，删除该联系人有以下方法。

❖ 　选择【文件】/【删除】命令。

❖ 　单击 ✕ 按钮。

用任一种方法，都会弹出如图 6-35 所示的【通讯簿】对话框，询问是否确实要删除该联系人。

（4）创建联系人组：在图 6-33 所示的【通讯簿】窗口中，创建联系人组有以下方法。

❖ 　选择【文件】/【新建联系人组】命令。

❖ 　单击 按钮，从子菜单中选择【联系人组】命令。

用任一种方法，都会弹出如图 6-36 所示的【属性】对话框。在【属性】对话框中可进行以下操作。

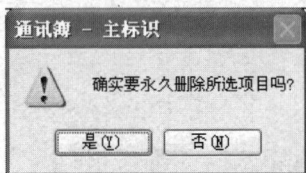

图6-35 【通讯簿】对话框

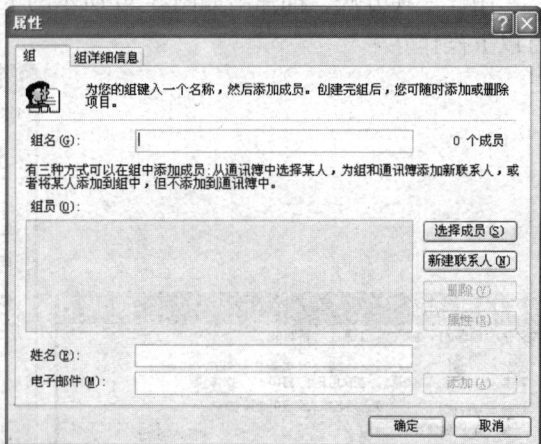

图6-36 【属性】对话框

❖ 　在【组名】文本框中输入联系人组名。

❖ 　单击 选择成员(S) 按钮，弹出一个对话框，可从通讯簿中选择该组的组员，他们显示在【组员】列表框中。

❖ 　单击 新建联系人(N) 按钮，建立一个新联系人作为组员，操作同前。

❖ 　选择一个组员后，单击 删除(V) 按钮，从组中删除该组员。

❖ 　选择一个组员后，单击 属性(R) 按钮，显示该组员的详细信息。

❖ 　在【姓名】和【电子邮件】文本框中，输入一个联系人的相应信息，单击 添加(A) 按钮，把该联系人添加到组中。

❖ 　单击 确定 按钮，按所做设置添加一个联系人组。

小结

计算机网络产生于 20 世纪 60 年代末的 ARPA 网，20 世纪 70 年代中期，制定了开放系统互连参考模型（OSI）。20 世纪 80 年代产生了局域网（LAN）。从 20 世纪 80 年代中期以后，才逐渐进入 Internet 时代。

计算机网络有 5 大功能：交换信息、共享资源、分布处理、负载均衡、提高可靠性。计算机网络有情报检索、远程教学、企业管理、电子商务、电子金融、电子政务、现代通信、办公自动化等应用领域。计算机网络是一个复杂的系统，是由计算机、网络传输媒介、网络互连设备和网络软件等组成的。计算机网络按跨越范围可分为广域网、局域网和城域网。计算机网络按应用范围可分为公用网和专用网。计算机网络按传输速率可分为低速网、中速网和高速网。根据拓扑结构的形状，可把计算机网络分成总线形、星形、树形、环形、全互连形以及不规则形网络。OSI 模型共分 7 层，从底到上分别为物理层、数据链路层、网络层、传输层、会话层、表示层和应用层。

Internet 有许多重要的基本概念需要理解，包括 TCP/IP、IP 地址、域名系统、Web 页、统一资源定位、邮件地址等。Internet 提供了形式多样的服务，包括万维网（WWW）、电子邮件（E-mail）、文件传输（FTP）、远程登录（Telnet）、新闻组（News Group）、电子公告板系统（BBS），其中万维网和电子邮件是最常使用的服务。接入 Internet 有许多方法，常见的有拨号入网、专线入网和宽带入网。宽带入网已是现在主要的入网方式。

Internet Explorer 6.0 是浏览 WWW 网页最常用的软件，Windows XP 中含有这个软件。IE 6.0 常用的操作包括：打开与浏览网页、保存与收藏网页、网页与网上搜索、设置 IE 6.0。在 IE 6.0 中，打开网页的方法有：在地址栏中输入网址、在地址栏选择网址、从【收藏夹】中选择网址，还可从历史记录中选择网址。IE 6.0 常用的浏览操作有：打开链接、返回前页、转入后页、刷新网页、中断下载、返回主页。在 IE 6.0 中保存网页常用的操作有：保存全部内容、保存文本、保存图片。我们可以将某个网址页保存到收藏夹中，还可以整理收藏夹中的网址。我们可以在打开的网页中搜索所需要的文本信息，还可以利用 IE 6.0 本身的搜索工具在网上搜索，还可以利用搜索引擎在网络上进行搜索，最常用的搜索引擎有：百度、雅虎（Yahoo）、谷歌（Google）。IE 6.0 最重要的设置是安全设置，在计算机病毒泛滥、计算机黑客嚣张、计算机木马猖獗的时代，安全越来越重要。

Outlook Express 是微软公司开发的电子邮件管理系统。使用 Outlook Express 收发动作邮件时，应先设置邮件账号，如果你没有电子邮箱，可申请一个免费的，Internet 许多网站都提供免费电子邮箱，常见的有：www.sina.com.cn、www.163.com、www.yahoo.com.cn、www.hotmail.com 等。Outlook Express 常用的操作有：撰写与发送电子邮件、回复与转发电子邮件、信件与通讯簿管理。撰写电子邮件要填写以下项：收件人的邮件地址、信件的主题、信件内容，还可以把一个或多个文件作为附件一同发送给对方。收件人的邮件地址可以是多个。收到别人的电子邮件后，可以阅读信件内容，还可以下载附件，如果需要还可以回复信件，或将信件转发给别人。收件箱中的邮件需要管理，常用的管理操作有：删除信件、移动信件、复制信件、标记信件。为自己有电子邮件来往的朋友建立通讯簿是个好习惯，通讯簿管理的常用操作有：添加联系人、删除联系人、创建联系人组。

习题

一、选择题

1. 局域网的英文缩写是（　　）。

 A. WAN B. LAN C. MAN D. FAN

2. 网络中信号传输速率的单位是（　　）。

 A. bit/s B. byte/s C. bit/m D. byte/m

3. 计算机网络的 OSI 模型的最底层是（　　）。

 A. 数据链路层 B. 传输层 C. 表示层 D. 物理层

4. 一个 IP 地址是（　　）字节的二进制数。

 A. 4 B. 8 C. 16 D. 32

5. 在域名 www.pku.edu.cn 中，cn 表示（　　）。

 A. 网络 B. 中国 C. 机构 D. 主机名

6. 以下（　　）是合法的电子邮件地址。

 A. a@yahoo.com B. @a.yahoo.com C. a.yahoo.com@ D. a.yahoo.com

二、问答题

1. 计算机网络有哪些功能？计算机网络有哪些应用？
2. 计算机网络是由哪些部分组成的？计算机网络的拓扑结构有哪几类？
3. Internet 使用的网络协议是什么？Internet 主要提供哪些服务？
4. 接入 Internet 的方式有哪些？
5. 在 IE 6.0 中，如何保存当前网页的全部信息？如何收藏当前网页的网址？
6. 如何在 Outlook Express 中设置自己的邮件账号？
7. 在 Outlook Express 中，给一个人发送电子邮件有哪些步骤？